図解入門
How-nual
Visual Guide Book

はじめての人のための

電気の基本がよ～くわかる本

意味と原理から理解する初学者の入門書!

電気の振るまいと正体!

有馬 良知 著

秀和システム

●注意
(1) 本書は著者が独自に調査した結果を出版したものです。
(2) 本書は内容について万全を期して作成いたしましたが、万一、ご不審な点や誤り、記載漏れなどお気付きの点がありましたら、出版元まで書面にてご連絡ください。
(3) 本書の内容に関して運用した結果の影響については、上記(2)項にかかわらず責任を負いかねます。あらかじめご了承ください。
(4) 本書の全部または一部について、出版元から文書による承諾を得ずに複製することは禁じられています。
(5) 本書に記載されているホームページのアドレスなどは、予告なく変更されることがあります。
(6) 商標
本書に記載されている会社名、商品名などは一般に各社の商標または登録商標です。

はじめに

　私は、幼い頃から父親と共に壊れた電化製品などを分解して、中がどうなっているのかを見るのが好きでした。決して電化製品の原理を理解することはできなかったのですが、いろいろな仕事をしてくれる電気に興味を持つようになりました。

　そして電気を学び始めましたが、難解な理論や複雑な数式など、電気のハードルを目の当たりにし、電気が嫌いになってしまいそうな時期がありました。後になって考えてみると、「電気を理解するコツ」をつかんでいなかったことが原因だと思っています。

　このような経験を生かし、電気初学者が感じるであろう電気のハードルを少しでも低くするため、以下に掲げる「電気を理解するコツ」に配慮して本書を執筆しました。

(1) 電気を他のものにたとえて理解する

　電気は見えないものなので、単純に電気の特徴だけを学んでも頭の中でイメージすることができません。そこで本書では、可能な限り電気を身近にある他のものにたとえて、電気の振る舞いを頭の中でイメージできるようにしました。

(2) 電気の専門用語の意味を理解する

　電気の世界には、数多くの専門用語があります。本書に登場する専門用語には容易に理解できるような解説を付け、専門用語の意味がわからずにつまずいてしまうことがないようにしました。

(3) 電気の基本的な公式をわかりやすく理解する

　電気の入門書は、公式を省いて文章で電気の特徴を説明することが一般的です。ところが公式は、いままでに研究者や学者が様々な実験や研究を重ねて導き出した電気の特徴を数式化したもので、時には電気を理解する近道になることがあります。本書では基本的な公式については、その公式が表す内容をわかりやすく解説しました。

Preface

　以上の３つのポイントを紙面のスペースが許す限り盛り込み、読者に誤解なく伝わるように何度も推敲を重ねました。矛盾や齟齬がないよう注意を払ったつもりですので、意のある所を汲み取っていただければ幸いです。
　この本を読んでいただき、一人でも多くの方が電気のハードルを乗り越え、さらに電気に興味を持っていただけることを祈念しております。

2012年10月　有馬　良知

参考文献

『絵で見る電気の歴史』、岩本洋、オーム社
『電気の基本としくみがよくわかる本』、福田務　監修、ナツメ社
『改訂版やさしい電気の手ほどき』、紙田公、電気書院
『新装版電磁気学のABC』、福島肇、講談社

Contents

目次

図解入門 はじめての人のための
電気の基本がよ～くわかる本

はじめに..3

Chapter 1 電気の基礎

1-1	電気ってどんなもの？	12
1-2	物質はすべて原子でできている	14
1-3	原子の特徴	16
1-4	電子の振る舞い	18
1-5	電流は自由電子の流れ	20
1-6	電流の流れと反対方向に電子が流れる	22
1-7	電流の基本を理解しよう	24
1-8	電子はゆっくり動く	26
1-9	電圧は水圧と考えよう	28
1-10	抵抗は電子の流れの邪魔をする	30
1-11	電気エネルギーの正体は電力	32
1-12	電力量は電気エネルギーの仕事量	34
1-13	電気回路図の見方	36
コラム	電流の単位　アンペア：アンドレ・マリー・アンペール	38

Chapter 2 直流回路で電気に慣れよう

- 2-1　乾電池は直流の電気を生み出す……40
- 2-2　電圧、電流、抵抗の相互関係…オームの法則……42
- 2-3　電圧、電流、抵抗が変化するとどうなるか……44
- 2-4　抵抗のつなぎ方…抵抗の直列・並列接続……46
- 2-5　複数の抵抗を1つにする…合成抵抗……48
- 2-6　2つの抵抗の並列接続は和分の積で求める……50
- 2-7　電圧の分担…分圧……52
- 2-8　電流の分かれ道…分流……54
- 2-9　電池のつなぎ方…電池の直列・並列接続……56
- 2-10　複雑な回路はキルヒホッフの法則が便利……58
- 2-11　電池の仕組み……60
- 2-12　電池の充電と電気分解……62
- コラム　電圧の単位　ボルト：アレッサンドロ・ボルタ……64

Chapter 3 静電気は動かない電気

- 3-1　静電気と動電気の違い……66
- 3-2　電荷の見えないチカラ…電界……68
- 3-3　クーロンの静電界の法則……70
- 3-4　＋と－は仲がいい…静電誘導……72
- 3-5　電子を溜める…コンデンサ……74
- 3-6　溜められる電子の量…静電容量……76
- コラム　電荷の単位　クーロン：シャルル・ド・クーロン……78

Contents

Chapter 4　電気がつくり出す磁気

- 4-1　磁石の仕組み……80
- 4-2　磁石の見えないチカラ…磁界……82
- 4-3　クーロンの静磁界の法則……84
- 4-4　NとSは仲がいい…磁気誘導……86
- 4-5　電気から磁気をつくる…コイル……88
- 4-6　すべての磁力の源は電流……90
- 4-7　電流と磁界が力を生み出す…フレミング左手の法則……92
- 4-8　磁気から電気をつくる…フレミング右手の法則……94
- 4-9　コイルは頑固者…自己誘導作用……96
- 4-10　相互誘導作用……98
- コラム　インダクタンスの単位　ヘンリー：ジョセフ・ヘンリー……100

Chapter 5　交流には波がある

- 5-1　直流と交流の違い……102
- 5-2　交流の波の数…周波数……104
- 5-3　交流の大きさ…実効値、最大値……106
- 5-4　交流の波の考え方…瞬時値……108
- 5-5　抵抗に交流電圧をかけるとどうなるか……110
- 5-6　コンデンサは交流電流を流す……112
- 5-7　コイルは交流電流の流れの邪魔をする……114
- 5-8　交流の進みと遅れ……116
- 5-9　進み電流と遅れ電流……118
- 5-10　コンデンサとコイルのリアクタンス……120
- 5-11　交流電流の流れにくさ…インピーダンス……122

5-12	交流の電力は3種類ある	124
5-13	電圧と電流のタイミング…力率	126
5-14	単相3線式の特徴	128
5-15	三相交流の特徴	130
5-16	三相交流は回る磁界をつくりだす	132
コラム	周波数の単位　ヘルツ：ハインリヒ・ルドルフ・ヘルツ	134

Chapter 6　電気はどうやってつくられるか

6-1	水力発電の仕組み	136
6-2	火力発電の仕組み	138
6-3	原子力発電の仕組み (1)	140
6-4	原子力発電の仕組み (2)	142
6-5	原子力発電の仕組み (3)	144
6-6	自然エネルギーを利用した発電	146
6-7	その他の発電の仕組み	148
コラム	静電容量の単位　ファラド：マイケル・ファラデー	150

Chapter 7　発電所からコンセントまで

7-1	電力系統の構成	152
7-2	送電線 (1)	154
7-3	送電線 (2)	156
7-4	送電線 (3)	158
7-5	変電所	160
7-6	配電線	162
7-7	受変電設備	164

7-8	分電盤	166
7-9	電流を遮断するのは大変…遮断器（1）	168
7-10	電流を遮断するのは大変…遮断器（2）	170
7-11	電流を遮断するのは大変…遮断器（3）	172
7-12	回路を入り切りする設備…開閉器	174
7-13	電気回路の見張り番…保護継電器	176
7-14	電気の両替機…変圧器	178
7-15	電圧と電流の力を合わせる…調相設備	180
7-16	アースで事故防止…接地	182
7-17	電気設備を雷から守る…避雷器	184
コラム	磁束密度の単位　テスラ：ニコラ・テスラ	186

Chapter 8　電気の使い道

8-1	白熱電球の構造と仕組み	188
8-2	蛍光灯の構造と仕組み	190
8-3	放電灯の構造と仕組み	192
8-4	直流モーターが回る仕組み	194
8-5	交流モーターが回る仕組み	196
8-6	電気をつくる発電機	198
8-7	直流から交流をつくる…インバーター	200
コラム	熱量の単位　ジュール：ジェームズ・プレスコット・ジュール	202

Chapter 9　電気の多彩な働き

9-1	エアコンの仕組み	204
9-2	電気加熱の仕組み	206

9-3	燃料電池の仕組み	208
9-4	リニアモーターの仕組み	210
9-5	コンパクトディスク（CD）の仕組み	212
9-6	コピー機の仕組み	214
9-7	デジタルカメラの仕組み	216
9-8	マイクとスピーカーの仕組み	218
9-9	カーナビゲーションシステムの仕組み	220
9-10	LEDの仕組み	222
9-11	液晶ディスプレイとプラズマディスプレイの仕組み	224
コラム	電気抵抗の単位　オーム：ゲオルク・ジモン・オーム	226

索引 ……………………………………………………………………… 227

電気の基礎

　電気は目に見えないので、電気が引き起こす様々な現象を考えるときは、頭の中で電気の状態を想像する必要があります。電気の状態がイメージできると、電気の理論や法則、その他の電気が引き起こす様々な現象が理解しやすくなります。

　この章では、電気とは何か、電子とはどういうものか、電流や電圧とは何を指しているのかを説明します。原子や電子など、ちょっと取っつきにくい用語が登場しますが、これらを完全に理解する必要はありません。なんとなく知っていることで、電線に電流が流れているということがホースの中に水が流れているようにイメージできることを目的としています。

1-1 電気ってどんなもの？

私たちの身近な存在である電気とは、いったいどのようなものでしょうか？

> **Point**
> ●電気は一定のルールに従って振る舞う。
> ●電気は周囲の空間に「見えないチカラ」を発する。

■ 電気とは何だろう

電気は、現在の私たちの生活に必要不可欠な存在になっており、照明、冷蔵庫、エアコン、テレビ、パソコンなど、身近なところで活躍しています。しかし、「電気ってどんなもの？」と聞かれると、なかなか簡単には答えることができません。

「電気」はどのようなものかを考えると、ドアノブなどをつかんだ時にビリッと感じる静電気をイメージするのではないでしょうか。また、夕方に「暗くなってきたから電気をつける」というと、「電気」は照明器具のことを指しており、「コンセントには電気が来ている」というと、「電気」はエネルギーの意味合いを持ちます。このように、「電気」という言葉は捉えどころがないために、様々な使い方がされています。

触るとビリッと感電してしまう、使い方を間違えると火災につながるなど、嫌なイメージがつきまとう電気ですが、電気は気まぐれな行動はとらず、一定のルールに従って振る舞います。今までに数々の研究者が実験によって、電気の振る舞いを観察し、電気の性格や癖を数式や文章に表しています。この性格や癖を理解し、安全に利用すると電気は私たちの生活を大変便利なものにしてくれます。

■ 電気の不思議なチカラ

下敷きをこすって頭に近づけると髪の毛が引き寄せられ、釘にぐるぐる巻いた電線に乾電池をつないで電気を流すと、釘が磁石になりクリップなどを引き寄せる現象を見ることができます。これらの現象を見ていると、「電気」は周囲の空間に「見えないチカラ」を発しているように思えます。この「見えないチカラ」は「電界」や「磁界」という考え方で成り立っているものであり、このことについても本書で触れてみます。

それでは、次のページから電気の本質を垣間見ていきましょう。

1-1 電気ってどんなもの？

電気というと…

▼照明

▼コンセント

写真提供：
パナソニック株式会社

電気による事故

▼静電気

▼トラッキング火災

電気の見えないチカラ

▼静電気

▼電磁石

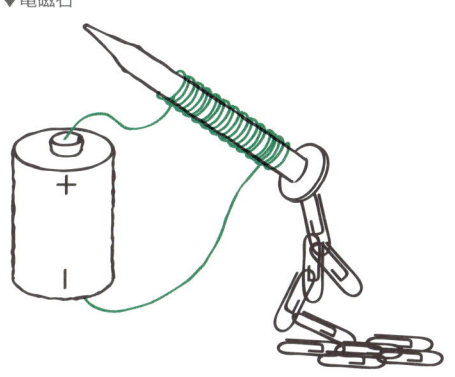

1章 電気の基礎

1-2 物質はすべて原子でできている

まずは電気の流れに深く関わる、分子や原子について調べてみましょう。

> **Point**
> ●導体は電気が流れやすく、不導体は電気が流れにくい。
> ●電気の流れは電子の流れ。

■ 電線に流れる電気

　乾電池と豆電球を電線でつなぐと、電気が流れて豆電球が光るというのは、よく知られています。電線の中には、銅の細い線の束が入っていて、この銅の線に電気が流れます。銅の線がむき出しだと、他の電線や金属が接触した時に電気が流れていってしまうので、**絶縁被覆**というビニルのカバーをかぶせています。

　銅のように電気が流れやすい物質を**導体**といい、ビニルのように電気が流れにくい物質を**不導体**といいます。導体には、銅・鉄・アルミニウムなどの金属があり、不導体にはビニル・ゴム・ガラスなどがあります。

■ 分子と原子

　電線に「電気が流れている」ということをもう少し正確にいうと、導体に「**電子が流れている**」ということになります。電子を理解するために、まずは原子とは何かを考えてみます。

　ここに水があったとします。この水を半分に分けて、さらに半分に分けて、目に見えない大きさになっても分割を続け、水を最小の状態にすると水の**分子**になります。

　水の分子をさらに分解すると、水素（H）が2つと酸素（O）が1つになります。そのため、水の分子の構成を表す分子式はH_2Oとなります。

　水素や酸素などは**元素**といい、元素は炭素・窒素・ナトリウム・カルシウム・金・銀・銅・鉄・アルミニウムなど100種類以上存在していて、さらに新しい元素が発見されることもあります。そして、元素の単体を**原子**といいます。

　地球上の様々な物質は、原子でできており、電子顕微鏡で拡大すると原子を観察することができます。

1-2 物質はすべて原子でできている

電線の構造

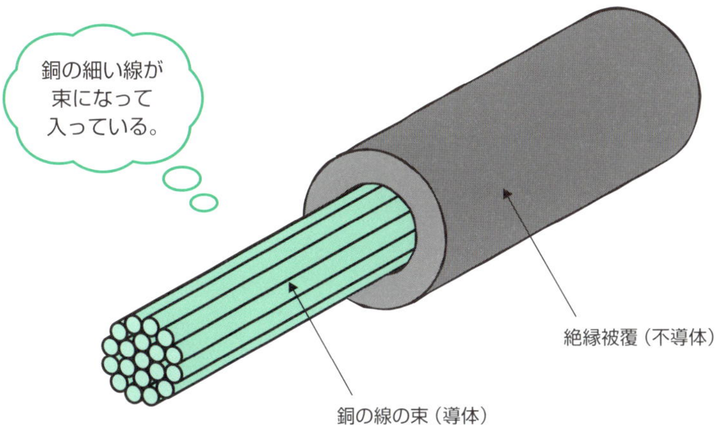

銅の細い線が束になって入っている。

絶縁被覆（不導体）

銅の線の束（導体）

第1章 電気の基礎

分子と原子

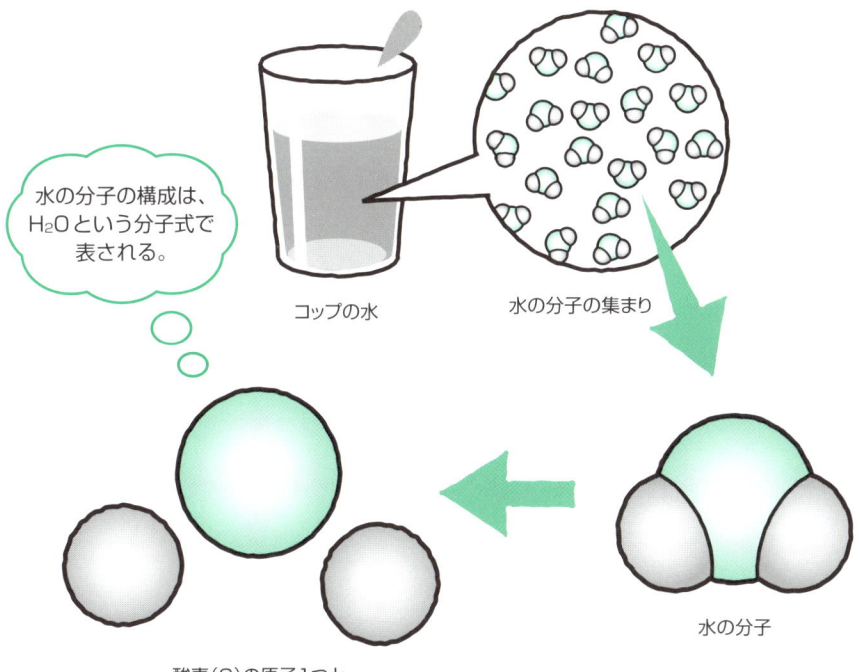

水の分子の構成は、H_2Oという分子式で表される。

コップの水

水の分子の集まり

水の分子

酸素(O)の原子1つと水素(H)の原子2つ

1-3 原子の特徴

原子は陽子・中性子からなる原子核と電子でできています。

Point
- 電子は原子核の周りを取り巻いている。
- 電気的現象の元になるものを電荷という。

原子の構造

原子の大きさは原子の種類によりますが、約10^{-9}[m]です。10^{-9}とは$1/10^9$（1/1000000000）という意味ですから、原子は1/10億[m]という非常に小さいものということになります。原子は中心に**原子核**があり、その原子核を中心とした球殻状の軌道上に**電子**が取り巻いています。原子核を太陽、電子を地球と考えると、原子と太陽系はよく似ています。

原子核は、いくつかの**陽子**や**中性子**でできていて、陽子や中性子は大きさが約10^{-15}[m]、重さは陽子が1.673×10^{-27}[kg]、中性子が1.675×10^{-27}[kg]です。その原子核の周りを重さが9.109×10^{-31}[kg]の電子がいくつか取り巻いているのです。

陽子・中性子・電子の特徴

電気には＋と－の2種類があり、陽子は＋の電気、電子は－の電気を持っていて、中性子は電気を持っていない中性です。陽子と中性子でできている原子核は＋の電気を持っていることになります。

電気的現象を発生させる元になるものまたはその量を**電荷**といい、陽子の＋の電気を正電荷、電子の－の電気を**負電荷**といいます。正電荷同士または負電荷同士は互いに反発し、正電荷と負電荷は互いを引き付けるという、磁石のN極S極に似た特徴があるため、原子核と電子は引き付けあっていることになります。

電荷の量を表すクーロン[C]という単位を用いると、陽子の持つ正電荷の量は1.602×10^{-19}[C]、電子が持つ負電荷の量は-1.602×10^{-19}[C]なので、正負の符号が反対ですが同じ量になります。通常の原子は、陽子の数と電子の数が同数なので正電荷と負電荷の量も一致し、互いに打ち消しあって中性になっています。

水素と酸素の原子

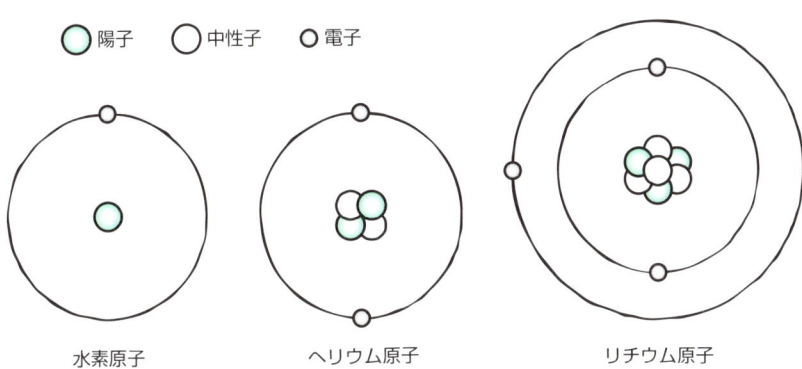

○ 陽子　○ 中性子　○ 電子

水素原子　　ヘリウム原子　　リチウム原子

原子番号

原子番号	元素記号	元素名
1	H	水素
2	He	ヘリウム
3	Li	リチウム
4	Be	ベリリウム
5	B	ホウ素
6	C	炭素
7	N	窒素
8	O	酸素
9	F	フッ素
10	Ne	ネオン
11	Na	ナトリウム
12	Mg	マグネシウム
13	Al	アルミニウム
14	Si	ケイ素
15	P	リン

原子番号	元素記号	元素名
16	S	硫黄
17	Cl	塩素
18	Ar	アルゴン
19	K	カリウム
20	Ca	カルシウム
21	Sc	スカンジウム
22	Ti	チタン
23	V	バナジウム
24	Cr	クロム
25	Mn	マンガン
26	Fe	鉄
27	Co	コバルト
28	Ni	ニッケル
29	Cu	銅
30	Zn	亜鉛

電子の振る舞い

原子核の周りにある電子は、ある規則性に基づいて並んでいます。また、電子の数が増減すると、原子の性質を変化させることがあります。

Point
- 電子は原子核の周りにある球殻状の軌道を周回する。
- 原子は電子の数によってイオンになる。

電子の配置

原子核の周りには、電子が配置される球殻状の軌道が何重にもあり、原子核に最も近い球殻からK殻・L殻・M殻…と名前が付いています。

それぞれの球殻に配置できる電子の最大数には限度があり、ここでは、この最大数を**電子定員数**と呼ぶことにします。電子定員数は、K殻が2個、L殻が8個、M殻が18個となっています。K殻から順に電子が配置され、球殻の電子の数が電子定員数を超えると、次の球殻に電子が配置されることになります。例えば、電子が3つあるリチウムは、K殻に2個、L殻に1個の電子が配置されます。

価電子とイオン

最も外側の球殻である最外殻を回る電子を**価電子**といい、その電子の数を**価電子数**といいます。価電子数と最外殻の電子定員数が一致した状態、つまり最外殻の電子が満員になると、原子は安定して他の元素と化学反応を起こしにくくなります。

原子は安定を求める性質があるため、最外殻の電子を満員としたがる性質があります。したがって、価電子が1個の原子は、価電子が最外殻を外れて飛んでいきやすくなり、逆に価電子が最外殻の電子定員数より1個少ない原子は、外から電子が飛び込みやすい状況になっています。

電気的に中性であった原子から価電子が飛んでいってしまうと、電子の数に比べて陽子の数が多くなるため、原子は＋の電気を持つことになり、このような状態の原子を**＋イオン**といいます。また、電気的に中性であった原子に電子が飛びこんでくると、陽子の数に比べて電子の数が多くなるため、原子は－の電気を持つことになり、このような状態の原子を**－イオン**といいます。

1-4 電子の振る舞い

原子の構造

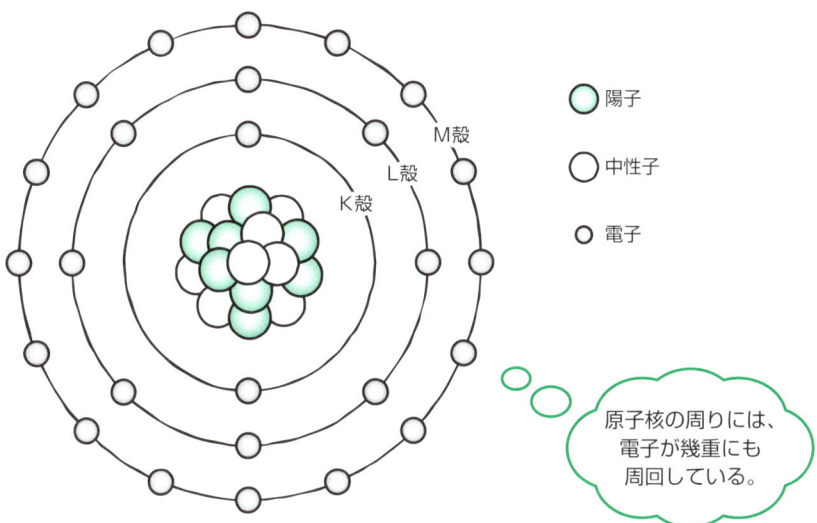

原子核の周りには、電子が幾重にも周回している。

陽イオンと陰イオン

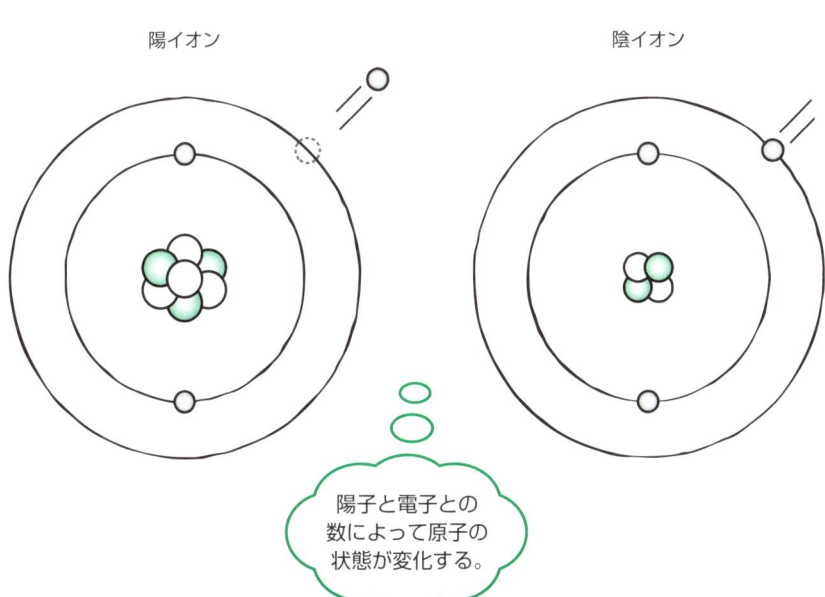

陽子と電子との数によって原子の状態が変化する。

1-5 電流は自由電子の流れ

電流は自由に動くことができる電子の流れです。

> **Point**
> ●金属の中を自由に動ける電子を自由電子という。
> ●自由電子を1方向に動かした流れを電流という。

金属の原子と自由電子

　水の分子（H_2O）は、水素（H）の原子2つと酸素（O）の原子1つからできています。一方、銅の分子は、銅（Cu）の原子1つだけで構成されており、その分子が集まって金属を構成しています。銅の他にも、鉄（Fe）やアルミニウム（Al）など金属の分子は1種類の原子で構成されており、原子が規則的に整列しています。

　金属は通常、電気的に±0の状態です。しかし、金属の原子は価電子数が少ないため、価電子が原子から離れていきやすい性質があり、原子から離れた電子は金属の中を自由に動き回ります。このように、自由に動いている電子を**自由電子**といいます。

　電子が離れていった原子は、電子の数より陽子の数が多くなるため＋イオンになり、その＋イオンの周りを電子が自由に飛びまわっています。金属は、＋イオンと電子が引き付けあい、電子が接着剤のように＋イオン同士をつなぎ合わせているような状態になっていて、これを**金属結合**といいます。

　電気が流れにくい不導体は、原子核と電子が強く結び付いていて、電子が原子核から離れにくくなっているため、電気を流しにくい性質となります。このような状態の電子を**束縛電子**といいます。

自由電子の流れ

　電線の銅には自由電子がありますが、自由電子があるだけでは豆電球を光らせることはできず、豆電球に電流を流す必要があります。**電流**とは、四方八方に自由に動き回っている自由電子を一方向に動かした流れのことです。

　水道のホースに水を流しているように、電子という非常に小さな粒のようなものを乾電池から電線を通じて豆電球に流すと豆電球が光ります。

1-5 電流は自由電子の流れ

銅の原子

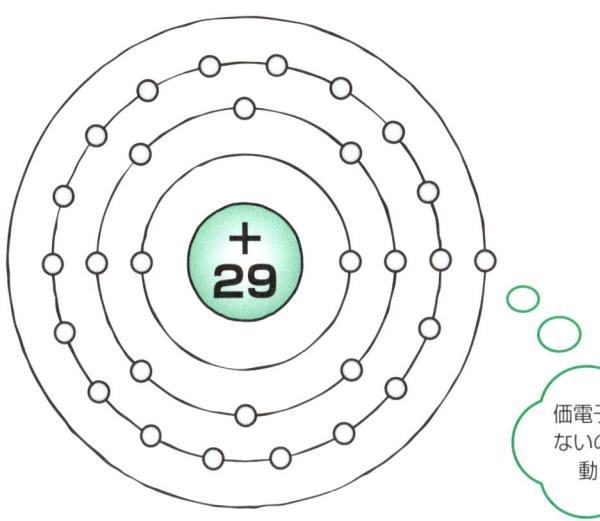

価電子が1つしかないので価電子が動きやすい。

電流とは

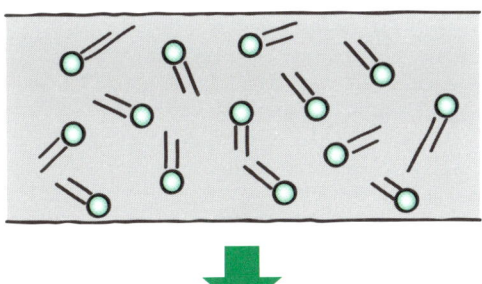

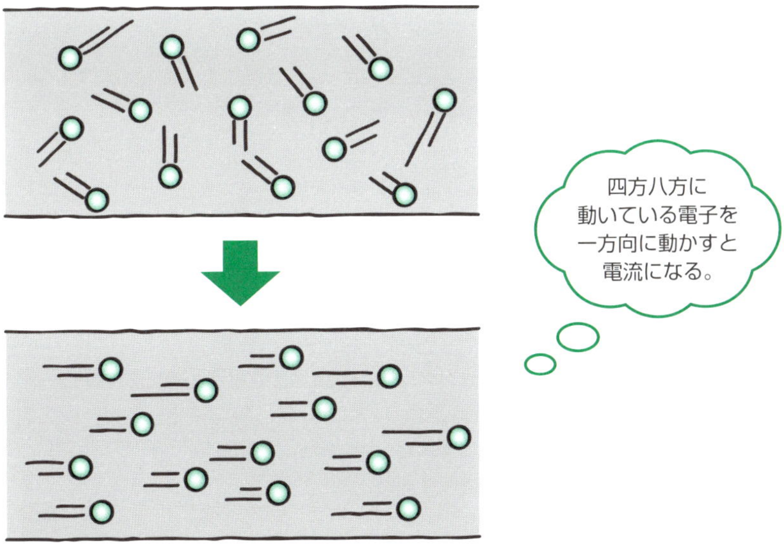

四方八方に動いている電子を一方向に動かすと電流になる。

1-6 電流の流れと反対方向に電子が流れる

電流とは電子の流れですが、実は電流の流れる方向と電子の流れる方向は反対方向になります。

> **Point**
> ● 電流は＋から－に流れ、電子は－から＋に流れる。
> ● 電気の法則は電流の流れる方向を基準としている。

電流の流れる方向と電子の流れる方向は反対になる

電池に豆電球をつなぐと、正電荷が電池の＋極から－極に流れると考え、これを電流の流れる方向としています。しかし、電子は電池の－極から＋極に流れ、電流の方向とは反対方向になります。

電流の流れる方向と電子の流れる方向が反対方向になってしまったのは、先に正電荷が流れる方向を電流の方向と定義し、その後、電子は負電荷を持つことが判明したためといわれています。

正電荷が流れていると考えても問題はない

液体中では、原子が移動することが可能なので、＋イオンが動くことによって、正電荷が流れることができます。

しかし、固体である銅などの金属は、原子が移動することはできないため、正電荷を持つ陽子が自由電子のように移動することはなく、正電荷が電線を流れることはありません。

ところが電池の－極から＋極に負電荷が流れているとき、正電荷を流れることができるものと考えて、電池の＋極から－極に正電荷が流れていると考えても理論上問題ありません。

「3歩進む」と「－3歩下がる」というのは、結果的にどちらも3歩進んでいることになるのと同じで、そもそも方向というのは、どちらかを正とし、もう一方を負と定義すれば十分であるからです。そのため、電子が負電荷を持っていることが判明した後も、電流の流れる方向は訂正されず、電子の流れと反対の方向のまま今日に至っており、電気の法則や定理は、電流の流れる方向を基準として考えられています。

1-6 電流の流れと反対方向に電子が流れる

電流と電子の流れ

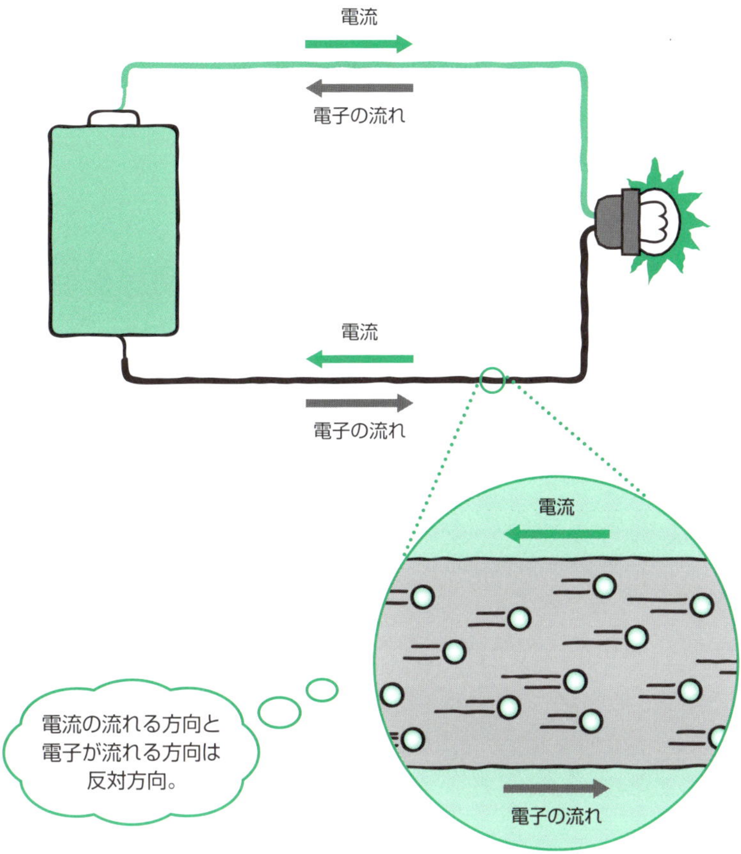

電流の流れる方向と電子が流れる方向は反対方向。

負電荷と正電荷の流れ

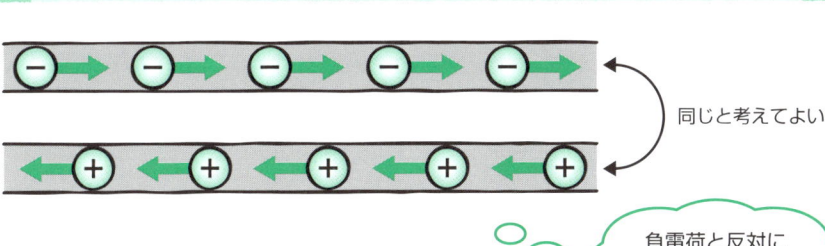

同じと考えてよい

負電荷と反対に正電荷が流れると考えても問題はない。

1-7 電流の基本を理解しよう

電子の流れである電流の基本的な特徴を調べてみましょう。

> **Point**
> - 電流はぐるっと1周できる回路が無ければ流れない。
> - 回路に分岐や合流がなければ電流は増減しない。

電流の特徴

電流が流れるには、電流がぐるっと1周流れることができる回路と、電流を一定の方向に流す力のもととなる、電池などの電源が必要です。電線が切れていたり、電池の端子部分と電線が接触せずに離れていると、回路が途切れ電流は流れることができなくなります。

乾電池と豆電球をつないだ回路では、豆電球が光ることにより乾電池から流れ出た電流が豆電球の部分で消費されて減ると思われがちですが、豆電球が光るのは電流が運んできた電気エネルギーを光に変換して放出しているため、電気エネルギー運搬役の電流が減少することはありません。

したがって、乾電池、電線、豆電球のいずれの場所にも同じ大きさの電流が流れ、回路の途中に分岐や合流がなければ電流は増減しません。これは電流の重要な特徴です。

電流の大きさ

あるホースの断面に1秒間に1リットルの水が流れているとき、「ホースに1[ℓ/秒]の水が流れている」と表すことができます。これと同様に電流は、「ある断面に1秒間に1クーロン[C]という量の電荷が流れたとき、1[A]とする」と定義されています。

電子1個は1.602×10^{-19}[C]の負電荷を持っていますので、逆算すると1[C]は電子が6.242×10^{18}個という膨大な量です。1秒間にこの膨大な量の電子がある断面を通過しているとき、1[A]流れているということになります。

ホースでたくさんの水を送るには太いホースが必要です。電気を流す電線も電流が増加すると流れる電子の量が増加するため、電線を太くする必要があります。

1-7 電流の基本を理解しよう

ぐるっと1周流れることができると豆電球が点く

電流は回路の途中で減ることはない

ホースに流れる水の量と電流は似ている

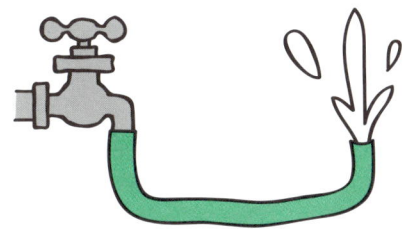

1秒間に1リットル流れている＝1ℓ/秒

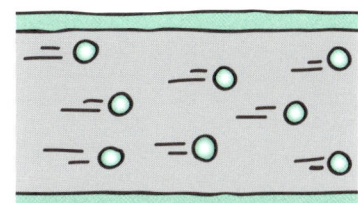

1秒間に1クローン流れている＝1A

1-8 電子はゆっくり動く

電線に電流が流れているとき、電子はどのくらいの速さで流れているかを見てみます。

Point
- 電子は電界の力を受けて動き出す。
- 電界は電線の中を高速で伝達される。

電子が流れる速さ

電子が流れる速さは非常に遅く、断面積1[mm²]の銅線に1[A]の電流が流れているとき、電子の流れる速さは約0.1[mm/秒]です。約0.1[mm/秒]というのは、10秒で1[mm]、1分経ってやっと6[mm]進むという非常に遅い速度です。これでは豆電球と乾電池を10[cm]の電線2本でつないだ場合、乾電池から流れ出た電子が豆電球に到着するには、16分以上もかかることになります。

ところが、豆電球は電線で乾電池とつなぐとすぐに点灯します。これは、乾電池から流れ出した電子が豆電球に到着して豆電球が点灯するのではなく、豆電球と乾電池を電線でつないだ瞬間に、電線の導体全体に分布している電子がほぼ一斉に動き出すためです。ところ天突き器を突いてところ天を押し出すように、乾電池から電子が電線に1つ流れ込むのとほぼ同時に、電線のもう一端から電子が1つ押し出されます。

電子は電界の影響で動く

導体の中を電子が流れるメカニズムについて、もう少し詳しい説明をしましょう。電線に乾電池を接続すると、**電界**という電子を動かす力が電線の中に光速で伝達され、その力を受けて電子がゆっくり動き始めることになります。電子を落ち葉と考えると、電界は落ち葉を吹き飛ばす風のようなものです。

したがって、実際はところ天突き器のように押し出されるというよりも、電子自身が電界によって、自発的に動き出す形になっています。

この場合の光速は、真空中の光速である毎秒約30万[km]とはならず、電気的な条件により毎秒約30万[km]よりいくらか遅い速度になります。

1-8 電子はゆっくり動く

電子の流れ

電子の流れる速さ　約0.1[mm／秒]

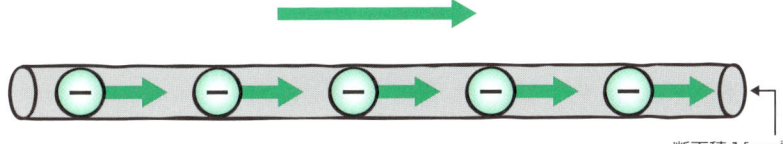

断面積1[mm²]

電流1[A]

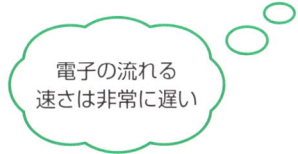
電子の流れる速さは非常に遅い

電子の流れはところ天に似ている

電線に電子が1つ入ると…

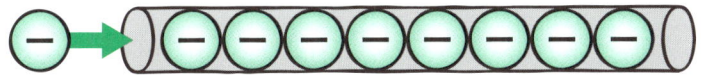

反対側から電子が1つ飛び出す

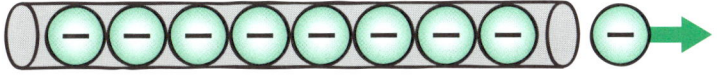

乾電池を電線でつないだ瞬間に電線に分布している電子が一斉に動き出す。

電圧は水圧と考えよう

乾電池を見ると、1.5ボルト[V]と表示されています。また、家電製品は主に100[V]の電圧で動いています。この電圧の概念について説明します。

Point
- 乾電池は水を汲み上げるポンプと同じ働きをする。
- 電圧の大きさは「高い」「低い」と表現する。

乾電池はポンプ

乾電池に豆電球をつなぐと電流が流れますが、これを水の流れに例えてみます。低いところにある水槽から高いところに水を送るには、ポンプという機械を使用します。乾電池は、−から＋に電荷を押し流すので、ポンプと同じ働きをします。

乾電池をポンプと考えると、電荷は水、電流は水の流れと考えられます。ポンプで下部の水槽から水を吸い込み、上部水槽に送り出す姿は、乾電池が−極に接続された電線から＋極に接続された電線に正電荷を送り込んでいる状態に非常によく似ています。

電圧と水圧

ポンプから送り出された水は、水圧がかかっています。この水圧を電気に置き換えると**電圧**になります。強力なポンプは水を高い水圧で送り出すため、水を高いところまでくみ上げることができます。強力な電池も高い電圧をつくり出すため、−側と＋側の電圧の差を大きくすることができます。

このように、電圧は水圧のような圧力と考えることができるため、電圧の大きさを「高い」「低い」と表現します。単位はボルト[V]を用います。

電圧の単位と同じ単位[V]は、電位、電位差、起電力にも用いられます。**電位**とは、ある点の0に対する電気的な位置エネルギー、**電位差**とは、ある2点の間の電位の差、**起電力**とは、乾電池などの電位差を発生させる力の大きさをいいます。

電位や電位差を山の高さに例えてみます。山の高さは電位に相当します。また、高さ600mの地点と、高さ400mの地点の高低差は200mとなります。この高低差が電位差に相当します。

1-9 電圧は水圧と考えよう

乾電池の働き

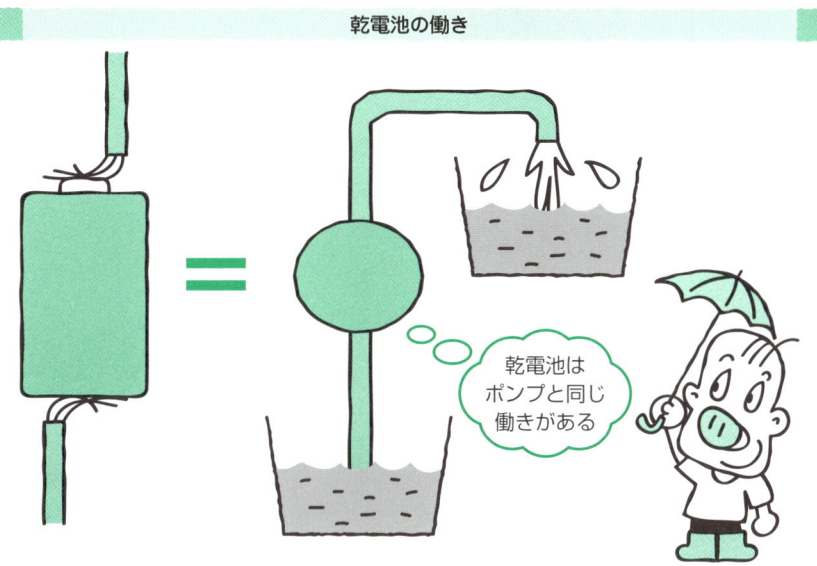

乾電池はポンプと同じ働きがある

電位と山の高さの関係

電位＝山の高さ
電位差＝山の高さの差
（起電力は電位差をつくり出す力）

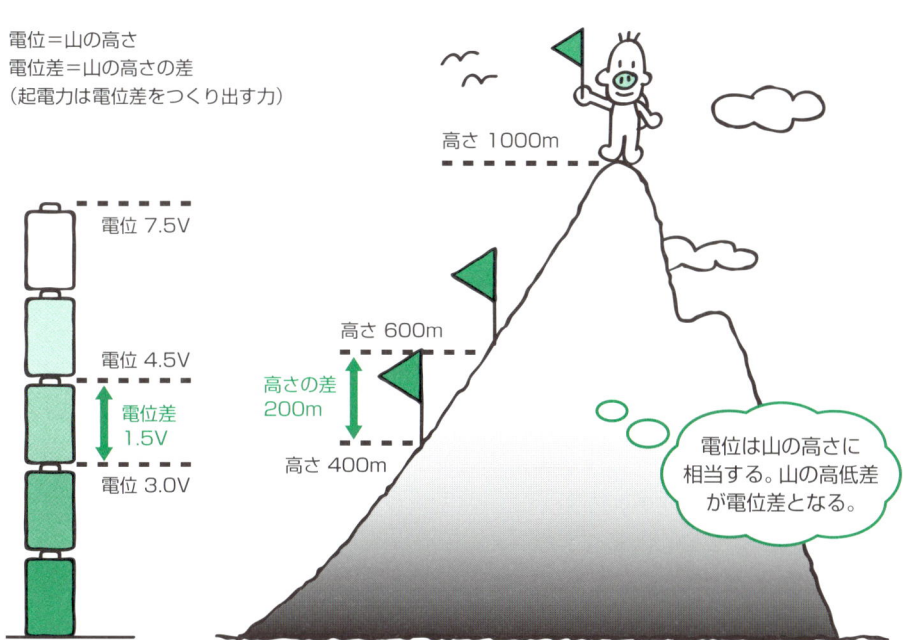

電位は山の高さに相当する。山の高低差が電位差となる。

1-10 抵抗は電子の流れの邪魔をする

豆電球や電気ヒーターなどは抵抗を持っていて、電子の流れの邪魔をします。

Point
- 抵抗値が小さいと電流が流れやすい。
- 導体は太く短い方が電流が流れやすい。

抵抗は電流の流れにくさを表す

導体を流れる電子は、金属の原子にぶつかりながら流れるため、導体には電子の流れを妨げる作用があります。これを**抵抗**といい、単位はオーム[Ω]を用います。抵抗値が小さいと電流が流れやすく、抵抗値が大きいと電流が流れにくくなります。

電線は電流を効率的に流せるよう、抵抗値を小さくしますが、電気回路では抵抗を大きくしたい場合もあり、一定の抵抗値を持たせた抵抗器を使用します。

抵抗率と導電率

同じ太さで同じ長さの導体であっても、導体の材質によって、抵抗値は異なります。異なる材質の抵抗値を比較するには、太さや長さを同条件にする必要があり、1[m]×1[m]×1[m]の立方体の抵抗値で比較します。この1[m]×1[m]×1[m]の立方体の抵抗値を**抵抗率**といい、量記号はρ、単位はオームメートル[Ω・m]を用います。

電線の導体にふさわしいのは、電気が流れやすい抵抗率が低い物質で、もっぱら銅が使用されます。また、長距離送電線など、電線の重量を軽くしたい場合はアルミニウムが使用されます。逆に、電線の絶縁被覆にふさわしいのは、電気が流れにくい抵抗率が高い物質で、ビニルやポリエチレンなどが使用されます。

太いホースはたくさんの水を送ることができます。ホースの長さもできるだけ最短距離とした方が、流れる水の量は増加します。導体も太く短くすると抵抗が減少し、細く長くすると抵抗が増大します。したがって、電気をたくさん流したい部分は抵抗率が低い導体を、できるだけ太く短くなるように使用する必要があります。肉厚なホースは丈夫であるのと同様に、電気を流したくない部分は抵抗率が高い絶縁材を、必要に応じた厚さにしています。

1-10 抵抗は電子の流れの邪魔をする

導体を流れる電子と金属原子

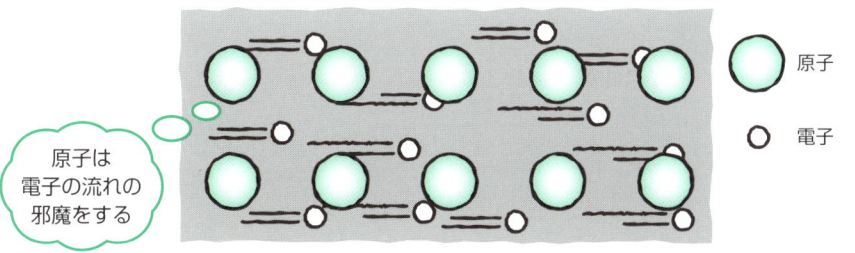

原子は電子の流れの邪魔をする

○ 原子
○ 電子

抵抗率は1m×1m×1mの立方体の抵抗値

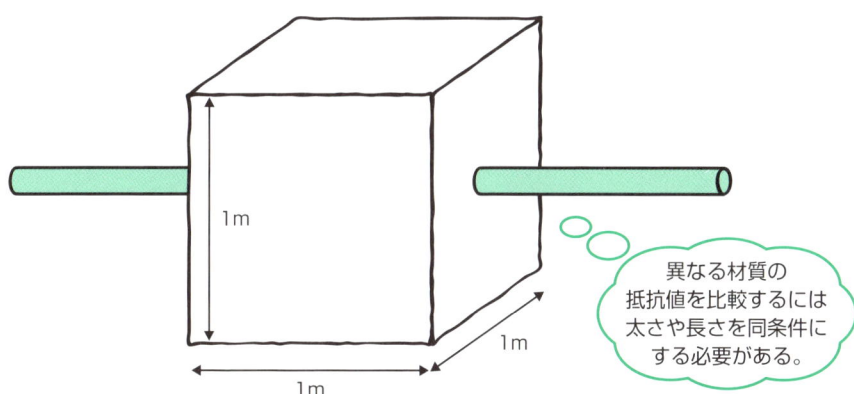

異なる材質の抵抗値を比較するには太さや長さを同条件にする必要がある。

いろいろな物質の抵抗率

物質	抵抗率 ρ [Ω/m]
銀	1.6×10^{-18}
銅	1.7×10^{-18}
金	2.0×10^{-18}
アルミニウム	2.7×10^{-18}
鉄	9.8×10^{-18}
タングステン	5.5×10^{-8}
ビニール	$10^{11} \sim 10^{14}$
ポリエチレン	$10^{11} \sim 10^{15}$
ゴム	$10^{11} \sim 10^{16}$

電線の絶縁被覆にふさわしいのは、抵抗率が高い物質。

電気エネルギーの正体は電力

電流が運んでいる電気エネルギーとは何なのかに注目してみます。

Point
- 電気エネルギーは他のエネルギーに変換できる。
- 電力は電気エネルギーの大きさを表す。

■ エネルギーとは何か

エネルギーとは、物理的な仕事をする力のことをいい、私たちの周りに様々な形で存在しています。水車は高いところから落ちる水の力で回りますので、高いところにある水は低いところにある水よりもエネルギーを持っていることになり、このようなエネルギーを**位置エネルギー**といいます。

また、転がるボールは**運動エネルギー**というエネルギーを持っています。熱や光もエネルギーの1つで、蒸気機関車は熱を利用してつくった蒸気の力で走ることができ、光は太陽電池で電気エネルギーに変換することができます。

これらのエネルギーは、変換することでエネルギーの形を変えることは可能ですが、何もないところからエネルギーを生み出すことはできません。これを**エネルギー保存の法則**といいます。電気エネルギーは、電球で光エネルギーに、電気ヒーターで熱エネルギーに、モーターで運動エネルギーに変換できます。

■ 電気エネルギーの大きさ

電気エネルギーの大きさは、**電力**という数値で考える必要があります。照明の電球にはワット[W]という単位の数字が表示されていますが、ワット[W]は電力の単位で、1秒間に電気エネルギーがする仕事の大きさを表しています。

例えば、電圧10[V]の乾電池に豆電球1つをつないで1[A]の電流が流れている場合、豆電球で使用している電力P[W]は、

電力P[W]＝電圧V[V]×電流I[A]＝10[V]×1[A]＝10[W]

となります。この式から、電気エネルギーの大小は電圧や電流の一方だけでは判断できないことがわかります。

1-11 電気エネルギーの正体は電力

いろいろなエネルギー

位置エネルギーが高い。

水車

位置エネルギーが低い。

運動エネルギーを持っている

電力は電圧×電流で求められる

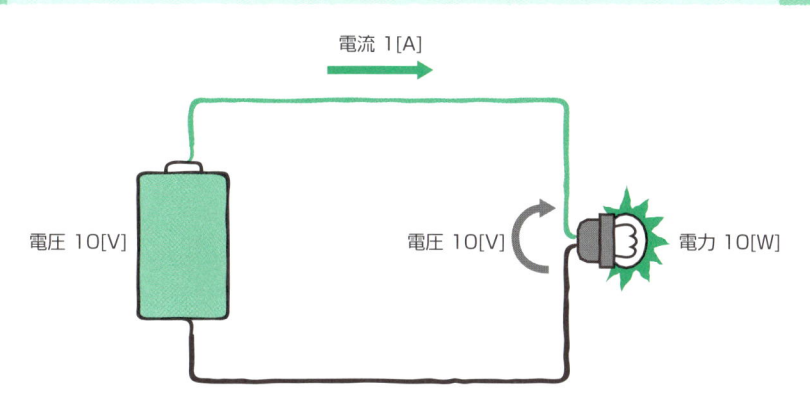

電流 1[A]

電圧 10[V]　　電圧 10[V]　　電力 10[W]

1-12 電力量は電気エネルギーの仕事量

電気エネルギーの仕事量は、電力量で表します。

> **Point**
> ●電力量はある時間内に使った電気エネルギーの量を表す。
> ●電力量は電力×時間で求められる。

電力量

　1秒間に使っている電気エネルギーは**電力**[W]で表すことができますが、私たちが使っている電気エネルギーの量は一定ではなく、私たちの生活に伴って時々刻々と変化しています。そのため、1時間・1日・1ヶ月など、ある時間内に使った電気エネルギーの量を表すことも必要になってきます。

　ある時間内に使用した電気エネルギーの量を**電力量**といいます。主にワットアワー[Wh]という単位を用いますが、まれに1秒間の電力量であるワットセカンド[Ws]を用いることもあります。

　電力量は電力×時間で求められ、1[W]の電力を使用しているときは、1秒間で1[Ws]、1時間で1[Wh]の電力量を使用することになります。

　もっと大きな電力量を扱う場合は、電力量の単位を[Wh]とすると数字の桁が大きくなってしまうことがありますので、単位にキロワットアワー[kWh]を使用して、1000[Wh]=1[kWh]として扱います。電力会社に支払う電気料金の計算は1ヶ月間に使用した電力量[kWh]を基に計算されています。

電力と電力量の違い

　電力と電力量の違いはわかりにくいので、別に例えて考えてみます。例えば、水をバケツに溜める場合、蛇口から1秒あたり0.1[ℓ]の水が出ているとすると、1時間で360[ℓ]、2時間で720[ℓ]、3時間で1080[ℓ]の水がバケツに溜まります。この1秒あたりに出る水の量を電力、バケツに溜まった水の量を電力量と考えることができます。

1-12 電力量は電気エネルギーの仕事量

電力と電力量

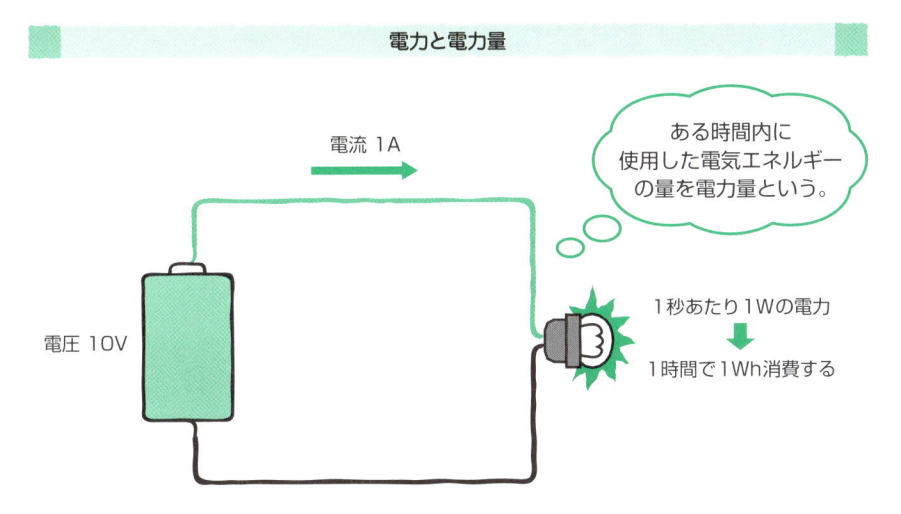

電流 1A

電圧 10V

ある時間内に使用した電気エネルギーの量を電力量という。

1秒あたり1Wの電力
↓
1時間で1Wh消費する

電力と電力量のイメージ

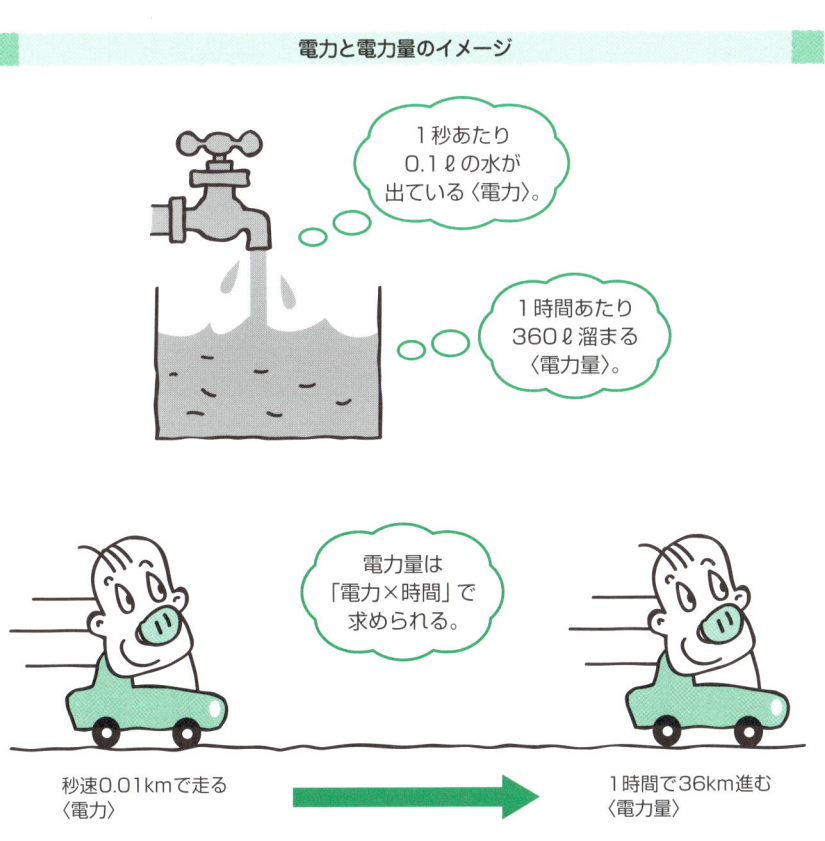

1秒あたり0.1ℓの水が出ている〈電力〉。

1時間あたり360ℓ溜まる〈電力量〉。

電力量は「電力×時間」で求められる。

秒速0.01kmで走る〈電力〉

1時間で36km進む〈電力量〉

1章 電気の基礎

1-13 電気回路図の見方

電圧や電流、抵抗の接続を図で表すとどうなるかを見てみましょう。

> **Point**
> ●電気回路図は電気用図記号と線で表す。
> ●電気用図記号は旧記号と新記号がある。

電気回路図の書き方

乾電池や豆電球などを接続した電気回路を簡単に表現するために、電池や豆電球などを記号に変換し、それらを線で結んだ図で表します。このような図を、**電気回路図**といいます。電気回路図は様々な電気回路を組み立てるときの設計図として用いられ、複雑な回路になると、網目のような電気回路図になってきます。

また、電気回路の電圧や電流を計算する場合も、電気回路図を書いて考えると、電流がどこに流れるか、電圧はどこにかかっているかがわかりやすくなり、慣れてくると大変便利なものになります。

電気用図記号

電線の抵抗は非常に小さいので、電線は直線で表し、0[Ω]として扱います。ただし、長距離送電線などは、電線の抵抗が無視できない大きさになりますので、回路図に抵抗を示す場合もあります。

電線以外の電池や抵抗などは記号で表します。この記号は、**電気用図記号**やシンボルといい、**日本工業規格（JIS）**で制定されています。過去数回、電気用図記号の改訂があったため、今現在も一部旧記号が使用されているのを見かけることがありますが、時間の経過とともに旧記号を見かける機会は減りつつあります。

乾電池は長短2本の平行線で表します。乾電池の形状を思い浮かべると短い方が＋で長い方が－と思われる方が多いですが、実際は長い方が＋で短い方が－という点に気を付けましょう。また、抵抗の旧記号はギザギザの線で、長いものほど抵抗値が高くなるということを視覚的に表している、わかりやすい記号でしたが、新記号では単純に長方形で表すことになりました。

1-13 電気回路図の見方

電気回路の表し方

電池や豆電球を記号化し、線で結ぶ表し方を電気回路図という。

電気回路

電気図記号の一例

名称	新記号	旧記号（例）	
電池	―|‌|―	―|‌|―	―|‌|―
抵抗器	―□―	―〜〜〜―	
コンデンサ	―|‌|―	―|‌|―	―|‌(―
コイル	‿‿‿	‿‿‿	
スイッチ	―/―	―o o―	―o o―

1章 電気の基礎

Column

電流の単位　アンペア

アンドレ・マリー・アンペール（1775年～1836年）

アンドレ・マリー・アンペールは、フランスの物理学者です。

1775年にフランスのリヨンで、裕福な商人の家庭に生まれます。幼少のころから数学が得意でした。

1820年、大学物理教授のエルステッドが、電流の流れている導線に方位磁針を近づけると、方位磁針が動くことを発見し、磁気と電気とは密接な関係にあることを証明したとの論文が公表されます。

当時、大学の数学教授を務めていたアンペールは、この発見を受けて、すぐに電気と磁気の関係について研究を始めます。

アンペールは、方位磁針の動く方向が、電流の流れている方向に関係することに気づきます。また、平行に並べた2本の電線に、電流を同じ方向に流したときは電線が互いに引き付けあい、電流を反対方向に流したときは電線が互いに反発し合うことを発見します。

そして、「**アンペールの右ねじの法則**」という法則を発見します。この法則は、木材に木ネジをドライバーで右回しに締めると、ネジが木材の中に進んでいくことに照らし合わせて、ネジの進む方向を電流の流れる方向とすると、ネジを回す方向に磁界が生じるという法則です。

また、電線に流れる電流と、電線周囲の磁界の強さとの関係を数学的に分析し、「**アンペール周回積分の法則**」も導き出しました。

その他にも電流と磁界に関する研究を重ね、電磁気学の創始者となります。

アンペールは、電流とは電気を帯びた非常に小さな粒が、導体を流れていると考えていました。当時は電子がまだ発見されていない時代であったため、他の学者には受け入れられませんでしたが、アンペールの死後、研究が進んで電子が発見され、アンペールの主張は正しかったことが証明されます。

第 2 章

直流回路で電気に慣れよう

　電気は大きく分けると、直流と交流の2種類に分類されます。乾電池に代表される、直流の電気を利用している直流回路は回路構成が単純で、電気の法則の基礎を学ぶのに適しています。また、直流のメカニズムは交流と共通のものが多いため、直流を理解することが交流の理解にも役立ちます。

　この章では、直流の基礎的な法則や理論を説明します。

2-1 乾電池は直流の電気を生み出す

乾電池がつくる直流の電気とは、どのような電気か見てみましょう。

> **Point**
> - 直流は電圧のかかる方向や電流の流れる方向が変化しない。
> - 直流はDC、交流はACと表す。

直流の特徴

　電気には、**直流**と**交流**があります。時間とともに電圧のかかる方向や、電流の流れる方向が変化しない電気を直流といいます。乾電池や車のバッテリーは直流の電源です。一方、コンセントに来ている電気は交流で、時間と共に電圧のかかる方向や、電流の流れる方向が変化しています。

　英語では直流をDirect Current、交流をAlternating Currentと表すので、これを略して直流は**DC**、交流は**AC**と表現することがあります。

直流回路を水の回路で考える

　乾電池と抵抗を接続した電気回路は、電流が乾電池の＋極から抵抗に向かって送り込まれ、再び乾電池の－極に戻ってくることになります。この直流の電気回路は、水槽の水をポンプで吸い上げ、圧力をかけてホースに送り込み、そこを通った水が再び水槽に戻るという構成の水の回路と非常によく似ています。

　水の回路の水流は電気回路の電流に相当します。水の回路のポンプは吸い込み側に比べ吐き出し側の水圧が高くなり、吸い込み側の高さより高いところに水をくみ上げることができます。同様に乾電池の＋極側は－極側と比べ電圧が高く、電流を－極側から電池の内部を経由して＋極側へ押し流す働きがあります。

　水が流れているホースを足で踏みつけると、ホースの先端から出る水の量が少なくなります。これはホースが細くなると、水の流れを妨げる抵抗が増加して、流れる水の量が減少するためですが、電気回路も電気抵抗値が高くなると電流値が下がります。

　水の回路では蛇口を開け閉めすることによって、水を流したり止めたりしますが、電気回路ではスイッチが電流を流したり止めたりします。

2-1 乾電池は直流の電気を生み出す

直流と交流のグラフ

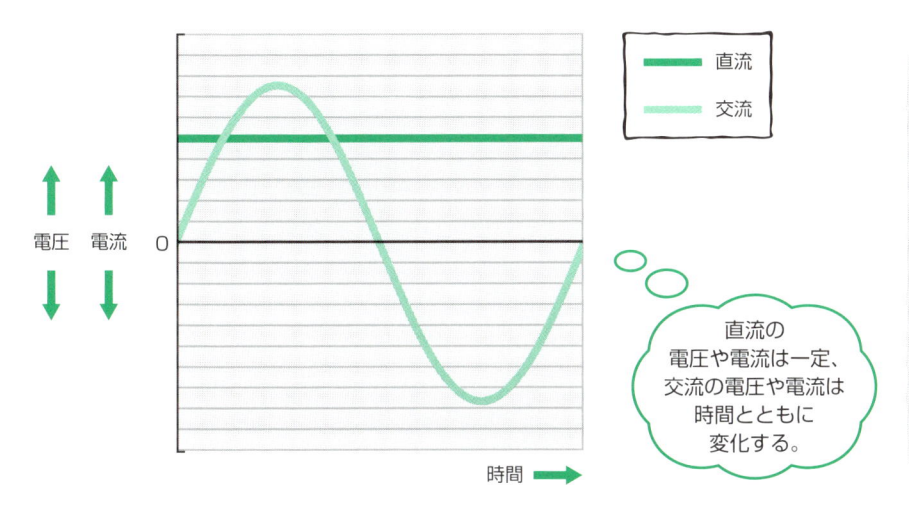

直流
交流

電圧 電流 0

時間 →

直流の電圧や電流は一定、交流の電圧や電流は時間とともに変化する。

2章 直流回路で電気に慣れよう

水の回路と電気の回路

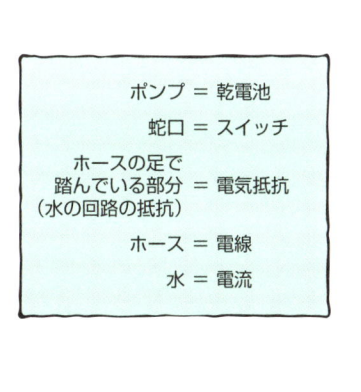

ポンプ ＝ 乾電池
蛇口 ＝ スイッチ
ホースの足で踏んでいる部分 ＝ 電気抵抗
（水の回路の抵抗）
ホース ＝ 電線
水 ＝ 電流

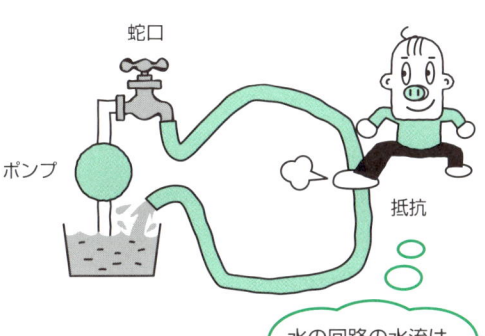

蛇口
ポンプ
抵抗

水の回路の水流は、電気回路の電流に相当する。

乾電池

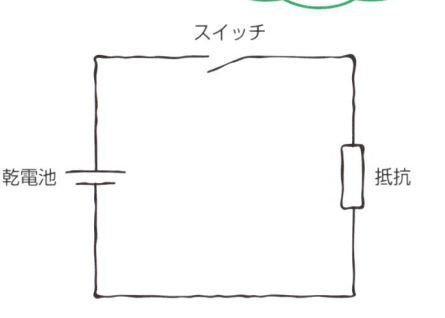

スイッチ
乾電池   抵抗

41

2-2 電圧、電流、抵抗の相互関係…オームの法則

電圧と電流、抵抗にはオームの法則という関係性があります。このオームの法則は、最も基本的で重要な法則です。

Point
- オームの法則は電圧・電流・抵抗の関係を表す。
- 抵抗に流れる電流は電圧に比例し抵抗に反比例する。

抵抗にかかる電圧と流れる電流の関係

乾電池に抵抗をつなぐと、回路に電流が流れ、抵抗には電圧がかかります。乾電池の電圧が高くなるほど、抵抗に流れる電流も大きくなり、抵抗にかかる電圧も高くなります。

この電圧、電流、抵抗の値は、「抵抗に流れる電流は、電圧に比例し、抵抗に反比例する」という関係があり、これを**オームの法則**といいます。オームの法則を式に表すと、

電圧V[V]=電流I[A]×抵抗R[Ω]

という関係になります。このように、オームの法則は簡単な公式で表されますが、直流でも交流でも成り立つ基本的かつ重要な法則なので、暗記しておくと便利です。

オームの法則の使い方

乾電池に抵抗が3[Ω]の豆電球をつないで0.5[A]の電流が流れたとき、オームの法則より乾電池の電圧V[V]は、

電圧V[V]=電流I[A]×抵抗R[Ω]
　　　　=0.5[A]×3[Ω]=1.5[V]

となり、乾電池の電圧は1.5[V]であることがわかります。

また、オームの法則の公式は変形すると

電流I[A]= 電圧V[V]÷抵抗R[Ω]
抵抗R[Ω]=電圧V[V]÷電流I[A]

になりますので、電圧・電流・抵抗の3つのうち、2つの大きさがわかれば、残りの1つは計算で求められることになります。

2-2 電圧、電流、抵抗の相互関係…オームの法則

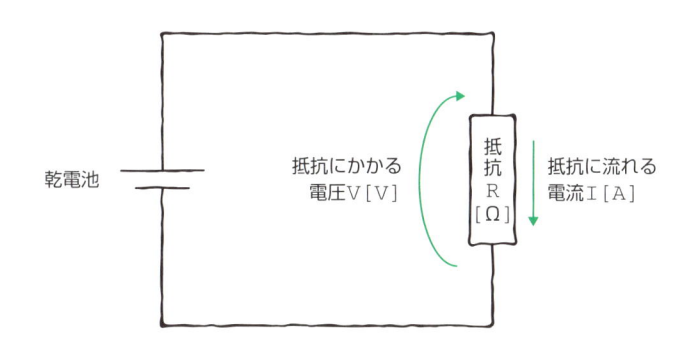

オームの法則

乾電池　抵抗にかかる電圧V[V]　抵抗R[Ω]　抵抗に流れる電流I[A]

電圧V[V]＝電流I[A]×抵抗R[Ω]

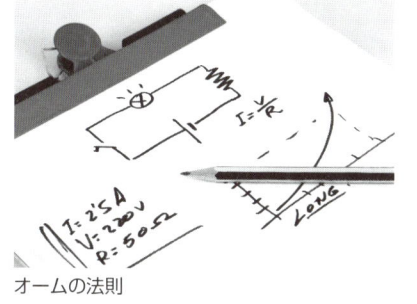

> オームの法則は基本的で重要な法則。

オームの法則

電圧、電流、抵抗の値

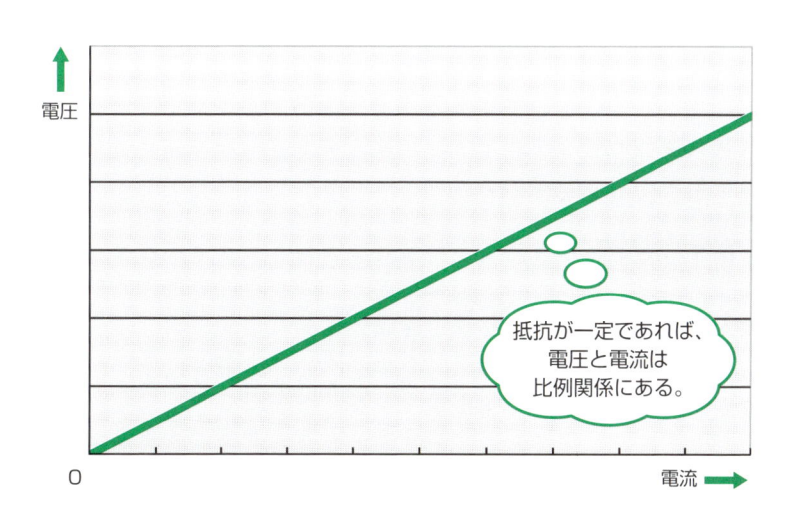

電圧 ↑　　電流 →

> 抵抗が一定であれば、電圧と電流は比例関係にある。

2章　直流回路で電気に慣れよう

2-3 電圧、電流、抵抗が変化するとどうなるか

電圧や電流、抵抗の値が変化すると、回路の状態はどのように変化するか見てみましょう。

Point
- 電圧を高くすると流れる電流が増加する。
- 抵抗を大きくすると流れる電流が減少する。

電圧・電流・抵抗の値を変化させるとどうなるか

電圧1.5[V]の電池に1[Ω]の抵抗を接続した回路があったとします。オームの法則より、この回路に流れる電流I[A]は、

電流I[A]＝電圧V[V]÷抵抗R[Ω]
　　　　＝1.5[V]÷1[Ω]＝1.5[A]

となります。この回路の電圧を変化させるとどうなるかを考えてみます。1.5[V]の電池を3[V]の電池に取り換えると、抵抗に流れる電流I[A]は、

電流I[A]＝電圧V[V]÷抵抗R[Ω]
　　　　＝3[V]÷1[Ω]＝3[A]

となり、電圧を高くすると、比例して電流が増加することがわかります。
次に、1[Ω]の抵抗を2[Ω]の抵抗に交換すると、抵抗に流れる電流I[A]は

電流I[A]＝電圧V[V]÷抵抗R[Ω]
　　　　＝3[V]÷2[Ω]＝1.5[A]

となり、抵抗値を大きくすると、反比例して電流が減少することがわかります。

電流は電圧と抵抗に支配される

ここでは、電圧を高くするために電池を交換し、抵抗を大きくするために抵抗を交換しました。このように、電圧や抵抗の値はコントロールしやすいのですが、電流をコントロールするには電圧や抵抗を変化させる必要があります。
したがって、回路に流れる電流の値は、電圧や抵抗の値に支配されます。

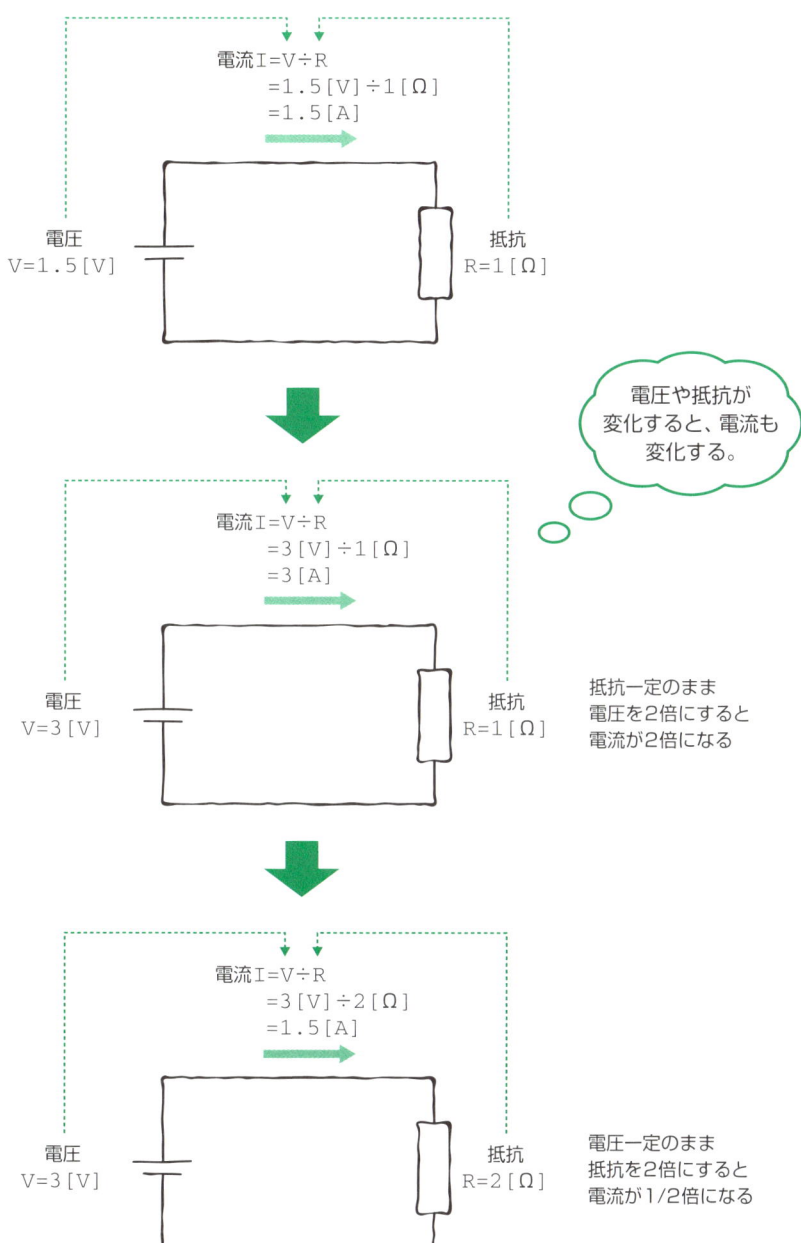

電圧・電流・抵抗の変化と回路の状態

電流 I = V ÷ R
　　 = 1.5[V] ÷ 1[Ω]
　　 = 1.5[A]

電圧 V=1.5[V]　　　抵抗 R=1[Ω]

電圧や抵抗が変化すると、電流も変化する。

電流 I = V ÷ R
　　 = 3[V] ÷ 1[Ω]
　　 = 3[A]

電圧 V=3[V]　　　抵抗 R=1[Ω]

抵抗一定のまま電圧を2倍にすると電流が2倍になる

電流 I = V ÷ R
　　 = 3[V] ÷ 2[Ω]
　　 = 1.5[A]

電圧 V=3[V]　　　抵抗 R=2[Ω]

電圧一定のまま抵抗を2倍にすると電流が1/2倍になる

2-4 抵抗のつなぎ方 …抵抗の直列・並列接続

複数の抵抗を直列や並列に接続した回路の特徴について説明します。

> **Point**
> ●まっすぐ1列に接続することを直列接続という。
> ●複数列に並べて接続することを並列接続という。

直列接続とは

複数の抵抗をまっすぐ1列に接続することを、**抵抗の直列接続**といいます。これを水の回路に置き換えて考えてみます。

ホースで庭に水をまくとき、ホースを足で踏んでつぶすと流れる水の量が減ってしまいます。これは、ホースをつぶした部分が抵抗になり、水の流れを妨げる抵抗になるからです。さらにもう1ヶ所足で踏んでつぶすと抵抗が増加し、流れる水はさらに減少することが想像できます。

電気回路も同様に、直列接続する抵抗を増やしていくと、全体の抵抗が増加し電流が減少することになります。

並列接続とは

複数の抵抗を並べて複数列に接続することを、**抵抗の並列接続**といいます。

水の回路では、1本のホースより複数のホースの方がたくさんの水を送ることができます。これは、ホースの本数が多くなるほど全体の抵抗が小さくなり、水が流れやすくなるからです。

電気回路も同様に、抵抗が並列接続されると、全体の抵抗が減少し、乾電池から流れる電流が増加することになります。

抵抗の並列接続の代表例はクリスマスツリーの装飾電球です。電球を直列接続とすると、どれか1つの電球が切れるとすべての電球が消えてしまいますが、電球はすべて並列接続されているため、どれか1つの電球が切れても他の電球は点灯します。

このように、私たちの身の周りには、並列接続が多用されています。

2-4 抵抗のつなぎ方…抵抗の直列・並列接続

抵抗の直列接続と並列接続

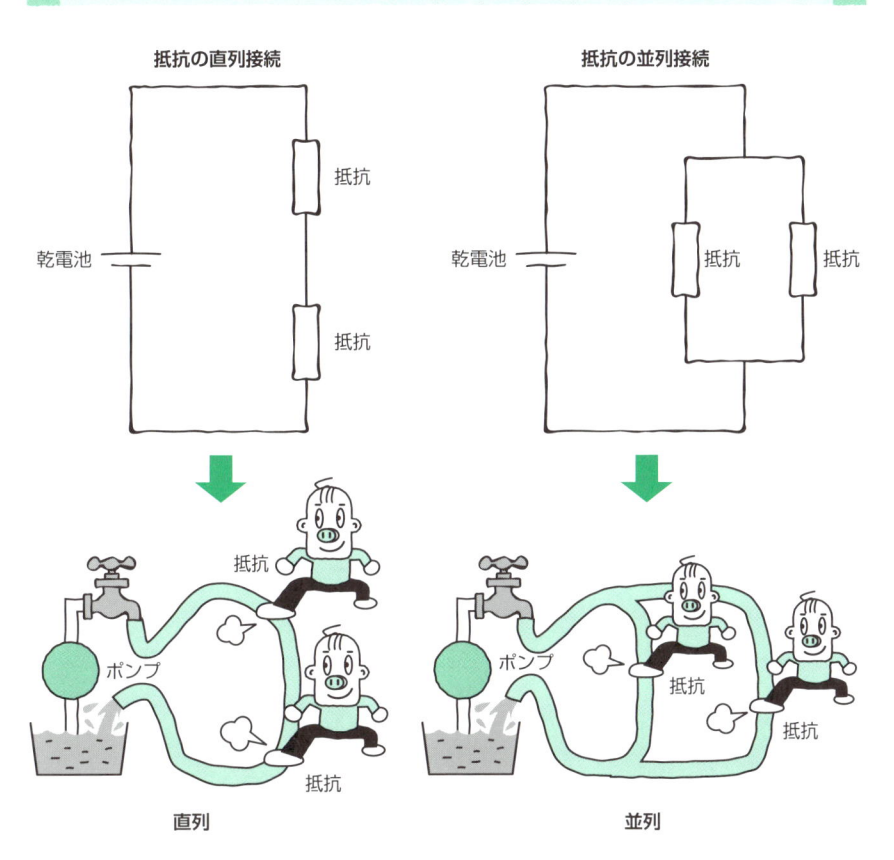

抵抗の直列接続

乾電池／抵抗／抵抗

抵抗の並列接続

乾電池／抵抗／抵抗

ポンプ／抵抗／抵抗

直列

ポンプ／抵抗／抵抗

並列

抵抗の並列接続の代表例

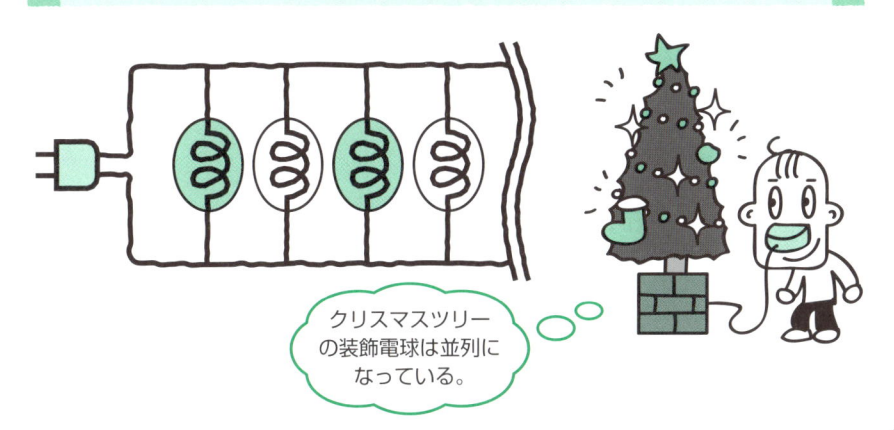

クリスマスツリーの装飾電球は並列になっている。

2章 直流回路で電気に慣れよう

47

2-5 複数の抵抗を1つにする…合成抵抗

複数の抵抗を直列や並列に接続した回路の合成抵抗の求め方を考えてみます。

> **Point**
> ● 複数の抵抗は1つの合成抵抗に置き換えることができる。
> ● 電気的に等価である回路を等価回路という。

合成抵抗と等価回路

複数の抵抗を接続した回路は、その回路の全体の抵抗値を持つ1つの抵抗に置き換えることができ、この置き換えられた1つの抵抗を**合成抵抗**といいます。複数の抵抗を接続した回路と、合成抵抗に置き換えられた回路は、抵抗が等しくなり、同じ電圧をかけた場合、流れる電流も等しくなるので電気的に等価であるとみなすことができます。これを**等価回路**といいます。

抵抗の直列接続と並列接続

抵抗の直列接続や並列接続を、高速道路の料金所に置き換えて考えてみます。

高速道路の料金所は、車の流れを妨げる抵抗と考えることができます。複数の料金所が連続してあると、車の流れが妨げられ渋滞が発生します。

これと同様に、複数の抵抗を直列に接続していくと合成抵抗の値は大きくなっていきます。n個の抵抗R_1、R_2、…R_nを直列接続すると合成抵抗$R_S[\Omega]$は次のようになります。

合成抵抗$R_S[\Omega]$=抵抗$R_1[\Omega]$+抵抗$R_2[\Omega]$+…+抵抗$R_n[\Omega]$

また、高速道路の料金所には多くのレーンが設置されています。車の流れを妨げるので、複数のレーンを並べることにより、渋滞が発生しにくくしているのです。同様に、複数の抵抗を並列に接続していくと、合成抵抗の値は小さくなっていきます。n個の抵抗R_1、R_2、…R_nを並列接続すると、合成抵抗$R_P[\Omega]$は次のようになります。

合成抵抗$R_P[\Omega]$=1/(1/抵抗$R_1[\Omega]$+1/抵抗$R_2[\Omega]$+…+1/抵抗$R_n[\Omega]$)

2-5 複数の抵抗を1つにする…合成抵抗

合成抵抗とは

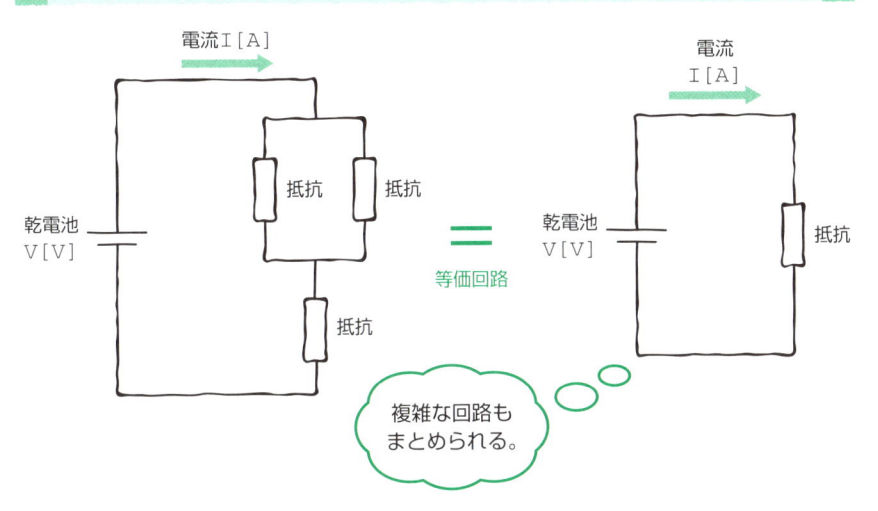

電流 I[A] が流れる回路（乾電池 V[V]、抵抗3つ）= 等価回路（乾電池 V[V]、抵抗1つ、電流 I[A]）

複雑な回路もまとめられる。

直列接続と並列接続の合成抵抗

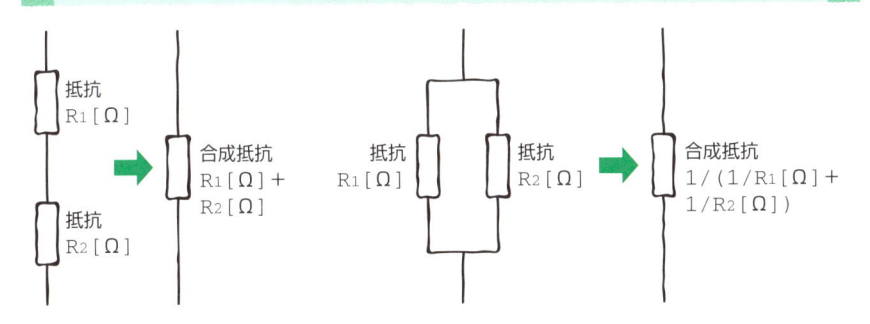

抵抗 $R_1[\Omega]$、抵抗 $R_2[\Omega]$（直列） ➡ 合成抵抗 $R_1[\Omega] + R_2[\Omega]$

抵抗 $R_1[\Omega]$、抵抗 $R_2[\Omega]$（並列） ➡ 合成抵抗 $1/(1/R_1[\Omega] + 1/R_2[\Omega])$

抵抗値の逆数

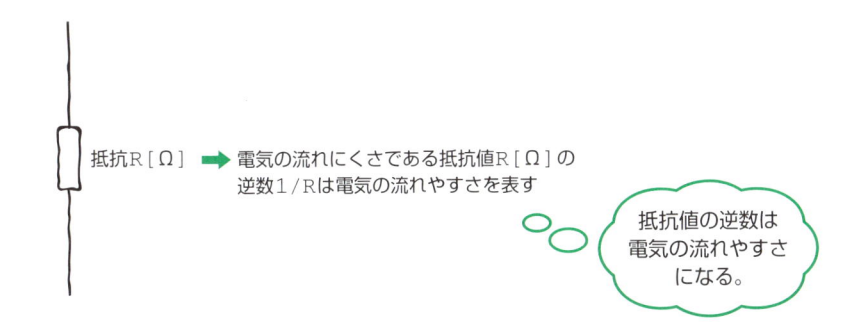

抵抗 $R[\Omega]$ ➡ 電気の流れにくさである抵抗値 $R[\Omega]$ の逆数 $1/R$ は電気の流れやすさを表す

抵抗値の逆数は電気の流れやすさになる。

2-6 2つの抵抗の並列接続は和分の積で求める

2つの抵抗を並列接続したときの合成抵抗は、和分の積という式で簡単に求められます。

> **Point**
> ● 2つの抵抗の並列接続は和分の積で求める。
> ● 2つ以上の抵抗の並列接続は和分の積を繰り返す。

抵抗の並列接続は計算が面倒

2[Ω]の抵抗と3[Ω]の抵抗を直列接続すると合成抵抗R_S[Ω]は、

合成抵抗R_S[Ω]=抵抗R_1[Ω]+抵抗R_2[Ω]=2[Ω]+3[Ω]=5[Ω]

となりますが、並列接続すると合成抵抗R_P[Ω]は次のようになります。
この計算過程は暗算で行うにはちょっと大変です。

合成抵抗R_P[Ω]=1/(1/抵抗R_1[Ω]+1/抵抗R_2[Ω])
　　　　　　　=1/(1/2[Ω]+1/3[Ω])
　　　　　　　=1/(5/6)=6/5[Ω]=1.2[Ω]

和分の積とは

並列接続の合成抵抗を求める式の分子と分母にR_1とR_2をかけてみると、

合成抵抗R_P[Ω]=抵抗R_1[Ω]×抵抗R_2[Ω]/(抵抗R_1[Ω]+抵抗R_2[Ω])

となります。この式は分母が2つの抵抗の足し算、分子が2つの抵抗の掛け算になっていますので、**和分の積**といいます。再度、2[Ω]の抵抗と3[Ω]の抵抗を並列接続したときの合成抵抗R_P[Ω]を求めてみると、次のようにずいぶん簡単に計算することができます。3つ以上の抵抗が並列接続されている場合も、2つずつ「和分の積」を繰り返せば合成抵抗を求めることができます。

合成抵抗R_P[Ω]=抵抗R_1[Ω]×抵抗R_2[Ω]/(抵抗R_1[Ω]+抵抗R_2[Ω])
　　　　　　　=2[Ω]×3[Ω]/(2[Ω]+3[Ω])=6/5[Ω]=1.2[Ω]

2-6 2つの抵抗の並列接続は和分の積で求める

和分の積

抵抗 $R_1[\Omega]$ 抵抗 $R_2[\Omega]$ ➡ 合成抵抗 $R_P[\Omega]$

和分の積は
2つの抵抗の足し算と
2つの抵抗のかけ算
から求められる。

$$
\begin{aligned}
R_P &= 1 \,/\, (1/R_1 + 1/R_2) \\
&= 1 \times R_1 \times R_2 \,/\, (1/R_1 + 1/R_2) \times R_1 \times R_2 \\
&= R_1 \times R_2 \,/\, (R_1 \times R_2 / R_1 + R_1 \times R_2 / R_2) \\
&= R_1 \times R_2 \,/\, R_1 + R_2
\end{aligned}
$$

⬇

R_1とR_2の積/R_1とR_2の和

合成抵抗を求める

抵抗 $R_1[\Omega]$ 抵抗 $R_2[\Omega]$ 抵抗 $R_3[\Omega]$ ➡ 合成抵抗R'
(R_1とR_2の和分の積)
$R' = R_1 \times R_2 / R_1 + R_2 [\Omega]$

抵抗 $R_3[\Omega]$

3つ以上の並列
接続は和分の積を
繰り返せばよい。

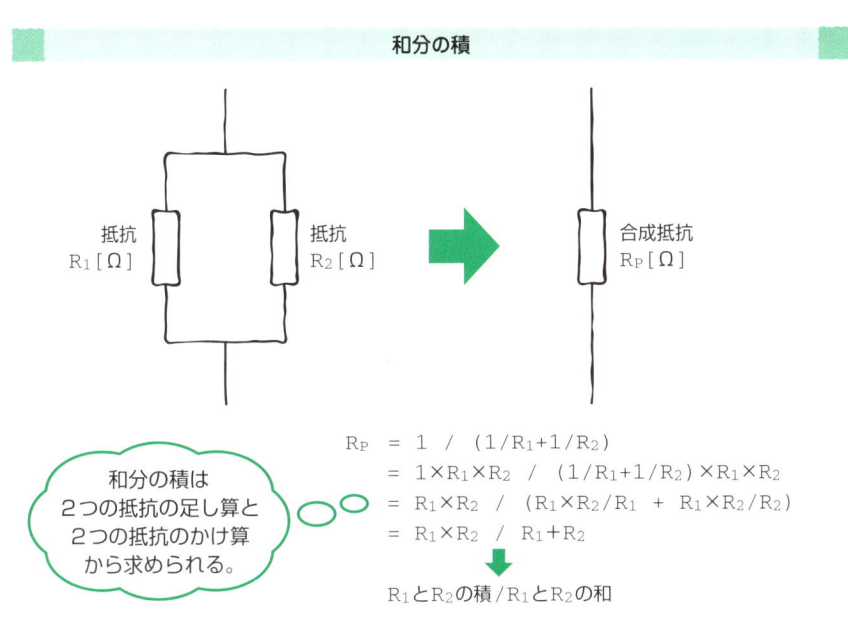

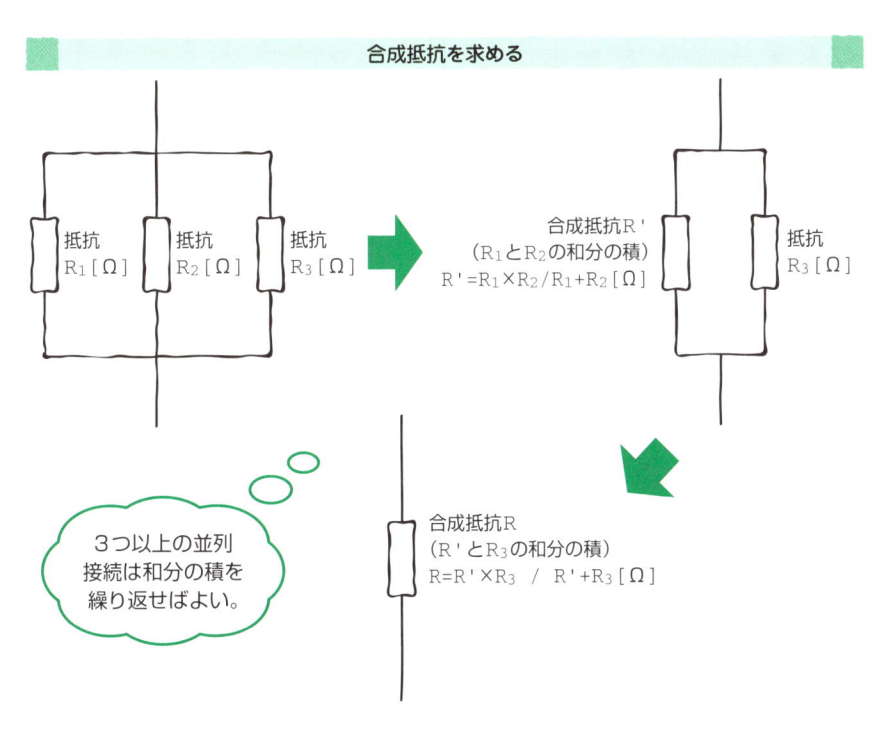

⬇

合成抵抗R
(R'とR_3の和分の積)
$R = R' \times R_3 \,/\, R' + R_3 [\Omega]$

2-7 電圧の分担…分圧

直列接続された複数の抵抗に電圧をかけると、それぞれの抵抗にかかる電圧はどのようになるかを考えてみます。

> **Point**
> - 直列接続した抵抗に電圧をかけるとそれぞれの抵抗に分担されてかかる。
> - 抵抗の直列接続では大きな抵抗に大きな電圧がかかる。

分圧とは何か

複数の抵抗を直列に接続すると、電圧がそれぞれの抵抗値の大きさによって、分担されてかかります。これを**分圧**といいます。

電圧はどのように分担されるのか

抵抗R_1と抵抗R_2を直列に接続して電圧をかけると、R_1とR_2には同じ値の電流が流れます。R_1とR_2にかかる電圧はオームの法則より、

抵抗にかかる電圧V[V]＝抵抗に流れる電流I[A]×抵抗R[Ω]

で求められますので、R_1とR_2が同じ抵抗値であれば、R_1とR_2にかかる電圧も等しくなります。R_1とR_2の抵抗値が異なる場合は、抵抗値の大きさによって電圧を分担することになり、

R_1の抵抗値：R_2の抵抗値＝R_1にかかる電圧：R_2にかかる電圧

が成立します。

例えば1[Ω]の抵抗と2[Ω]の抵抗を直列接続して1.5[V]の電圧をかけると、1[Ω]の抵抗には0.5[V]、2[Ω]の抵抗には1.0[V]の電圧がかかることになります。

同様に、3つ以上の抵抗を直列接続した場合も、抵抗値の比によって電圧が分圧されることになります。

この作用を利用すると、負荷と直列に接続した抵抗の抵抗値をコントロールすることで負荷にかかる電圧をコントロールすることができます。

2-7 電圧の分担…分圧

分圧とは

電流 $I=0.5[A]$

抵抗 $R_1=1[\Omega]$
抵抗$R_1[\Omega]$にかかる電圧 $V_1=0.5[V]$

電圧 $V=1.5[V]$

抵抗 $R_2=2[\Omega]$
抵抗$R_2[\Omega]$にかかる電圧 $V_2=1.0[V]$

> 各抵抗にかかる電圧は、それぞれの抵抗値の大きさによって分担される。

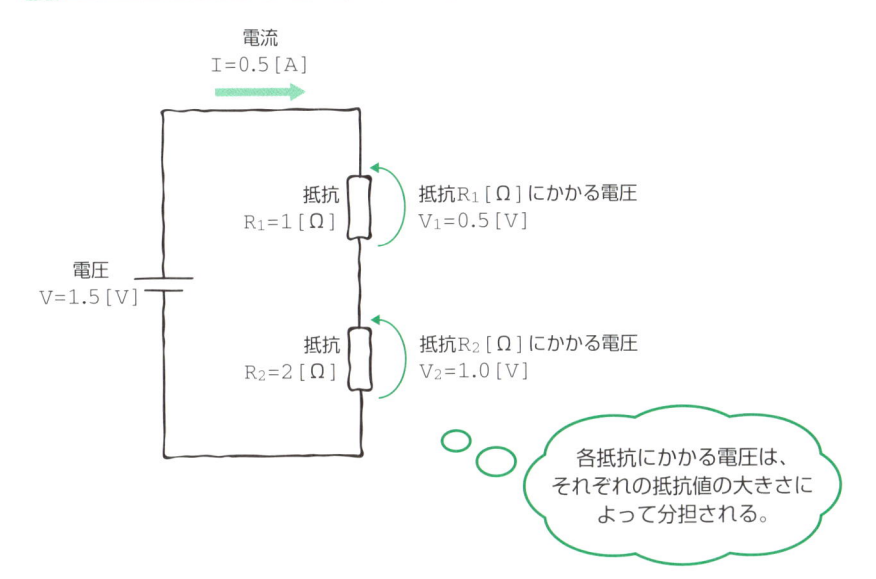

複数の抵抗を直列に接続する

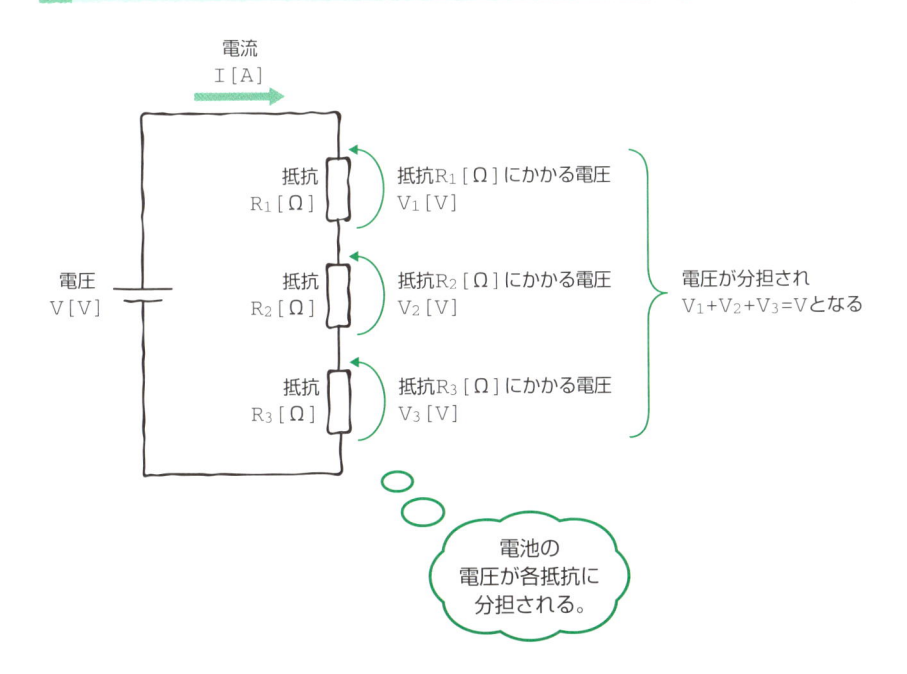

電流 $I[A]$

抵抗 $R_1[\Omega]$
抵抗$R_1[\Omega]$にかかる電圧 $V_1[V]$

電圧 $V[V]$

抵抗 $R_2[\Omega]$
抵抗$R_2[\Omega]$にかかる電圧 $V_2[V]$

抵抗 $R_3[\Omega]$
抵抗$R_3[\Omega]$にかかる電圧 $V_3[V]$

電圧が分担され $V_1+V_2+V_3=V$ となる

> 電池の電圧が各抵抗に分担される。

2章 直流回路で電気に慣れよう

2-8 電流の分かれ道…分流

並列接続された複数の抵抗に電圧をかけると、それぞれの抵抗に流れる電流はどのようになるかを考えてみます。

Point
- 並列接続した抵抗に電流を流すとそれぞれの抵抗に分割されて流れる。
- 抵抗の並列接続では小さな抵抗に大きな電流が流れる。

■ 分流とは何か

複数の抵抗を並列に接続すると、電流がそれぞれの抵抗値の大きさによって分割されて流れます。これを**分流**といいます。

■ 電流はどのように分割されるのか

抵抗R_1と抵抗R_2を並列に接続して電圧をかけると、R_1とR_2には同じ値の電圧がかかります。R_1とR_2に流れる電流はオームの法則より、

抵抗に流れる電流I[A] ＝ 抵抗にかかる電圧V[V] ÷ 抵抗R[Ω]

で求められますので、R_1とR_2が同じ抵抗値であれば、R_1とR_2に流れる電流も等しくなります。R_1とR_2の抵抗値が異なる場合は、抵抗値の大きさによって電流を分割することになり、

R_1の抵抗値：R_2の抵抗値 ＝ R_2に流れる電流：R_1に流れる電流

が成立します。

例えば1[Ω]の抵抗と2[Ω]の抵抗を並列接続して1.5[A]の電流を流すと、1[Ω]の抵抗には1.0[A]、2[Ω]の抵抗には0.5[A]の電流が流れることになります。

同様に、3つ以上の抵抗を並列接続した場合も、抵抗値の比によって電流が分流されることになります。

この作用を利用すると、負荷と並列に接続した抵抗の抵抗値をコントロールすることで負荷に流れる電流をコントロールすることができます。

2-8 電流の分かれ道…分流

分流とは

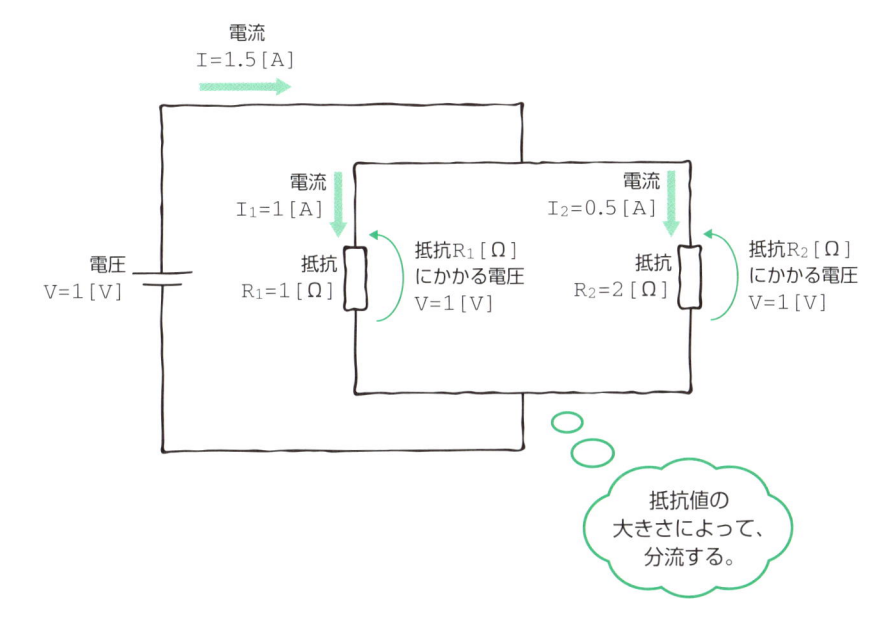

電流 $I=1.5[A]$
電流 $I_1=1[A]$
電流 $I_2=0.5[A]$
電圧 $V=1[V]$
抵抗 $R_1=1[\Omega]$
抵抗 $R_2=2[\Omega]$
抵抗$R_1[\Omega]$にかかる電圧 $V=1[V]$
抵抗$R_2[\Omega]$にかかる電圧 $V=1[V]$

抵抗値の大きさによって、分流する。

電流の分割

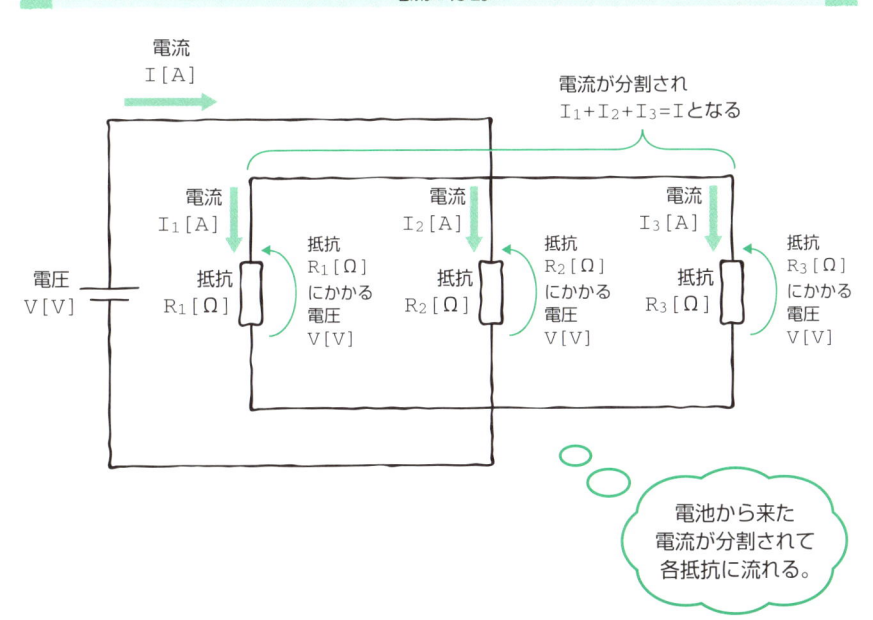

電流 $I[A]$
電流が分割され $I_1+I_2+I_3=I$ となる
電流 $I_1[A]$
電流 $I_2[A]$
電流 $I_3[A]$
電圧 $V[V]$
抵抗 $R_1[\Omega]$
抵抗 $R_2[\Omega]$
抵抗 $R_3[\Omega]$
抵抗$R_1[\Omega]$にかかる電圧 $V[V]$
抵抗$R_2[\Omega]$にかかる電圧 $V[V]$
抵抗$R_3[\Omega]$にかかる電圧 $V[V]$

電池から来た電流が分割されて各抵抗に流れる。

2章 直流回路で電気に慣れよう

2-9 電池のつなぎ方 …電池の直列・並列接続

いくつかの電池を直列や並列につないだとき、電圧や電流がどのように変化するのかを説明します。

Point
- 電池を直列接続すると電圧が高くなる。
- 電池を並列接続すると電池の寿命が長くなる。

■ 電池の直列接続と並列接続

複数の電池をまっすぐ1列に接続することを、**電池の直列接続**といいます。電池を直列接続すると、全体の電圧は各電池の電圧の和となります。複数の電池を並べて複数列に接続することを、**電池の並列接続**といいます。並列接続は直列接続と違って、1.5[V]の電池を何個並列に接続しても電圧は1.5[V]になります。

■ 直列接続と並列接続の特徴

直列接続する電池の数を増やしていくと、電圧を高くすることができます。直流の電力P[W]、電圧V[V]、電流I[A]の間には

電力P[W]＝電圧V[V]×電流I[A]

の関係があり、同じ電力で電流を小さく抑えたい場合は電圧を高くします。

乾電池は流れる電流が許容値より大きくなると、乾電池が過熱したり、乾電池内部の抵抗によって電圧が低下してしまうなど問題があります。懐中電灯は複数の乾電池を直列に接続し、電圧を上げて電流を小さくすることで、乾電池に流れる電流が許容値を超えないようにしています。

また、電池を並列に接続した場合、流れる電流は各電池が分担するので、電池の寿命が長くなります。しかし、各乾電池の電圧が同じになっていないと、スイッチをOFFにしていても高い電圧の乾電池から低い電圧の乾電池に電流が流れてしまい、電池の寿命が短くなるなどの支障が生じる場合があります。

新品の電池と中古の電池を併用するとこのような状態になりますので、乾電池を交換する際には全部新品に交換するなど注意が必要です。

2-9 電池のつなぎ方…電池の直列・並列接続

電池を直列接続した場合と並列接続した場合の電圧

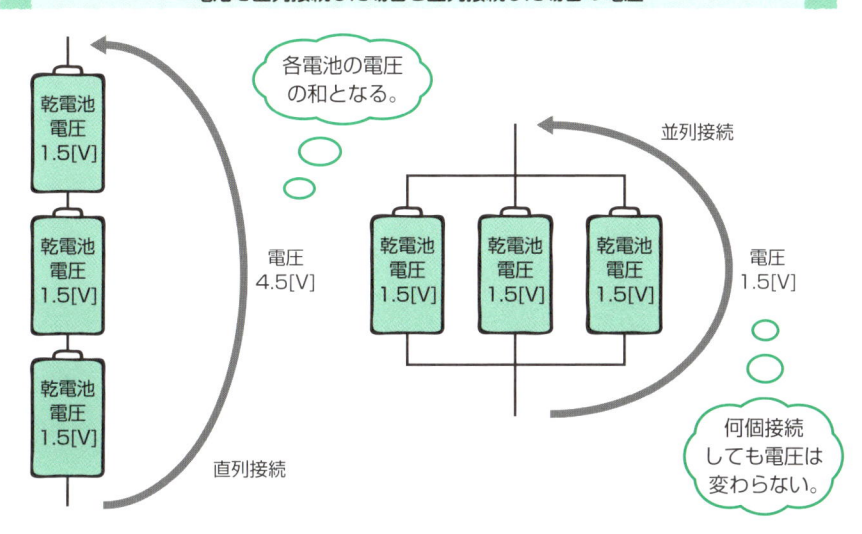

各電池の電圧の和となる。

乾電池 電圧 1.5[V]
乾電池 電圧 1.5[V]
乾電池 電圧 1.5[V]

電圧 4.5[V]

直列接続

並列接続

乾電池 電圧 1.5[V]　乾電池 電圧 1.5[V]　乾電池 電圧 1.5[V]

電圧 1.5[V]

何個接続しても電圧は変わらない。

電圧と電流の関係

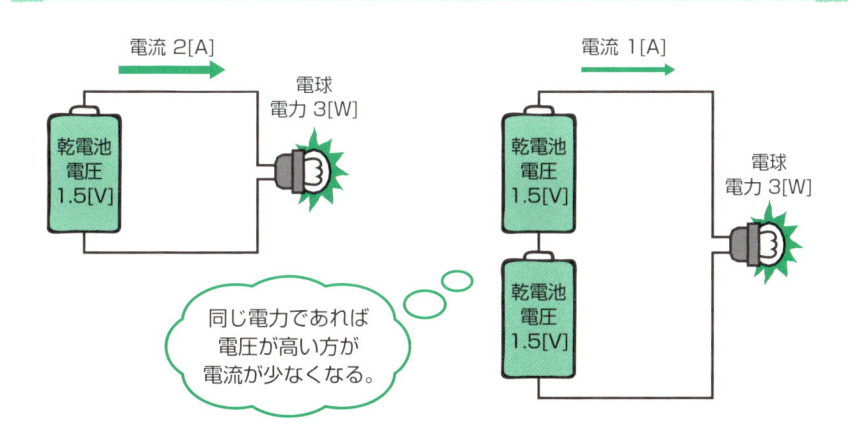

電流 2[A]

乾電池 電圧 1.5[V]

電球 電力 3[W]

電流 1[A]

乾電池 電圧 1.5[V]
乾電池 電圧 1.5[V]

電球 電力 3[W]

同じ電力であれば電圧が高い方が電流が少なくなる。

電池の並列接続

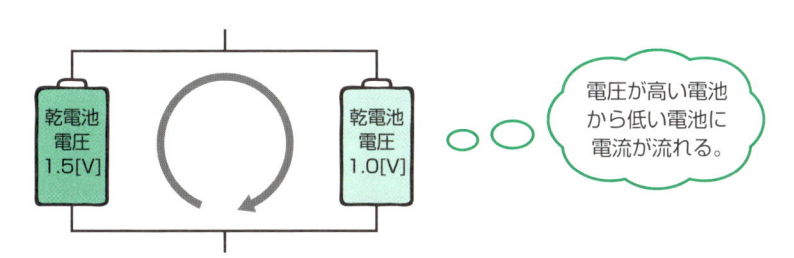

乾電池 電圧 1.5[V]　乾電池 電圧 1.0[V]

電圧が高い電池から低い電池に電流が流れる。

第2章 直流回路で電気に慣れよう

2-10 複雑な回路はキルヒホッフの法則が便利

電気回路が複雑になると、オームの法則だけでは対応しにくいので、キルヒホッフの法則を利用しましょう。

> **Point**
> - キルヒホッフの法則には電流則と電圧則がある。
> - キルヒホッフの電圧則は閉回路があれば成立する。

複雑な回路はキルヒホッフの法則で考える

電池が1つの回路は、これまで見てきたオームの法則、分圧、分流、合成抵抗の考え方で対応できました。しかし、電池が2つ以上ある回路はこれらの考え方だけで対応することは難しくなってきます。

そのような複雑な回路で活躍するのが**キルヒホッフの法則**で、直流でも交流でも成立する法則です。キルヒホッフの法則には、電流則と電圧則があります。

キルヒホッフの電流則

キルヒホッフの電流則は、何本かの電線を1点で接続した場合、その点に流入する電流の合計と、その点から流出する電流の合計は等しくなるというというものです。つまり、電流は合流点や分岐点があっても総量は増減しないということになります。

キルヒホッフの電圧則

キルヒホッフの電圧則は、電流がぐるっと1周できる回路では、乾電池の電圧の合計と、電流が流れることによって抵抗にかかる電圧の合計は等しいというものです。回路を電流が流れる方向に沿って見てみると、電池などの電源を通過するときは電圧が上昇し、抵抗を通過するときは電圧が降下します。回路の任意の点からぐるっと1周すると電池による電圧上昇と、抵抗による電圧降下が相殺するため、任意の点に戻ってくると電圧は0[V]になります。

ぐるっと1周できる回路を**閉回路**といいますが、キルヒホッフの電圧則は閉回路があれば必ず成立するので、網のように接続された複雑な電気回路の場合、すべての網目で成立することになります。

2-10 複雑な回路はキルヒホッフの法則が便利

キルヒホッフの電流則

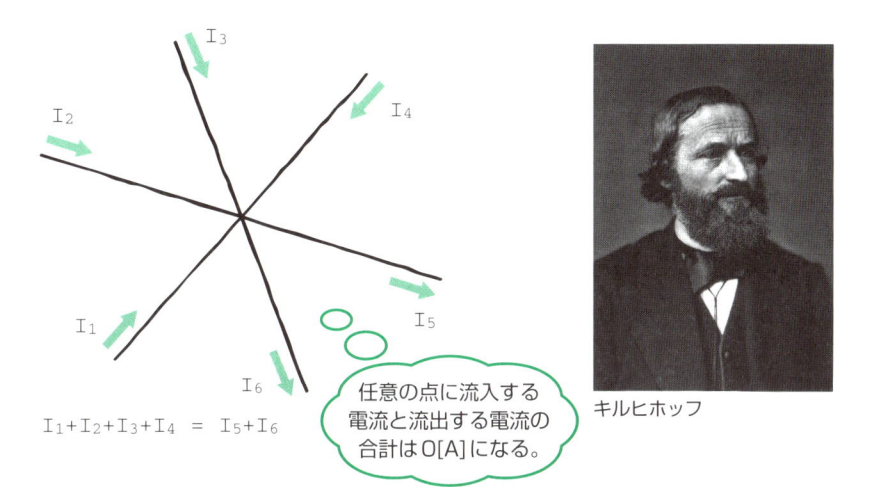

$I_1+I_2+I_3+I_4 = I_5+I_6$

任意の点に流入する電流と流出する電流の合計は0[A]になる。

キルヒホッフ

キルヒホッフの電圧則

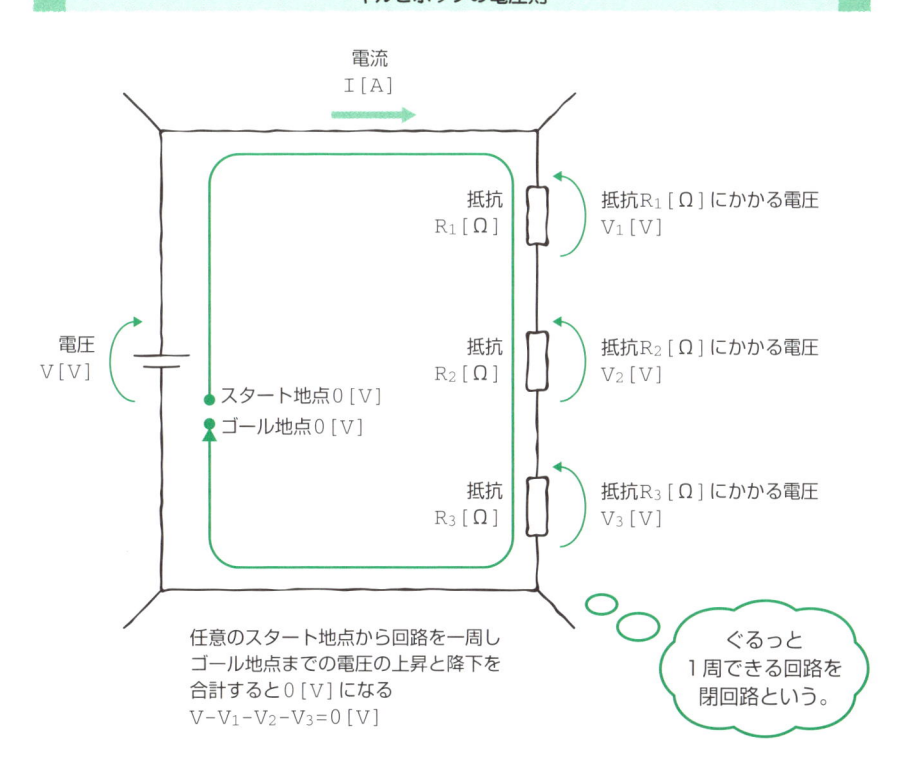

電流 $I[A]$

電圧 $V[V]$

抵抗 $R_1[\Omega]$ — 抵抗$R_1[\Omega]$にかかる電圧 $V_1[V]$

抵抗 $R_2[\Omega]$ — 抵抗$R_2[\Omega]$にかかる電圧 $V_2[V]$

抵抗 $R_3[\Omega]$ — 抵抗$R_3[\Omega]$にかかる電圧 $V_3[V]$

スタート地点 0[V]
ゴール地点 0[V]

任意のスタート地点から回路を一周しゴール地点までの電圧の上昇と降下を合計すると0[V]になる
$V-V_1-V_2-V_3=0[V]$

ぐるっと1周できる回路を閉回路という。

2-11 電池の仕組み

電池はどのように電気をつくり出しているのか、その仕組みを見てみましょう。

Point
- 電池は化学的なエネルギーを電気に変換している。
- イオン化傾向を考慮して様々な電池が作られている。

化学反応で電気をつくる

自動車のバッテリーは、硫酸を水に溶かした希硫酸に鉛の板と二酸化鉛の板を入れたもので、鉛の板が－極、二酸化鉛の板が＋極になります。

希硫酸の中で硫酸（H_2SO_4）は＋イオンの水素イオン（H^+）と－イオンの硫酸イオン（SO_4^{2-}）になります。このように分子や原子が＋イオンと－イオンに分かれることを**電離**といい、電離する物質が溶け込んだ溶液を**電解液**といいます。

鉛の板からは＋イオンの鉛イオン（Pb^{2+}）が希硫酸に溶け出し、鉛の板に電子が取り残されます。電解液の中には水素イオンと鉛イオンの2種類の＋イオンが存在し、水素イオンは二酸化鉛（PbO_2）の板の周囲に集まります。

この状態で＋極に接続した電線と－極に接続した電線の間に豆電球を接続すると、－極の鉛の板に取り残された電子が豆電球を経由して＋極の二酸化鉛に流れるため、豆電球が点灯します。＋極の二酸化鉛に到着した電子は、二酸化鉛・水素イオン・硫酸イオンと反応して硫酸鉛（$PbSO_4$）と水（H_2O）を発生します。

また、－極の鉛の板にも溶け出した鉛イオンと硫酸イオンによって、硫酸鉛が発生します。この硫酸鉛は＋極の二酸化鉛の板や－極の鉛の板の表面を覆っていき、水は電解液の希硫酸を薄めていきます。これがある程度に達すると化学反応を継続できなくなり、電流が流れなくなります。この状態を**完全放電**といいます。

電池はイオン化傾向を活用している

物質にはイオンになりやすいもの、なりにくいものがあり、その程度を**イオン化傾向**といいます。－極に用いられる物質はイオン化し電解液に溶け出すことで－極に電子を残すため、＋極や電解液の物質よりもイオン化傾向を大きくしています。

2-11 電池の仕組み

鉛電池の構造と仕組み

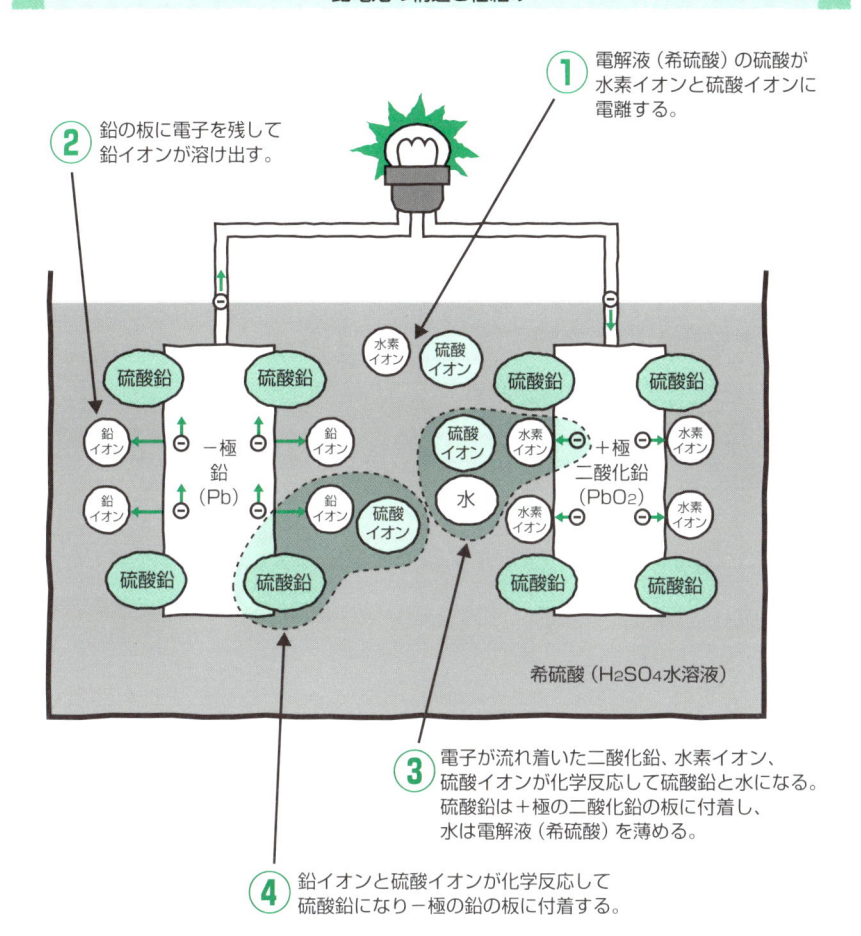

① 電解液（希硫酸）の硫酸が水素イオンと硫酸イオンに電離する。

② 鉛の板に電子を残して鉛イオンが溶け出す。

－極 鉛（Pb）
＋極 二酸化鉛（PbO_2）

希硫酸（H_2SO_4水溶液）

③ 電子が流れ着いた二酸化鉛、水素イオン、硫酸イオンが化学反応して硫酸鉛と水になる。硫酸鉛は＋極の二酸化鉛の板に付着し、水は電解液（希硫酸）を薄める。

④ 鉛イオンと硫酸イオンが化学反応して硫酸鉛になり－極の鉛の板に付着する。

主な物質のイオン化傾向

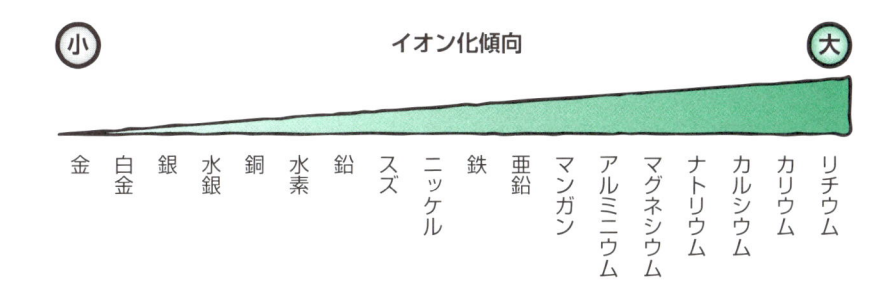

イオン化傾向

小 ← 金　白金　銀　水銀　銅　水素　鉛　スズ　ニッケル　鉄　亜鉛　マンガン　アルミニウム　マグネシウム　ナトリウム　カルシウム　カリウム　リチウム → 大

第2章 直流回路で電気に慣れよう

2-12 電池の充電と電気分解

電池には使い捨ての電池と充電できる電池があります。電池の充電のメカニズムを見てみましょう。

> **Point**
> - 電池には一次電池と二次電池がある。
> - 二次電池は電気分解によって充電できる。

一次電池と二次電池

電池には使い捨ての**一次電池**と、繰り返し使用できる**二次電池**があります。一次電池には、マンガン電池・アルカリ電池などがあります。二次電池は**蓄電池**や**バッテリー**ともいい、鉛蓄電池・ニッカド電池・リチウムイオン電池などがあります。

電気分解を起こして充電する

蓄電池の1つである鉛蓄電池は、蓄電池の＋極を充電器の＋極に、蓄電池の－極を充電器の－極に接続すると、放電のときとは逆方向に電子が流れ充電することができます。＋極では、硫酸鉛($PbSO_4$)から電子が放出され、硫酸鉛と水(H_2O)が反応して二酸化鉛(PbO_2)となり、電解液中に水素イオン(H^+)と硫酸イオン(SO_4^{2-})が溶け出します。

電子が＋極から充電器を経由して－極の硫酸鉛($PbSO_4$)に到着すると、硫酸鉛は鉛(Pb)になり、硫酸鉛から電解液中に硫酸イオンが溶け出します。

この反応を継続すると、＋極の硫酸鉛は二酸化鉛に、－極の硫酸鉛は鉛になり、放電前の物質に戻ります。放電により発生した水によって希釈されていた電解液も放電前の希硫酸の状態に戻っていき、放電により減少した水素イオンと硫酸イオンが増加していきます。

このように、電解液中の2つの電極に電圧をかけて、物質を化学的に分解することを**電気分解**といいます。鉛蓄電池を充電すると電解液中の水も電気分解されます。水は電気分解すると＋極から酸素ガスが、－極から水素ガスが発生し、電解液から外に放出され電解液が減少するため、純水を補充する必要があります。最近では、純水の補充を省略するため、酸素ガスと水素ガスを化学的に水に戻す工夫がされています。

2-12 電池の充電と電気分解

電池の種類

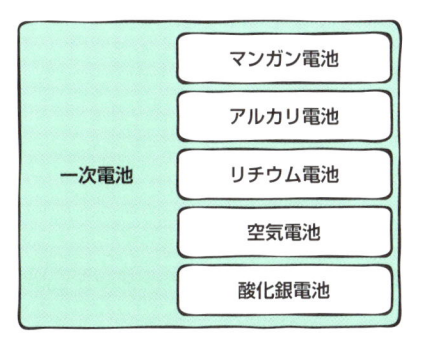

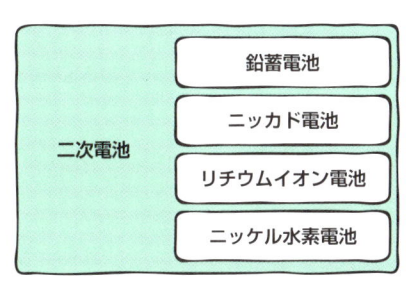

一次電池
- マンガン電池
- アルカリ電池
- リチウム電池
- 空気電池
- 酸化銀電池

二次電池
- 鉛蓄電池
- ニッカド電池
- リチウムイオン電池
- ニッケル水素電池

第2章 直流回路で電気に慣れよう

鉛蓄電池の充電

① 硫酸鉛から電子が放出され、硫酸鉛と水が反応して二酸化鉛となり、電解液中に水素イオンと硫酸イオンが溶け出す。

－極 鉛（Pb）
＋極 二酸化鉛（PbO_2）

希硫酸（H_2SO_4水溶液）

② 電子が＋極から充電器を経由して－極の硫酸鉛に到着すると、硫酸鉛は鉛になり、硫酸鉛から電解液中に硫酸イオンが溶け出す。

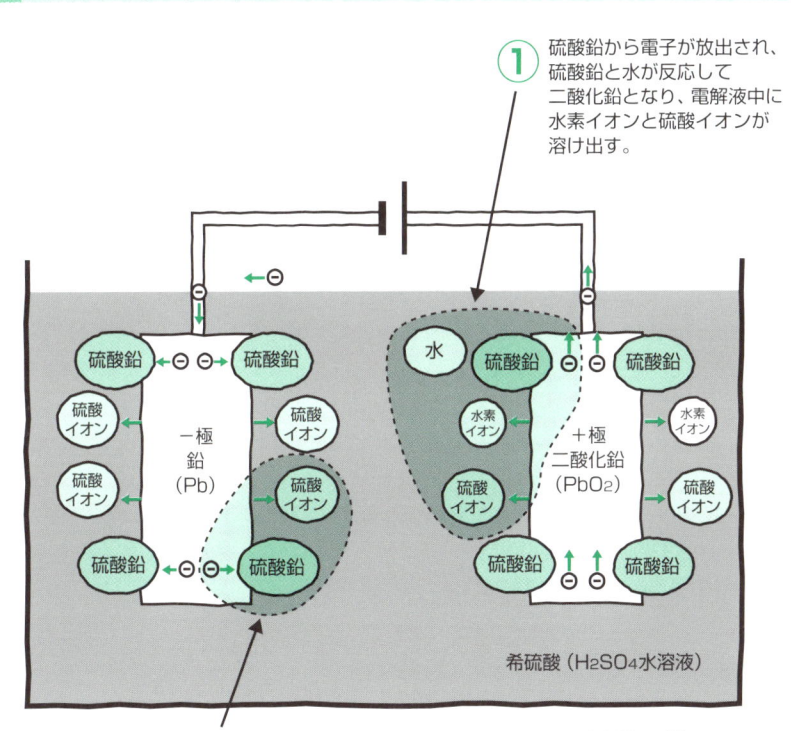

Column

電圧の単位　ボルト

アレッサンドロ・ボルタ（1745年〜1827年）

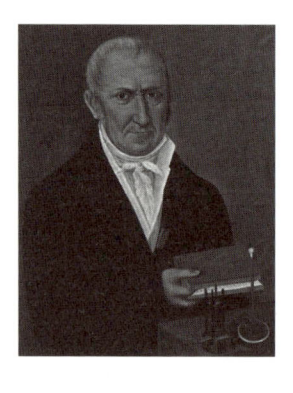

　ボルタは、イタリアの物理学者です。1745年にイタリアで、男子は僧職につくという信仰心の深い一族に生まれます。初めは文学を志していましたが、その後物理学と化学を専攻します。
　ボルタは生物と電気の関係を研究し、ガルバーニが発表した動物電気が誤りであることを証明します。動物電気とは、かえるの足の筋肉に異なる2つの金属を接触させると筋肉がけいれんするのは筋肉の中に電気が溜まっているからであるというものです。
　この発見を称賛していたボルタですが、ガルバーニの説明に納得できなかったボルタは研究を進め、筋肉が電気を持っているのではなく、異なる2つの金属を接触させたことによる起電力によるものと発表します。
　そして異なる2つの金属が生み出す起電力に注目したボルタは、現在の電池の基礎となるボルタの電堆を考案します。**ボルタの電堆**は、塩水を含ませた紙や布を銅の板と亜鉛の板で挟み、それをいくつか積み重ねた構造で、銅は＋、亜鉛は－に帯電し、負荷に接続すると電流が流すことができます。
　ボルタはさらに、**コップの王冠**と呼ばれる電堆をつくります。コップの王冠は塩水や酢などを入れた容器に異なる2種類の金属板を入れたものをいくつか用意し、金属板を導線で連結したものです。両端の容器から引き出した導線には起電力が発生し、これを負荷に接続すると水が電気分解され、容器の中の金属板から酸素と水素の気泡が発生しました。
　ボルタはこれらの発明により、フランスに招かれナポレオンの前で講演・実験を行います。その結果、伯爵に任じられ、華やかな生活を送ります。49歳で結婚し、3人の子供を儲けたボルタは、イタリアで好きな研究を続けて家族と平和な生活を送ることが幸せと考え、ロシアの大学から高給で招かれても辞退します。そして、引退後の1827年、熱病のため82歳の生涯に幕を閉じました。

第 3 章

静電気は動かない電気

　前章までは動く電気である「動電気」を見てきましたが、この章では動かない電気である「静電気」に注目してみます。

　静電気と聞くとビリッとくる嫌なものを想像しますが、静電気は電気の見えないチカラの1つである電界と深い関わりがあり、私たちの身の回りでは、静電気を利用した機器がたくさんあります。

　この章では、静電気の特徴を通じて、前章まで見てきた正電荷と負電荷の振る舞いをより深く考えてみます。

3-1 静電気と動電気の違い

静電気と電線に流れる電気の違いについて見てみましょう。

> **Point**
> - 電荷が動いている電気を動電気、動いていない電気を静電気という。
> - 動電気も静電気も本質的には同じ電気である。

静電気の特徴

電荷が流れている状態の電気を**動電気**といい、電荷が動かずに留まっている状態の電気を**静電気**といいます。

下敷きを髪の毛にこすり付けると、摩擦によって髪の毛の電子が下敷きに飛び移り、下敷きは-に、髪の毛は+に帯電します。そして下敷きの負電荷と髪の毛の正電荷が引き付けあうため、髪の毛は下敷きに吸い寄せられます。

それぞれの物質が+と-のどちらに帯電するかを表したものを**帯電列**といいます。例えば、木綿とガラスをこすり合わせると木綿は-に、ガラスは+に帯電しますが、木綿と下敷き(塩化ビニル)をこすり合わせると木綿は+に、下敷きは-に帯電します。

冬の乾燥した日に、ビリッと静電気を感じることがあります。これは衣服の摩擦などによって、皮膚に蓄えられた電気が金属に飛び移ることによる現象です。ビリッとくる前は静電気の状態ですが、放電した瞬間に動電気になっています。

冬季は加湿器などによって空気の湿度を一定以上に保つと、蓄えられた電荷が空気中に逃げやすくなるため帯電しにくくなり、ビリッと感じることも少なくなります。また、静電気防止スプレーは空気中の水分を吸い寄せる成分が入っているため、スプレーされたものは電荷が逃げやすくなり帯電を抑制できます。

静電気も電気に違いはない

電線に流れる電気と、ドアノブに触れたときにビリッと感じる静電気は、一見別々のもののように見えますが、電子が流れているか、1ヶ所に留まっているかの違いだけで、本質的には同じ電気です。通常、静電気は大きなエネルギーを持っておらず、留まっていた電子が放出されると電気はなくなってしまいます。

3-1 静電気と動電気の違い

下敷きを髪の毛にこすり付けると髪の毛を吸い寄せる

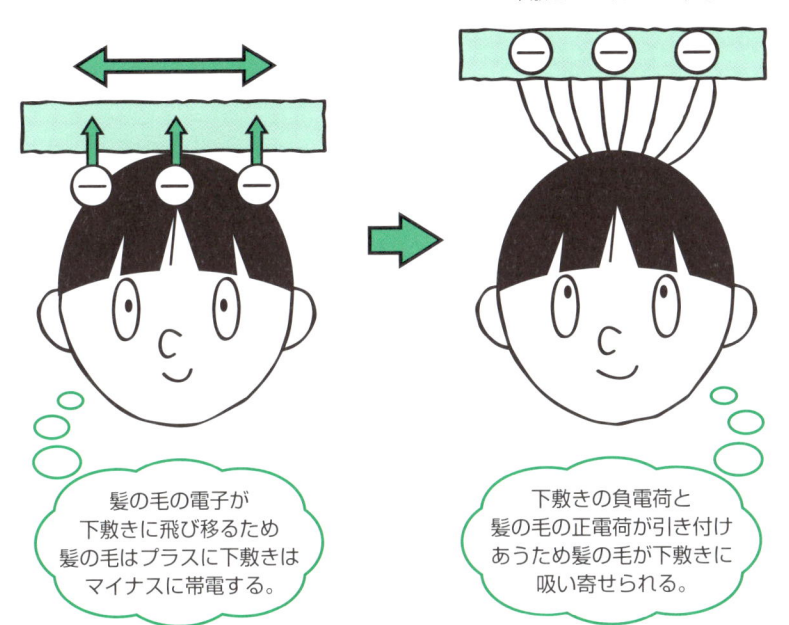

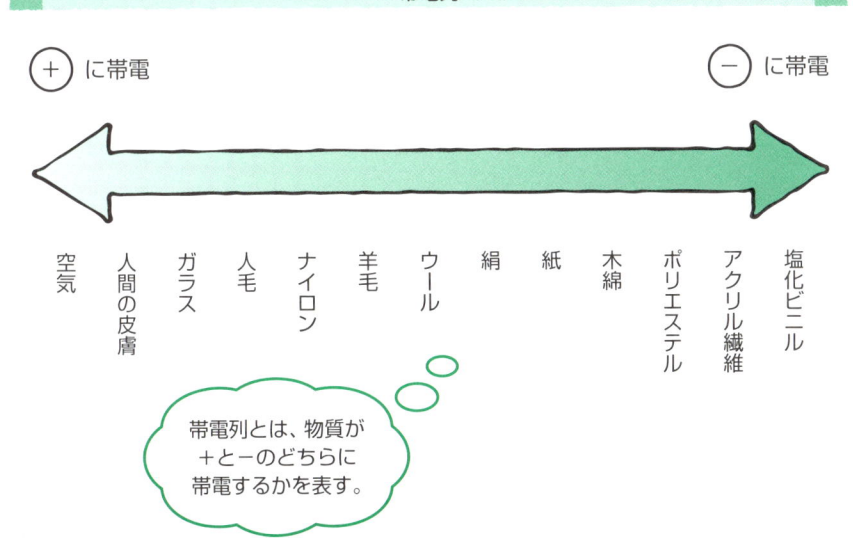

下敷き：マイナスに帯電

髪の毛の電子が
下敷きに飛び移るため
髪の毛はプラスに下敷きは
マイナスに帯電する。

下敷きの負電荷と
髪の毛の正電荷が引き付け
あうため髪の毛が下敷きに
吸い寄せられる。

第3章　静電気は動かない電気

帯電列

(+) に帯電 　　　　　　　　　　　　　　　　(−) に帯電

空気　人間の皮膚　ガラス　人毛　ナイロン　羊毛　ウール　絹　紙　木綿　ポリエステル　アクリル繊維　塩化ビニル

帯電列とは、物質が
＋と−のどちらに
帯電するかを表す。

3-2 電荷の見えないチカラ…電界

電荷は周囲に電気的な影響を与えます。その影響について見てみましょう。

> **Point**
> ●電荷は周囲に電界を作る。
> ●電界は電気力線で可視化することができる。

電界とは

ある空間に電荷を置いたとき、その電荷に電気的な力が働く空間を**電界**や**電場**といいます。電荷は周囲の空間に電界をつくり出すため、電荷Q_1がある空間に電荷Q_2を置くと、Q_2はQ_1がつくり出した電界から力を受け、Q_1もQ_2がつくり出した電界から力を受けます。

見えないチカラを電気力線で表す

目に見えない電界をわかりやすく図示するために、電気力線という線を使います。**電気力線**は、電荷から放射状に出る線で、非常に小さな球体である電荷の表面に対して垂直に出入りし、電気力線が交差することはありません。

そして電界の方向を表すため、正電荷は吹き出す方向に、負電荷は吸い込む方向に矢印を付けます。同じ空間に正電荷と負電荷があると、電気力線は正電荷から吹き出し、負電荷に吸い込まれる形になります。この電界の方向は、その空間に正電荷を置いたときにその正電荷に働く方向を示していて、負電荷を置くとその負電荷には矢印と反対方向に力が働きます。

$Q[C]$の電荷は、Q/ε[本]の電気力線を放射します。分母のεは電荷が周囲の空間にどの程度影響を及ぼすかを表す**誘電率**という係数で、

$$\varepsilon = \varepsilon_0 \times \varepsilon_S$$

で求められます。ε_0は真空中の誘電率である8.854×10^{-12}、ε_Sは電荷の周囲に存在する物質の誘電率が真空中の誘電率の何倍かを表す**比誘電率**という数値です。したがって、電気力線の本数は、電荷の周囲の物質によって変化するということになります。

電荷が放射する電気力線

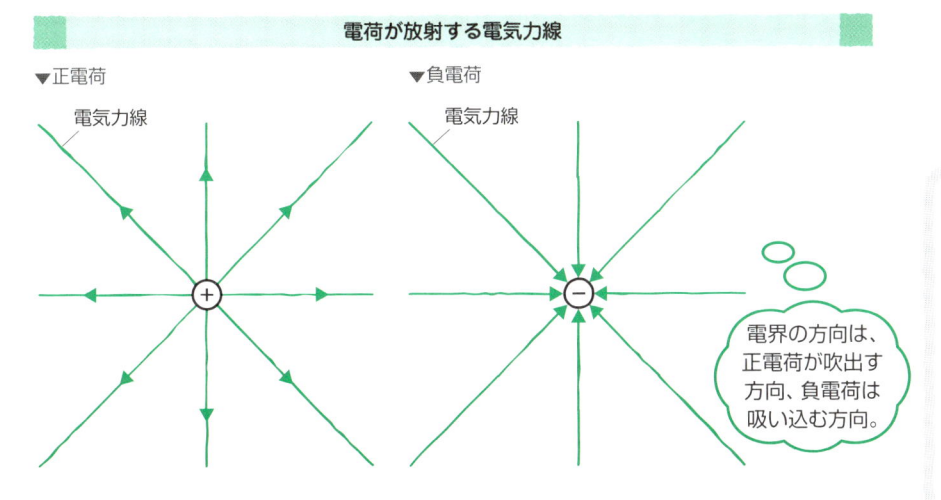

▼正電荷

電気力線

▼負電荷

電気力線

電界の方向は、正電荷が吹出す方向、負電荷は吸い込む方向。

電気力線は交差しない

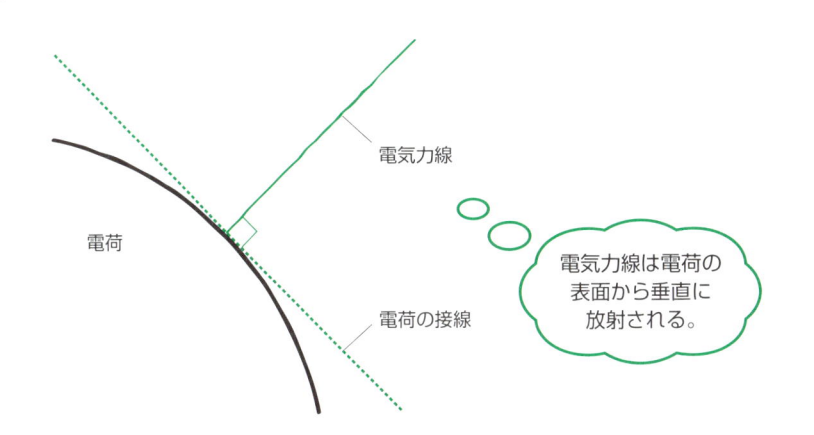

電気力線

電荷

電荷の接線

電気力線は電荷の表面から垂直に放射される。

様々な物質の比誘電率

水	80
ガラス	5～10
塩化ビニル	5～7
ポリエステル	2～8

ポリエチレン	2
紙	2
空気	1
真空	1

3章 静電気は動かない電気

3-3 クーロンの静電界の法則

電界の強さの考え方を見てみましょう。

> **Point**
> - 電気力線の密度は電界の強さを表す。
> - 1[C]の電荷に働く力を電界の強さという。

■ 電気力線の密度が電界の強さを表す

電気力線の密度は電界の強さを表し、電気力線の密度が濃いほど電界が強い部分になります。電気力線は電荷から立体的に均一放射されるため、電荷からr[m]離れた点の電気力線の密度は、電荷から放射される電気力線の総数を半径r[m]の球の表面積である$4\pi \times$電荷からの距離r[m]の2乗で割ることにより求められます。

Q[C]の電荷は、Q/ε[本]の電気力線を放射するため、電界の強さE[V/m]は、

電界の強さE[V/m]＝電荷Q_1[C]／誘電率$\varepsilon \div 4\pi \times$電荷からの距離$r$[m]の2乗

＝電荷Q_1[C]／$4\pi \times$誘電率$\varepsilon \times$電荷からの距離r[m]の2乗

となります。

■ 電荷に働く力

電界の強さは、1[C]の電荷を置いたときその電荷に働く力の大きさを表していて、電界の強さEの空間にQ_1[C]の電荷を置くと、電荷に働く力F[N]は、

力F[N]＝電界の強さE[V/m]×電荷Q_1[C]

となり、Q_1[C]からr[m]離れたところにQ_2[C]を置くと、Q_2[C]に働く力F[N]は、

力F[N]＝電荷Q_1[C]×電荷Q_2[C]／$4\pi \times$誘電率$\varepsilon \times$電荷間の距離r[m]の2乗

となります。この式を見ると、2つの電荷間に働く力は電荷の量に比例し、電荷間の距離の2乗に反比例するということがわかります。この法則を**クーロンの静電界の法則**といい、2つの電荷に働く力は**クーロン力**や**静電力**といいます。

また、Q_1とQ_2が同じ符号である場合、Fは＋の反発力となり、Q_1とQ_2が異なる符号である場合、Fは－の吸引力になることがわかります。

3-3 クーロンの静電界の法則

球面から放射される電気力線

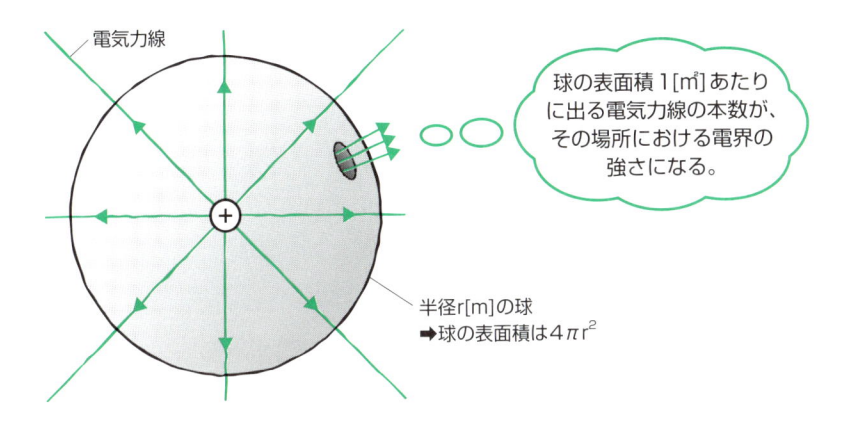

電気力線

球の表面積1[㎡]あたりに出る電気力線の本数が、その場所における電界の強さになる。

半径r[m]の球
➡ 球の表面積は$4\pi r^2$

3章 静電気は動かない電気

電荷に働く力

距離 r[m]

$Q_1[C]$ $Q_2[C]$ F[N]

Q_2に働く力
$F = Q_1 \times Q_2 / 4\pi\varepsilon r^2$

Q_2の位置の電界の強さ
$E = Q_1 / 4\pi\varepsilon r^2$

2つの電荷に働く力をクーロン力や静電力という。

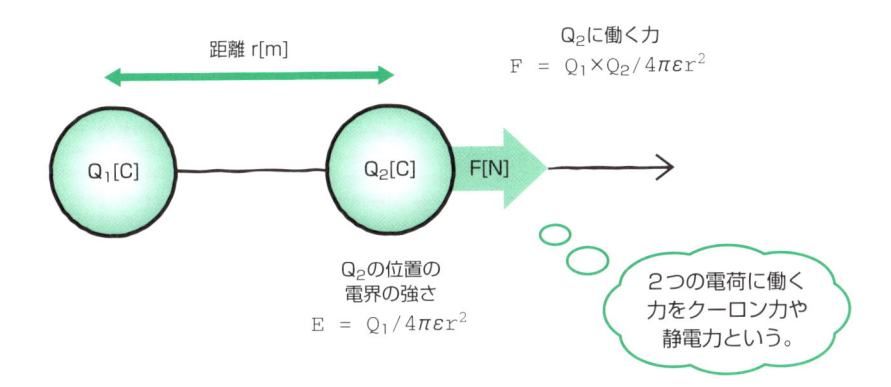

反発力と吸引力

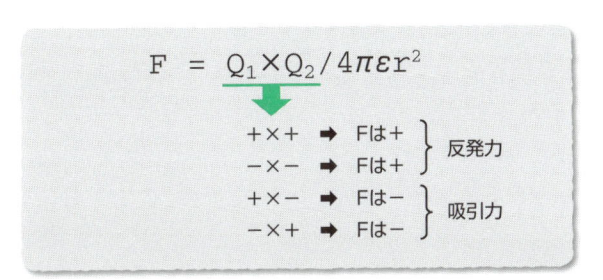

$$F = \underline{Q_1 \times Q_2} / 4\pi\varepsilon r^2$$

+ × + ➡ Fは+ ⎫
− × − ➡ Fは+ ⎭ 反発力

+ × − ➡ Fは− ⎫
− × + ➡ Fは− ⎭ 吸引力

3-4 ＋と－は仲がいい …静電誘導

正電荷は負電荷を、負電荷は正電荷を集める力があります。

Point
- 摩擦した下敷きに髪の毛が引き寄せられるのは静電誘導による。
- 落雷は静電誘導によって起こる。

■ 静電誘導の仕組み

　Aさんの髪の毛でこすった下敷きをBさんの頭に近づけると、下敷きとBさんの髪の毛はこすっていないのに、Bさんの髪の毛が下敷きに吸い寄せられます。

　これは－に帯電した下敷きをBさんの髪の毛に近づけると、下敷きの負電荷と髪の毛の電荷の間でクーロン力が作用し、髪の毛の正電荷を下敷きに近づけようとするために起こります。このような現象を**静電誘導**といいます。

　髪の毛は電気を通しにくいため、電荷が大きく移動することはなく、原子核と電子が多少ずれる程度です。これにより下敷きの負電荷と、髪の毛の表面の正電荷が引き付けあうため、Bさんの髪の毛は下敷きに吸い寄せられるのです。

■ 落雷は巨大な静電誘導が原因

　雷雲の中では水滴や氷が衝突しあって静電気が発生します。＋に帯電する軽い小さな氷は雷雲の上部に上昇し、－に帯電する重い大きな氷は雲の下部に下降しますので、雲の下部は負電荷が集まっている状態になります。

　雷雲の負電荷は静電誘導によって地面の表面に正電荷を集めるため、地面の正電荷から雷雲の負電荷に向かって電界ができます。

　地面付近では、地面の正電荷に電子を奪われた空気分子が＋イオンになり、その＋イオンが周りの空気から電子を奪うという現象が連鎖的に起こります。また、電界の影響で空気中の電子が地面に向かって飛んでいき、途中で空気分子に衝突して空気分子の電子をはじき出し、空気分子を＋イオンに変化させます。その結果、地面と雷雲は＋イオンの道でつながった状態になり、この道を雷雲の電子が一気に地面の正電荷目掛けて移動する現象が発生し、**落雷**になります。

静電誘導の仕組み

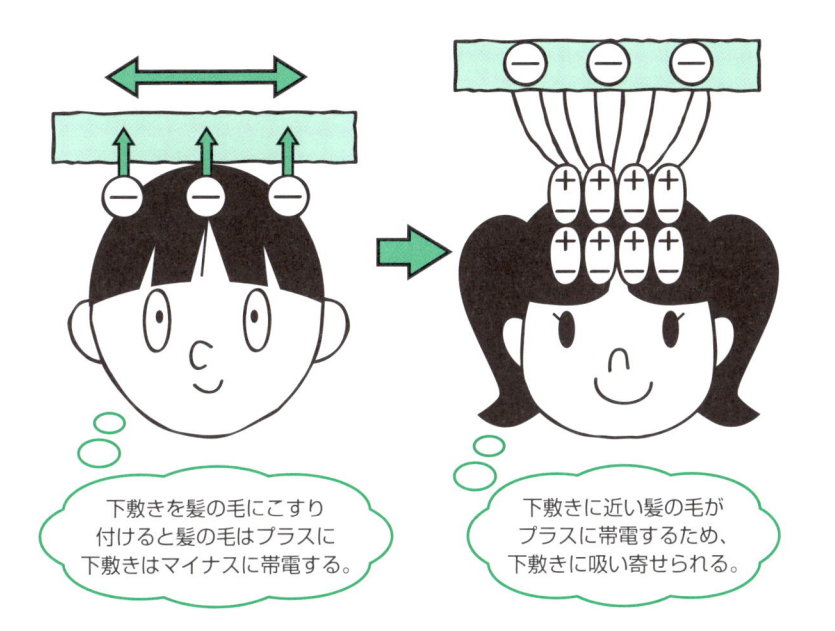

下敷きを髪の毛にこすり付けると髪の毛はプラスに下敷きはマイナスに帯電する。

下敷きに近い髪の毛がプラスに帯電するため、下敷きに吸い寄せられる。

雷の仕組み

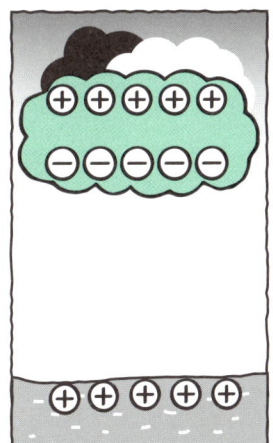

雷雲の上の方はプラス、下の方はマイナスに帯電する。雷雲の負電荷が静電誘導によって地面に正電荷を集める。

地面付近では、空気分子がプラスイオンになる。雷雲や空気中の電子が電界から力を受けて、地面に向かってプラスイオンに変化する。

雷雲の電子が空気中のプラスイオンを順番に飛び移りながら地面に移動して落雷になる。

第3章 静電気は動かない電気

3-5 電子を溜める…コンデンサ

コンデンサは、電子を蓄えることができます。

Point
- コンデンサは電子を溜めることができる。
- コンデンサは充電・放電をすることができる。

■ コンデンサの構造

コンデンサは、電子を溜めることができる素子で、**誘電体**という板状の絶縁体を板状の2つの電極で挟んだサンドイッチのような構造になっています。通常のコンデンサは、電極と誘電体を丸めたり折りたたんだりしてコンパクトにしています。

■ コンデンサの充電と放電

コンデンサの2つの電極に電池を接続すると、電池の＋に接続された電極から電池を経由して－に接続された電極に電子が移動します。電池の＋に接続された電極では電子が不足するため＋に帯電し、誘電体に静電誘導が生じます。一般に誘電体は固体の絶縁体なので、原子や電子が大きく移動することはなく、＋に帯電した電極に誘電体の電子が引っぱられ、誘電体の原子核が反発されて、誘電体全体の原子は原子核と電子の位置が揃った状態になります。

その結果、電池の＋に接続された電極に接する誘電体は－に、反対面は＋に帯電した状態になります。このように原子核と電子がずれて帯電した状態を**分極**といいます。

しばらくすると、コンデンサの2つの電極は電池の電圧と同じ電位差になり、電子が移動しない状態になります。この状態で電池を外しても、2つの電極の帯電は維持されます。そして、2つの電極に豆電球をつなぐと、コンデンサの－極に溜まっている電子が豆電球を経由して＋極に向かって流れ出すので豆電球が点灯します。

このように、コンデンサに電気を溜めることを**充電**といい、溜まった電気を放出することを**放電**といいます。放電が完了するとコンデンサは充電する前の状態に戻り再度充電することができますが、電子を電子のまま溜めておくコンデンサは、化学反応を利用して充放電する蓄電池と大きく原理が異なります。

3-5 電子を溜める…コンデンサ

コンデンサの充電

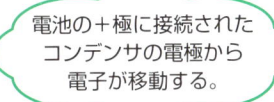

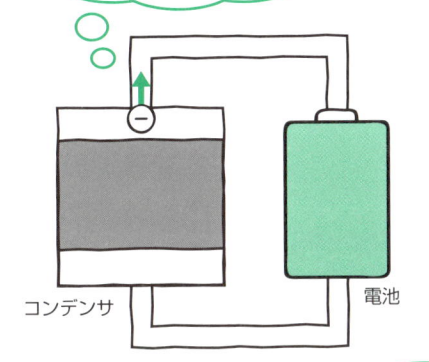

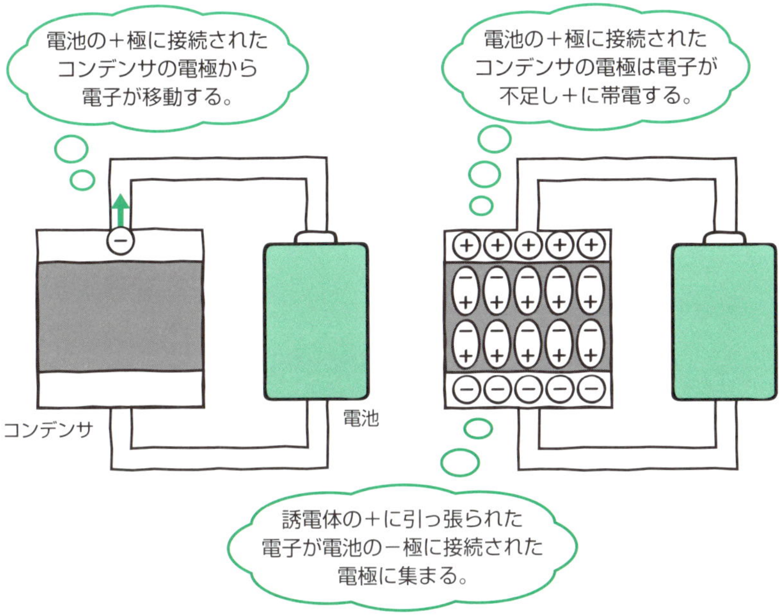

電池の＋極に接続されたコンデンサの電極から電子が移動する。

電池の＋極に接続されたコンデンサの電極は電子が不足し＋に帯電する。

コンデンサ　　電池

誘電体の＋に引っ張られた電子が電池の－極に接続された電極に集まる。

コンデンサの放電

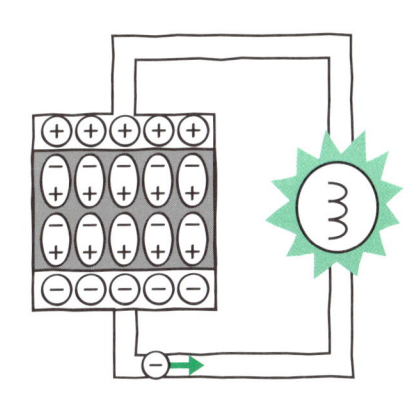

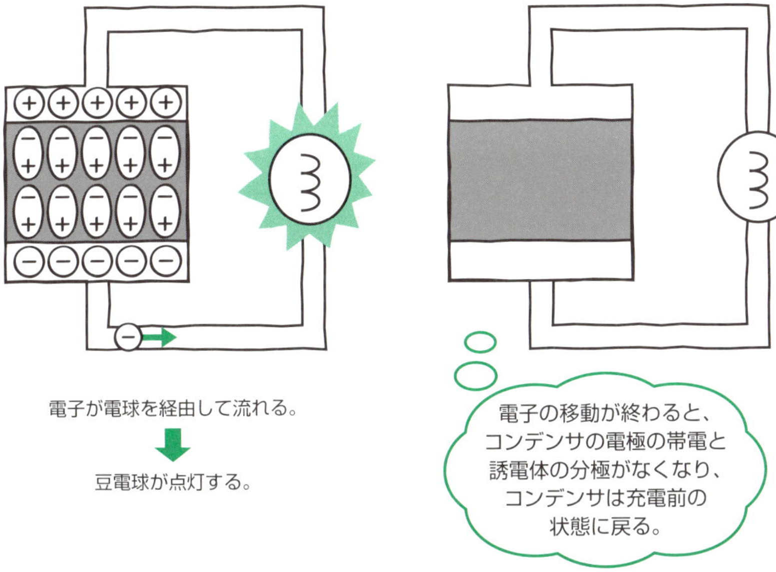

電子が電球を経由して流れる。
↓
豆電球が点灯する。

電子の移動が終わると、コンデンサの電極の帯電と誘電体の分極がなくなり、コンデンサは充電前の状態に戻る。

第3章　静電気は動かない電気

3-6 溜められる電子の量 …静電容量

コンデンサが溜められる電子の量について見てみましょう。

> **Point**
> - コンデンサが溜められる電子の量を静電容量という。
> - 静電容量は、コンデンサの電極面積、電極間距離などで変化する。

静電容量とは

コンデンサが溜められる電荷の量は**静電容量**で表します。静電容量は**キャパシタンス**ともいい、単位にファラド[F]を用います。1[V]の電圧をかけたとき、1[C]の電荷が溜まるコンデンサの静電容量は1[F]となります。

静電容量C[F]は、

静電容量C[F]＝コンデンサに溜まる電荷Q[C]／コンデンサにかかる電圧V[V]

と表すことができます。この式から、コンデンサにかける電圧が同じであれば静電容量が大きいほどたくさんの電荷が溜まることがわかります。

また、コンデンサの静電容量C[F]は、

静電容量C[F]＝誘電率ε×電極の面積S[㎡]／電極間の距離d[m]

となるため、コンデンサは電極面積が大きいほど、電極間の距離が短いほど、誘電体の誘電率が大きいほど、多くの電荷を溜めることができます。

蓄電池のようなコンデンサ

コンデンサの静電容量を大きくして、蓄電池のような使い方ができるようにした**スーパーコンデンサ**というコンデンサがあります。

スーパーコンデンサは、誘電体の代わりに電解液を満たしたものです。電解液は、電解液中のイオンが電子を運ぶため電流が流れますが、電流が流れない程度の電圧をかけると電解液中の＋イオンが－電極に、－イオンが＋電極に引き寄せられるため、電荷を溜めることができます。このように、異なる物質が接する面に正電荷と負電荷が並んだ状態を**電気二重層**といいます。スーパーコンデンサは蓄電池と比べると、充放電が早く、寿命が長いという特徴があります。

3-6 溜められる電子の量…静電容量

コンデンサの静電容量とは

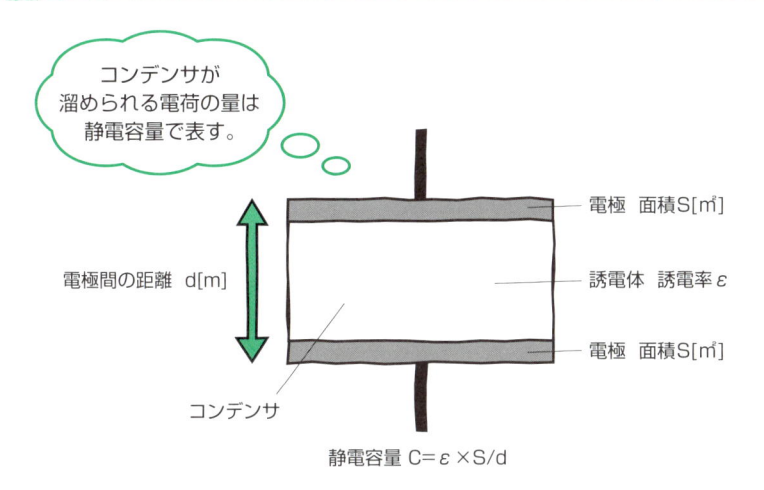

コンデンサが溜められる電荷の量は静電容量で表す。

電極　面積S[㎡]
誘電体　誘電率ε
電極　面積S[㎡]
電極間の距離　d[m]
コンデンサ

静電容量 C=ε×S/d

スーパーコンデンサ

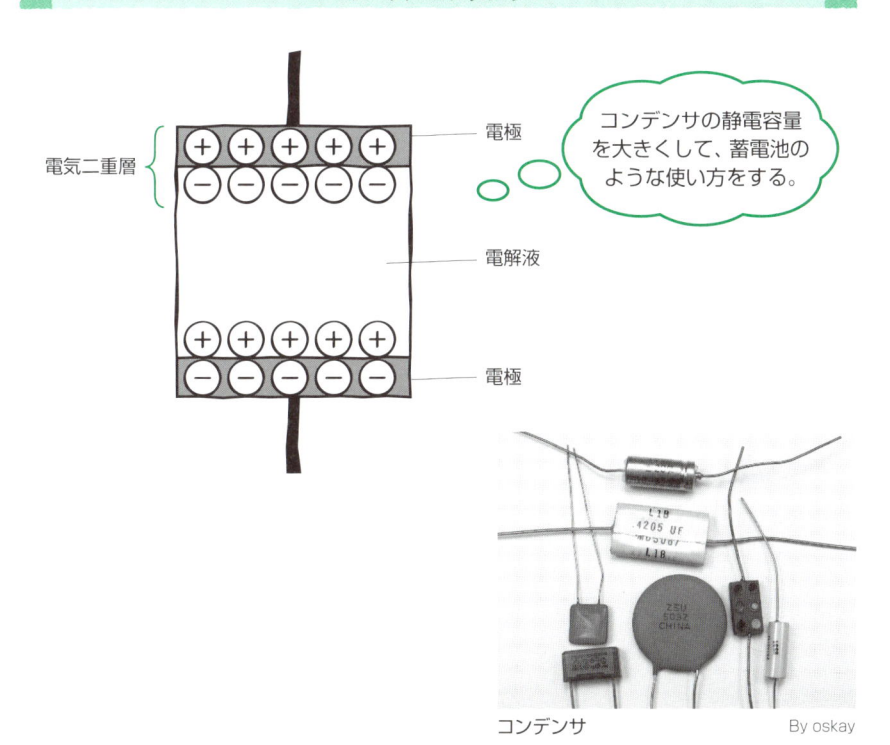

電気二重層
電極
電解液
電極

コンデンサの静電容量を大きくして、蓄電池のような使い方をする。

コンデンサ　　　　By oskay

3章　静電気は動かない電気

77

Column

電荷の単位 クーロン

シャルル・ド・クーロン（1736年〜1806年）

クーロンはフランスの物理学者で、1736年フランスのアングレームで生まれます。工学を専攻していたクーロンは、陸軍の技術者として要塞の建設に携わります。その後、物理の研究を行い、**クーロンの法則**を導き出します。

クーロンの静電界の法則は、2つの電荷に働く力は電荷の積に比例し、電荷間の距離の2乗に反比例するというものです。2つの電荷間に働く力の大きさF[N]は、2つの電荷をQ_1[C]、Q_2[C]、2つの電荷間の距離をr[m]、比例定数をkとすると、式は次のようになります。

$$F = k \times Q_1 \times Q_2 / r^2 \text{ [N]}$$

イギリスの物理学者ニュートンが、木から落ちるリンゴを見たことをきっかけに発見したというエピソードで有名な**万有引力**は、2つの物体間に働く引力は物体の質量の積に比例し、物体間の距離の2乗に反比例するというものです。2つの物体間に働く万有引力の大きさF[N]は、2つの物体の質量をM_1[kg]、M_2[kg]、2つの物体間の距離をr[m]、万有引力定数をGとすると、式は次のようになります。

$$F = G \times M_1 \times M_2 / r^2 \text{ [N]}$$

万有引力の法則とクーロンの静電界の法則は、法則や公式の構成が非常によく似ていることがわかります。ニュートンは離れて存在する2つの物体であっても、万有引力は直接作用する遠隔的な作用と考えていましたので、万有引力と似ているクーロンの静電界の法則も、当初は遠隔作用によるものという考えが主流でした。

しかし、イギリスの物理学者ファラデーは電荷が周りの空間に電気的な影響を与え、それにより電荷が力を受ける近接力という考えを持っていました。これが後の**電界**という考え方につながっていきます。

第 4 章

電気がつくり出す磁気

　電流が流れていると、その周りには磁界という磁気エネルギーを持った空間ができます。また、磁石は電子の働きで磁力を帯びています。

　このように、電気と磁気は密接な関係があり、電気を学ぶうえでは磁気の知識が重要になってきます。

　この章では、電気と磁気の関係に注目して、電気の見えないチカラである磁界について考えてみます。

4-1 磁石の仕組み

磁石の特徴について見てみましょう。

> **Point**
> - 磁石は小さな磁石が集まってできている。
> - 磁力の元になる小さなN極とS極の粒を磁荷という。

静電気と磁気の理論は似ている

本章の磁気では磁荷・磁界・磁力線などが登場しますが、前章の静電気で登場した電荷・電界・電気力線などと考え方は同じです。

磁力とは

磁石はクリップや砂鉄などの鉄を引き寄せる力を持っています。この力を**磁力**といい、磁力を生み出す力の源を**磁気**といいます。

磁石にはN極とS極という極性があり、これを**磁極**といいます。N極同士、S極同士を近づけると反発しあい、N極とS極を近づけると引き付けあう性質があります。地球は北極側がS極、南極側がN極になるように磁気を帯びていて、大きな磁石になっており、方位磁針のN極は北を、S極は南を指し示します。

磁石は小さな磁石のあつまり

磁石はどの部分で切断しても必ずN極とS極のペアになり、N極とS極に分離することはありません。分子のレベルまで細かくしても、N極とS極は必ずペアになっています。これは、磁石が非常に小さな磁石の集まりでできているためで、この非常に小さな磁石を**磁区**といいます。

しかし、N極とS極の間に働く反発力や吸引力を考えるとき、+と−に分離できる電荷のように、N極とS極を分離できた方が便利な場合があります。そこで磁力の素となる非常に小さなN極の粒とS極の粒があると考え、この粒またはその量を**磁荷**といいます。磁荷の量を表す場合は単位にウェーバー[Wb]を用い、N極は+の値をもつ正磁荷、S極は−の値をもつ負磁荷として取り扱います。

4-1 磁石の仕組み

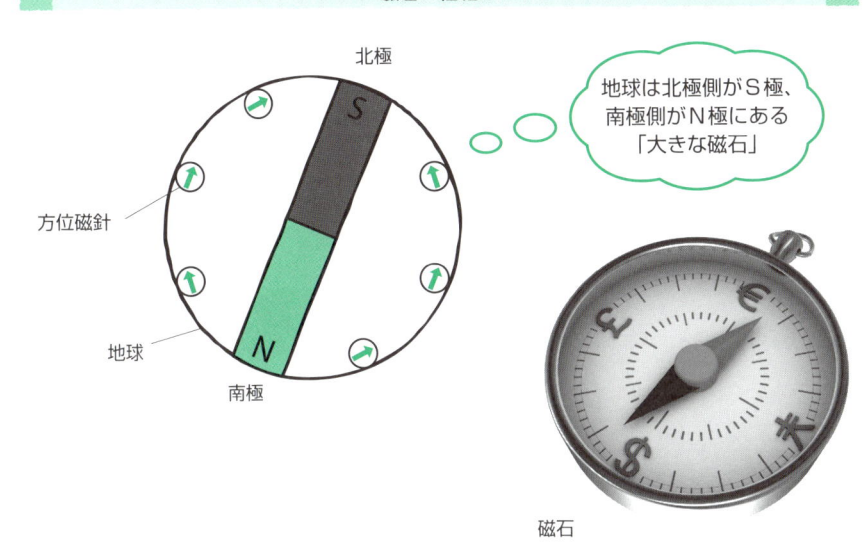

磁石の仕組み

- 北極
- S
- 方位磁針
- 地球
- N
- 南極

地球は北極側がS極、南極側がN極にある「大きな磁石」

磁石

磁石を切断していくと…

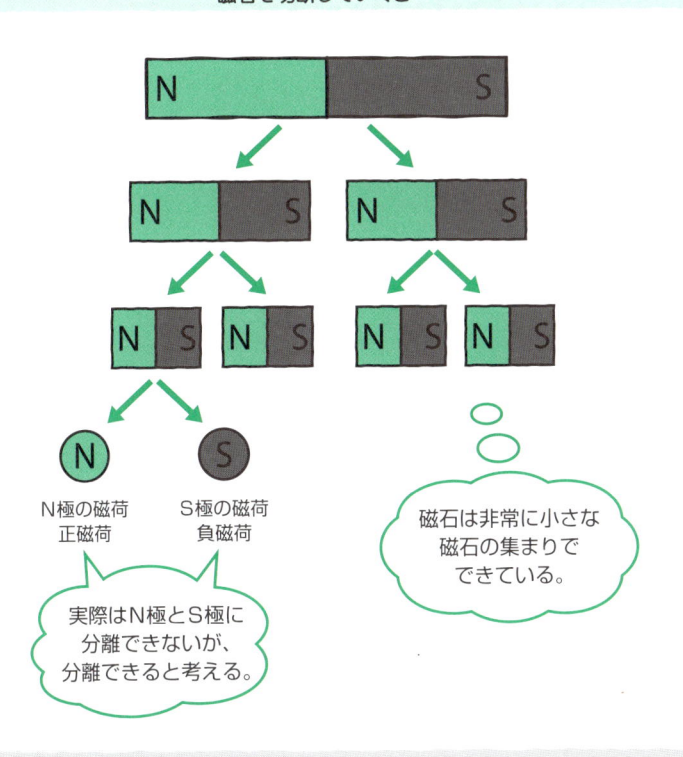

N S

N S　N S

N S　N S　N S　N S

N　S

N極の磁荷
正磁荷

S極の磁荷
負磁荷

実際はN極とS極に分離できないが、分離できると考える。

磁石は非常に小さな磁石の集まりでできている。

第4章 電気がつくり出す磁気

4-2 磁石の見えないチカラ…磁界

磁石の周りには磁界という空間が存在しています。

> **Point**
> - 磁荷は周囲に磁界をつくる。
> - 磁界は磁力線で可視化することができる。

磁界とは

ある空間に磁荷を置いたとき、その磁荷に磁気的な力が働く空間を**磁界**や**磁場**といいます。磁荷は周囲の空間に磁界をつくり出すため、磁荷M_1がある空間に磁荷M_2を置くと、M_2はM_1がつくり出した磁界から力を受け、M_1もM_2がつくり出した磁界から力を受けます。

見えないチカラを磁力線で表す

目に見えない磁界をわかりやすく図示するために、磁力線という線を使います。**磁力線**は、磁荷から放射状に出る線で、非常に小さな球体である磁荷の表面に対して垂直に出入りし、磁力線が交差することはありません。

そして磁界の方向を表すため、正磁荷は吹き出す方向に、負磁荷は吸い込む方向に矢印を付けます。同じ空間に正磁荷と負磁荷があると、磁力線は正磁荷から吹き出し、負磁荷に吸い込まれる形になります。この磁界の方向は、その空間に正磁荷を置いたときにその正磁荷に働く方向を示していて、負磁荷を置くとその負磁荷には矢印と反対方向に力が働きます。

M[Wb]の磁荷は、M/μ[本]の磁力線を放射します。分母のμは磁荷が周囲の空間にどの程度影響を及ぼすかを表す**透磁率**という係数で、

$$\mu = \mu_0 \times \mu_s$$

で求められます。μ_0は真空中の透磁率である$4\pi \times 10^{-7}$、μ_sは磁荷の周囲に存在する物質の透磁率が真空中の透磁率の何倍かを表す**比透磁率**という数値です。したがって、磁力線の本数は、磁荷の周囲の物質に従って、変化するということになります。

磁荷が放射する磁力線

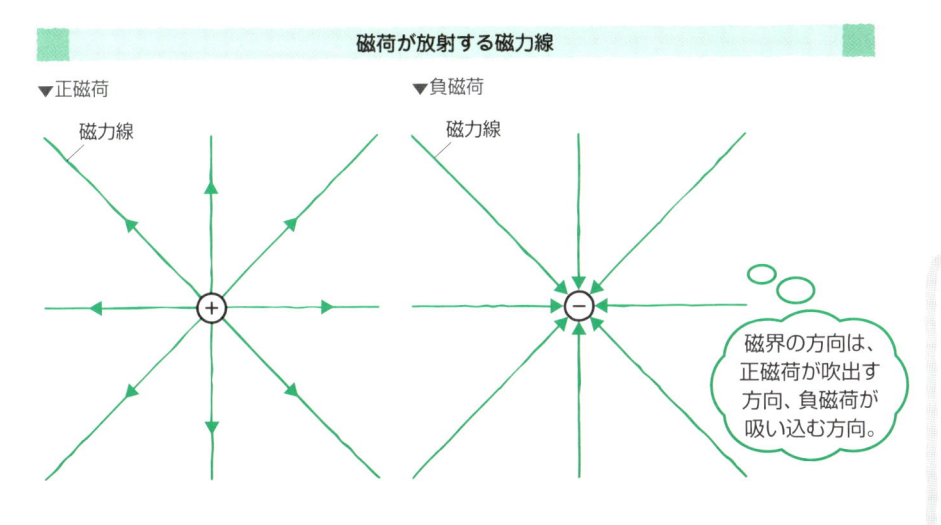

▼正磁荷　　　　　　　　▼負磁荷

磁界の方向は、正磁荷が吹出す方向、負磁荷が吸い込む方向。

磁力線は交差しない

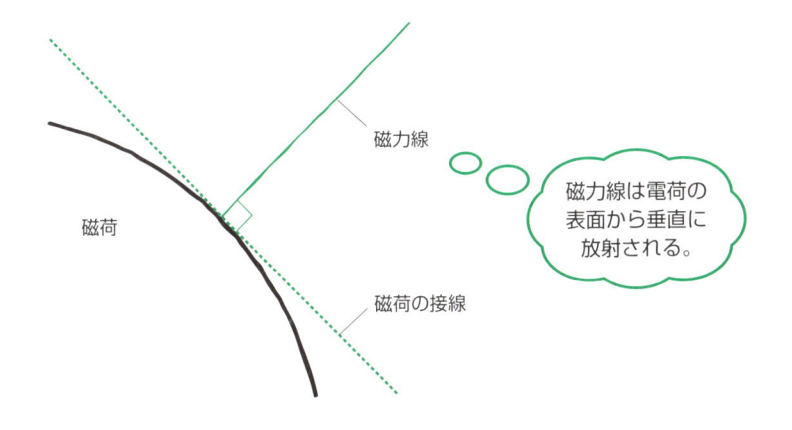

磁力線は電荷の表面から垂直に放射される。

様々な物質の比透磁率

物質	比透磁率
銀・鉛・銅・水・真空・空気・アルミニウム	1
ネオジム・フェライト	1.1
コバルト	250
ニッケル	600
軟鉄	2000
鉄	5000
硅素鋼	7000
純鉄	200000

4-3 クーロンの静磁界の法則

磁界の強さの考え方を見てみましょう。

> **Point**
> ● 磁力線の密度は磁界の強さを表す。
> ● 1[Wb]の磁荷に働く力を磁界の強さという。

磁力線の密度が磁界の強さを表す

磁力線の密度は磁界の強さを表し、磁力線の密度が濃いほど磁界が強い部分になります。磁力線は磁荷から立体的に均一放射されるため、磁荷からr[m]離れた点の磁力線の密度は、磁荷から放射される磁力線の総数を半径r[m]の球の表面積である4π×磁荷からの距離r[m]の2乗で割ることにより求められます。

M[Wb]の磁荷は、M/μ[本]の磁力線を放射するため、磁界の強さH[A/m]は、

磁界の強さH[A/m]=磁荷M_1[Wb]/透磁率μ÷4π×磁荷からの距離r[m]の2乗
=磁荷M_1[Wb]/4π×透磁率μ×磁荷からの距離r[m]の2乗

となります。

磁荷に働く力

磁界の強さは、1[Wb]の磁荷を置いたときその磁荷に働く力の大きさを表していて、磁界の強さHの空間にM_1[Wb]の磁荷を置くと、磁荷に働く力F[N]は、

力F[N]=磁界の強さH[A/m]×磁荷M_1[Wb]

となり、M_1[Wb]からr[m]離れたところにM_2[Wb]を置くとM_2[Wb]に働く力F[N]は

力F[N]=磁荷M_1[Wb]×磁荷M_2[Wb]/4π×透磁率μ×磁荷間の距離r[m]の2乗

となります。この式を見ると、2つの磁荷間に働く力は磁荷の量に比例し、磁荷間の距離の2乗に反比例するということがわかります。この法則を**クーロンの静磁界の法則**といい、2つの磁荷に働く力は**磁力**や**磁気力**といいます。

また、M_1とM_2が同じ符号である場合、Fは+の反発力となり、M_1とM_2が異なる符号である場合、Fは−の吸引力になることがわかります。

4-3 クーロンの静磁界の法則

球面から放射される磁力線

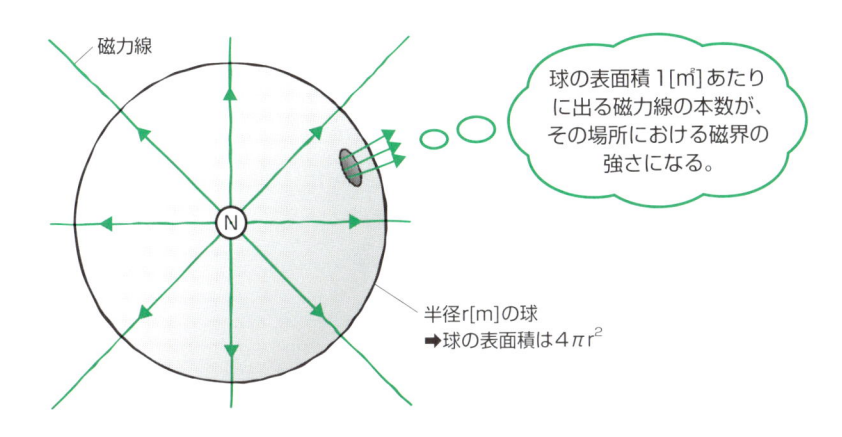

磁力線

球の表面積1[m²]あたりに出る磁力線の本数が、その場所における磁界の強さになる。

半径r[m]の球
➡ 球の表面積は$4\pi r^2$

磁荷に働く力

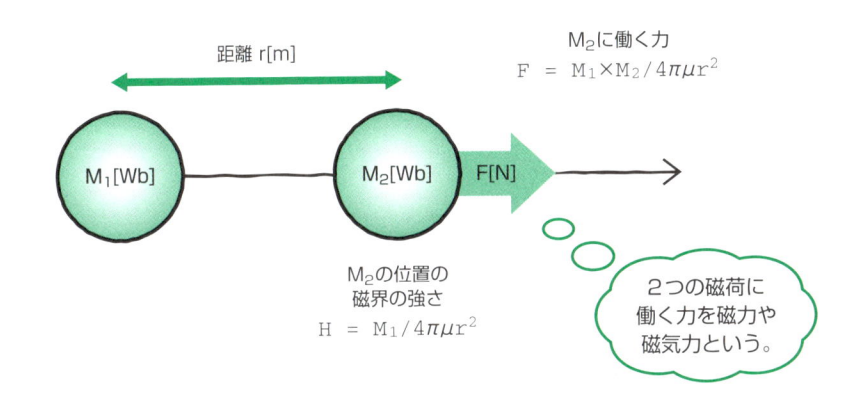

距離 r[m]

M_1[Wb]　　M_2[Wb]　F[N]

M_2に働く力
$F = M_1 \times M_2 / 4\pi\mu r^2$

M_2の位置の磁界の強さ
$H = M_1 / 4\pi\mu r^2$

2つの磁荷に働く力を磁力や磁気力という。

反発力と吸引力

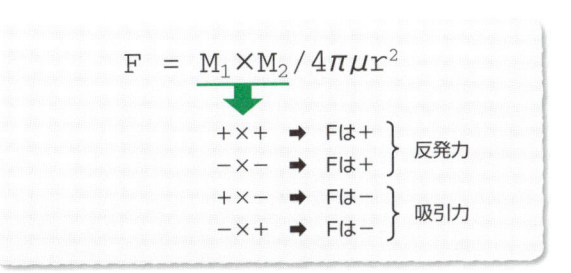

$$F = \underline{M_1 \times M_2} / 4\pi\mu r^2$$

+ × +　➡ Fは+　⎫
−× −　➡ Fは+　⎬ 反発力
+ × −　➡ Fは−　⎫
−× +　➡ Fは−　⎬ 吸引力

第4章 電気がつくり出す磁気

4-4 NとSは仲がいい…磁気誘導

正磁荷は負磁荷を、負磁荷は正磁荷を集める力があります。

> **Point**
> ● 物質に磁石を近づけると磁石に近い部分に反対の磁極が現れる。
> ● 磁石は磁気誘導によってつくられる。

磁気誘導の仕組み

　磁石は磁区という小さな磁石が一定方向を向いているため、一方がN極、もう一方がS極となりますが、鉄は磁区がバラバラの方向を向いているため、小さな磁石が磁力を打ち消しあって磁気を帯びていない状態になっています。

　鉄に磁石のN極を近づけると、鉄の中の小さな磁石はS極が磁石のN極へ近づく方向へ、N極が磁石のN極から遠ざかる方向へ移動しようとします。その結果、鉄の小さな磁石は同じ方向を向くことになり、磁区の方向が揃います。そして磁石のN極と鉄のS極が引き付けあうため鉄は磁石に吸い寄せられます。

　鉄に磁石のS極を近づけた場合は、鉄の小さな磁石のN極は磁石のS極の方を向き、S極は磁石のS極から遠ざかる方向へ向くことになります。したがって、鉄は磁石のN極にもS極にも引き寄せられます。このように物質に磁石などの磁気を近づけたとき、物質の磁石に近い部分に反対の磁極が現れる現象を**磁気誘導**といいます。磁界に置いたとき強く磁化される物質を**強磁性体**といい、強磁性体には鉄やコバルト、ニッケルなどがあります。

磁石のつくり方

　磁石は初めから磁力を持っているわけではありません。クリップに磁石をくっつけると、磁石をはなした後もクリップに磁力が残り、他のクリップを引き寄せることがあります。このように磁界の中に置かれた物質が磁気を帯びることを**磁化**といいます。これと同じ原理で、電気を利用してつくられた磁界や強力な磁石に近づけることによって強磁性体に磁気誘導を発生させ、磁化することで磁石はつくられています。これを**着磁**といいます。

4-4 NとSは仲がいい…磁気誘導

磁気誘導とは

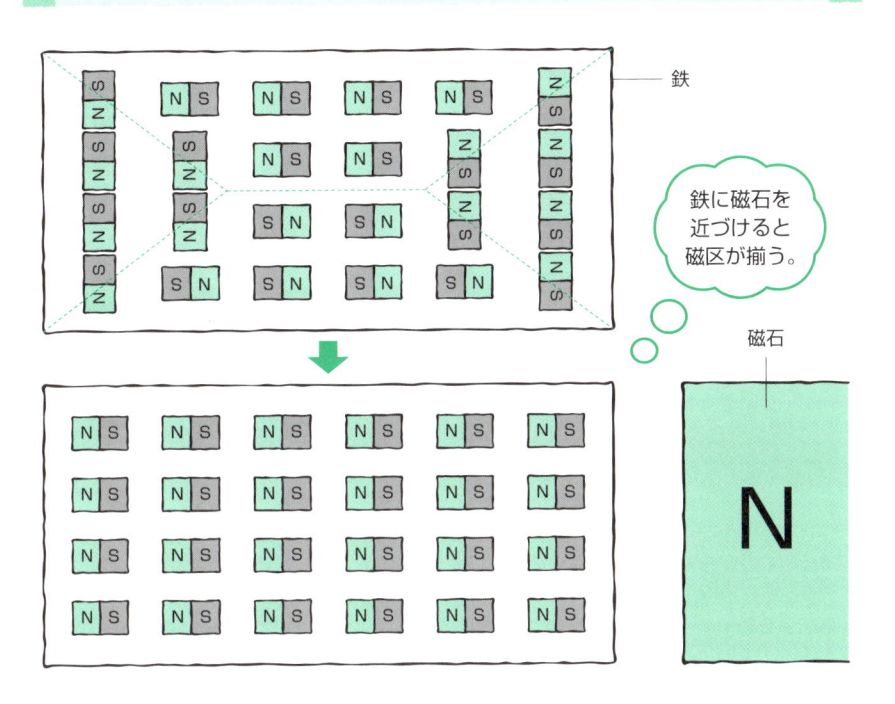

鉄

鉄に磁石を近づけると磁区が揃う。

磁石

N

強磁性体の分類

磁界によって強く磁化される物質を強磁性体という。

強磁性体
- 軟磁性体
  - 鉄
  - ケイ素鋼
  - パーマロイ
  - アモルファス磁性合金
- 硬磁性体
  - アルニコ
  - フェライト
  - ネオジム
  - サマリウムコバルト

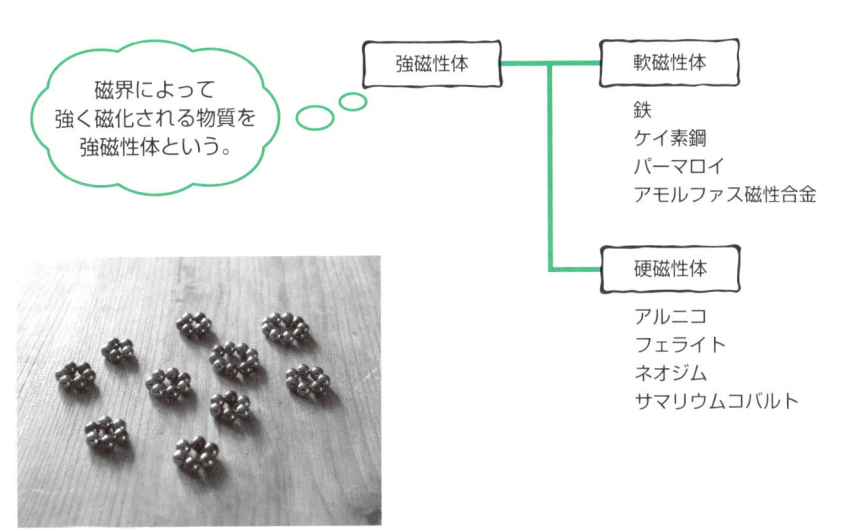

ネオジム磁石　By Brett Jordan

第4章　電気がつくり出す磁気

4-5 電気から磁気をつくる…コイル

電流は磁界をつくり出します。

> **Point**
> - 電流が流れると周囲に磁力線が発生する。
> - コイルに鉄心を入れると磁界を強めることができる。

アンペールの右ねじの法則

電流が流れると、電流の周囲に同心円状の磁力線が発生します。砂鉄をばらまいた紙に電線を垂直に貫通させて電流を流すと、電流がつくる同心円状の磁界に従って、砂鉄一粒一粒に磁気誘導が発生し、磁石になった砂鉄がくっつきあうことで同心円状の模様になる現象が観察できます。

電流が流れる方向と磁力線の方向には、**アンペールの右ねじの法則**という関係性があります。右ねじというのは、ドライバーで時計回りに回すと締めこまれるねじのことで、一般的に使用されているねじは右ねじです。締め込まれるときのねじの進行方向が電流が流れる方向とすると、磁界の向きである磁力線の方向はドライバーを回す時計回りの方向になります。

コイルの仕組み

電線の一部を一巻き丸めて円をつくると、円周部分の電線に流れる電流がつくる同心円状の磁力線が、円の中を同一方向に通過することになります。

絶縁された電線を何度も巻いて電線の円を増やしていくと、円を通過する磁力線が増えて、強い磁界をつくり出します。この原理を利用したものが**コイル**で、コイルは電気で磁界をつくり出すものといえます。コイルは巻数が多いほど、流す電流が大きいほど円を通過する磁力線が増加し、強い磁界をつくり出すことができます。

透磁率が高い物質は磁化されやすいため、コイルの中に鉄心を入れると、コイルがつくる磁界を強めることができます。この作用を利用したものが**電磁石**です。鉄心となる釘に電線をコイル状にぐるぐる巻きつけて、電線に電流を流すと釘はコイルがつくる磁界の影響を受けて磁石になり、電流を止めると磁力がなくなります。

4-5 電気から磁気をつくる…コイル

アンペールの右ねじの法則

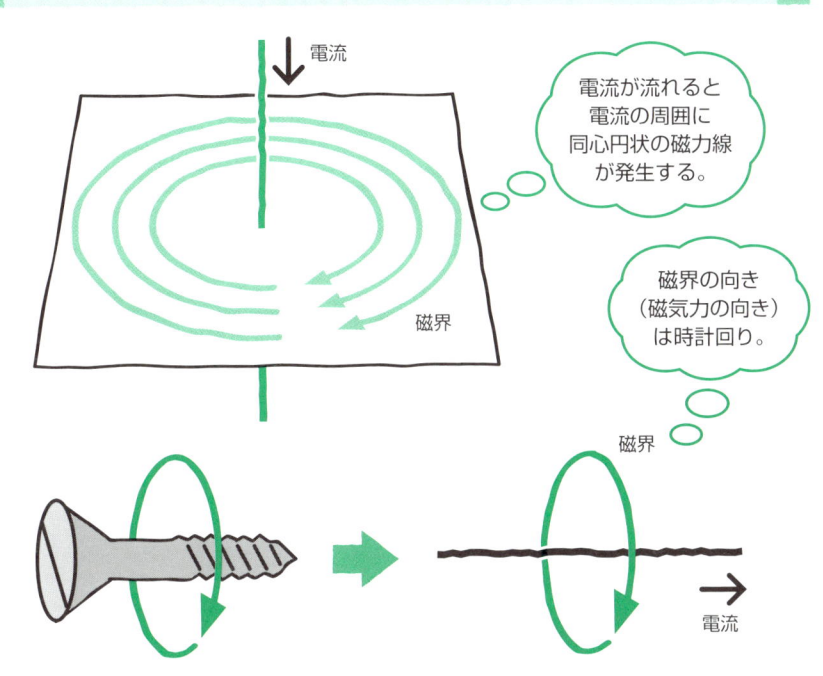

電流が流れると電流の周囲に同心円状の磁力線が発生する。

磁界の向き（磁気力の向き）は時計回り。

コイルの原理

巻数が多いほど、強い磁界がつくれる。

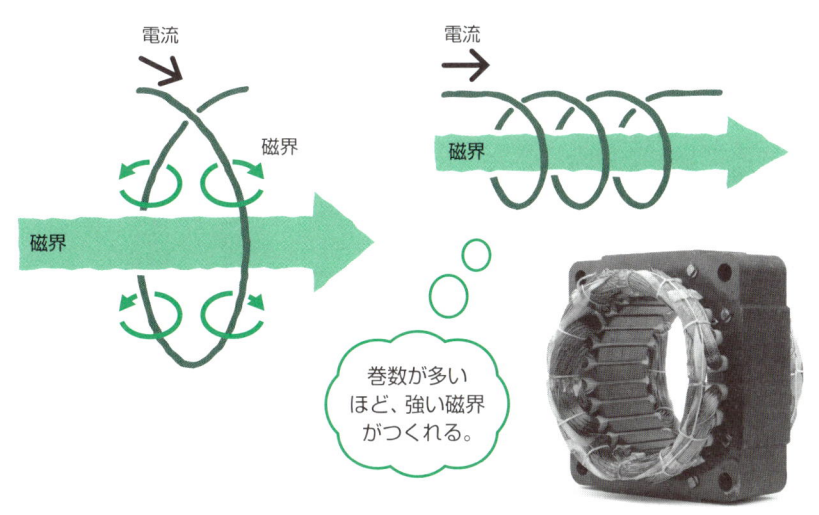

電動モータのコイル

4章 電気がつくり出す磁気

4-6 すべての磁力の源は電流

磁力の源は電子のスピンにあります。

Point
- 電子がスピンすると磁力が発生する。
- 磁石の磁力の源は電子のスピンである。

電子のスピン

地球は太陽の周りを回る公転と、北極と南極を結ぶ線を中心として回る自転という2つの運動があります。原子核の周りを回っている電子も、公転しているだけではなく、自転もしています。この電子の自転を**スピン**といいます。

電子のスピンは電流とみなせる

電流は、電子の流れる方向と反対の方向に流れていると取り扱うため、−電荷である電子が右回りに自転している場合、左回りの方向に円状の電流が流れているのと同等になります。この電流が**アンペールの右ねじの法則**に従って、磁力を発生させています。

電子は、右回りに自転している電子と左回りに自転している電子があり、自転する方向に従って、N極とS極の方向が変わります。磁石にならない物質の原子や分子は左回りの電子と右回りの電子が対になっていて、お互いの磁力を打ち消し合っています。磁石になる物質の原子は対にならない電子があるため、磁力を持つことができます。

この電子のスピンによってN極とS極の方向が決まるため、磁石は原子や分子の状態でもN極とS極が存在することになります。これが磁石のN極とS極に分離することは不可能であることの原因になっており、N極の磁荷やS極の磁荷は、磁気現象を考える場合の仮想のもので実在しないということになります。

また、強磁性体は磁界の中に置かれると、電子のスピンによって発生する磁力の方向が一律に揃えられることで磁化されることになります。

このように、磁石は電流とみなせる電子のスピンで、電磁石は電流で磁力を発生するため、磁力の源は電流ということになります。

4-6 すべての磁力の源は電流

電子のスピンと磁力

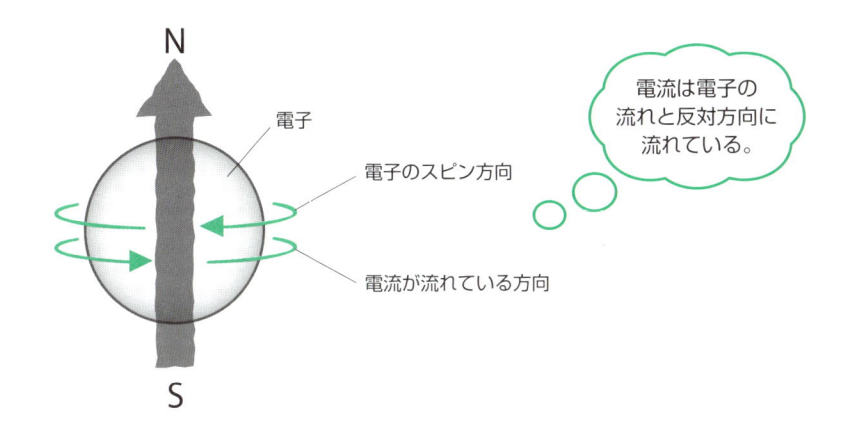

- 電子
- 電子のスピン方向
- 電流が流れている方向

電流は電子の流れと反対方向に流れている。

磁石になる物質とならない物質

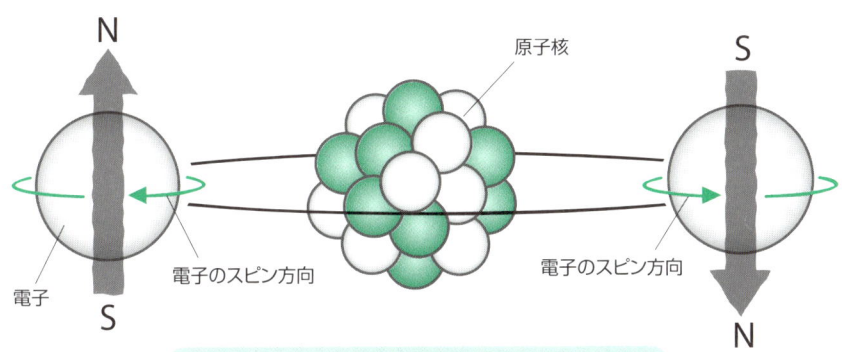

- 電子
- 電子のスピン方向
- 原子核
- 電子のスピン方向

2つの電子の磁力が反対方向なので磁石にならない

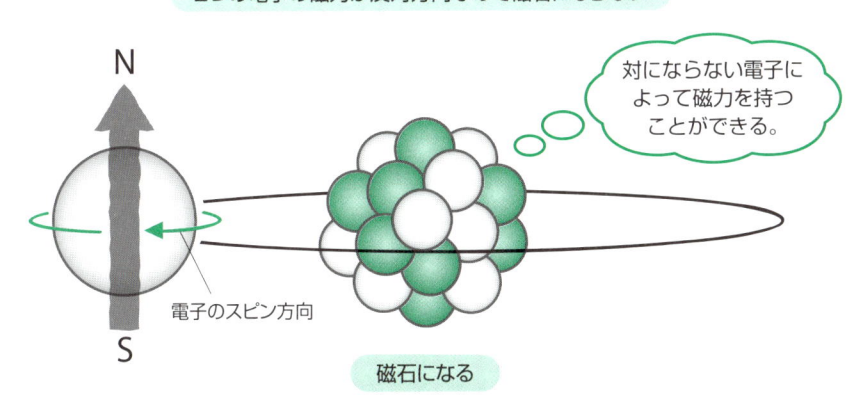

対にならない電子によって磁力を持つことができる。

- 電子のスピン方向

磁石になる

第4章 電気がつくり出す磁気

4-7 電流と磁界が力を生み出す…フレミング左手の法則

フレミング左手の法則は電磁力、磁力線、電流の方向を表します。

Point

- 磁界に置かれた電線に電流を流すと電線に力が働く。

■ フレミングの法則は左手と右手がある

　フレミングの法則は、左手と右手の2種類あります。左手の法則は、磁界の中にある電線に電流を流したときに発生する電磁力の方向を、右手の法則は磁界の中に置かれた電線を動かしたときに発生する誘導起電力の方向を示す法則です。「ヒダリはリキ（力）、ミギはキデンリョク（起電力）」と覚えて混乱しないようにしましょう。ここではまず、左手の法則について見てみます。

■ 電磁力とローレンツ力

　磁界の中にある電線に電流を流すと、電流が作る磁界と周囲の磁界が作用しあうため、電線に力が働きます。この力を**電磁力**や**アンペール力**といいます。
　上から下の方向の磁力線がある空間に、手前から奥へ電流が流れる電線があると、磁界の磁力線と電流が作る磁力線が電線の右側では同方向になり、電線の左側では反対方向となります。同方向の磁力線同士は反発し、反対方向の磁力線同士は引き付けあう作用があるため、電線は左の方向に力が働きます。
　この電磁力・磁力線・電流の方向の関係を表したのが**フレミング左手の法則**です。左手の親指・人差し指・中指をそれぞれが直角になるように伸ばしたとき、人差し指の方向が磁力線の方向、中指の方向が電流の流れる方向とすると、親指の方向に力が働くことになります。この作用を利用すると、電気エネルギーを運動エネルギーに変えることができ、モーターが回る原理はこの作用を利用しています。
　電磁力は電流と周囲の磁界が作用しあって発生する力です。電流は電子の流れですので、磁界の中を移動する電子1つひとつに力が働いていることになります。このように磁界中を移動する電子に働く力を**ローレンツ力**といいます。

4-7 電流と磁界が力を生み出す…フレミング左手の法則

電磁力とは

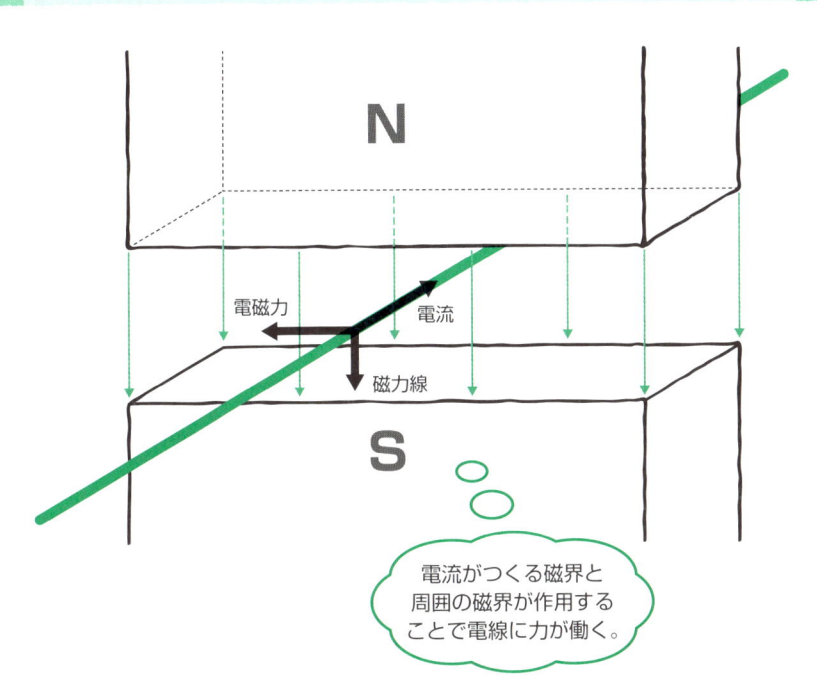

電磁力　電流　磁力線

電流がつくる磁界と周囲の磁界が作用することで電線に力が働く。

フレミング左手の法則

電磁力の方向　磁力線の方向　電流の方向

この作用を利用することで、電気エネルギーを運動エネルギーに変えることができる。

4章　電気がつくり出す磁気

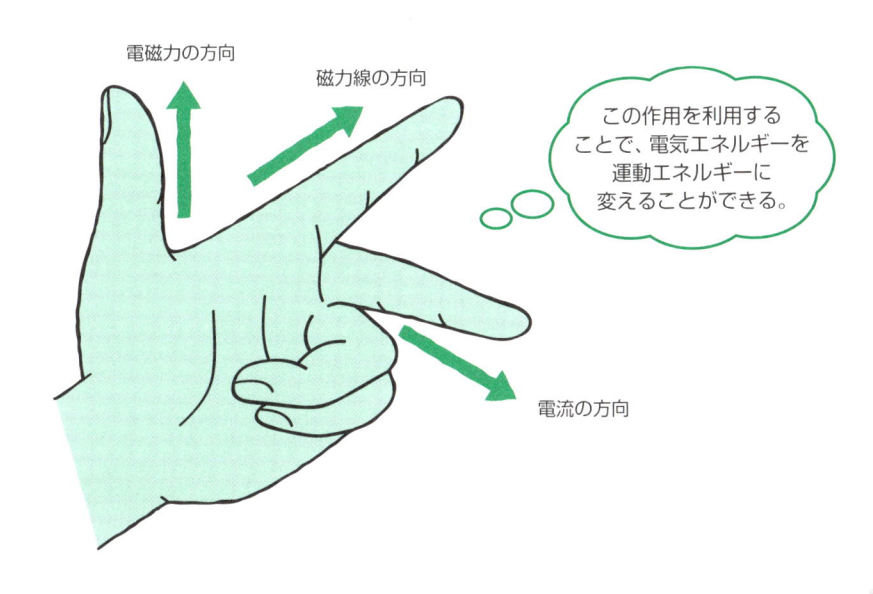

4-8 磁気から電気をつくる…フレミング右手の法則

フレミング右手の法則は電線を動かす方向、磁力線、誘導起電力の方向を表します。

Point
- 磁界に置かれた電線を動かすと電線に電圧が発生する。

■ 電磁誘導作用とは

　磁界の中に置かれた電線を動かすと、電線に電圧が発生します。この作用を**電磁誘導作用**といい、発生する電圧を**誘導起電力**や**逆起電力**といいます。

　上から下の方向の磁力線がある空間に、手前から奥に張った電線を右から左の方に動かすと、電線の奥から手前に向かう方向に誘導起電力が生じます。この電線を動かす方向・磁力線・誘導起電力の方向の関係を表したものが**フレミング右手の法則**です。右手の親指・人差し指・中指をそれぞれが直角になるように伸ばしたとき、人差し指の方向が磁界の方向、親指の方向が動かす方向とすると、中指の方向に誘導起電力が発生することになります。

　電線を動かすのを止めると誘導起電力は消滅します。つまり、電線は移動しているときのみ誘導起電力が発生させることができ、運動エネルギーを電気エネルギーに変えられるということになります。電線を固定し磁界をつくる磁石を動かすことによっても誘導起電力は発生します。発電機はこの原理を利用して、磁石を外部の動力で回転させ、固定されたコイルに誘導起電力を発生させています。

■ レンツの法則

　コイルの中に棒磁石を入れたり出したりすると、磁石を出し入れすることによって、コイルの周りの磁界が変化します。コイルは、この磁界の変化を打ち消す方向に磁力線を発生させようとする性質があり、これを**レンツの法則**といいます。

　磁界の変化を打ち消すための磁力線を発生させるにはコイルに電流を流すことが必要で、この電流を**誘導電流**といいます。つまり、コイルには磁界の変化を打ち消すような誘導電流を流そうと誘導起電力が発生することになります。

4-8 磁気から電気をつくる…フレミング右手の法則

電磁誘導作用とは

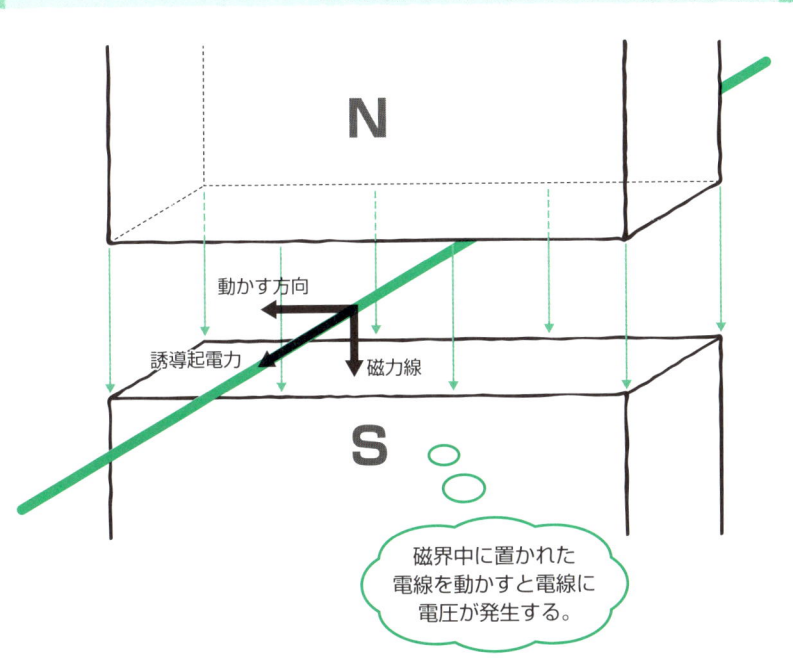

N

動かす方向
誘導起電力
磁力線

S

磁界中に置かれた電線を動かすと電線に電圧が発生する。

4章 電気がつくり出す磁気

フレミング右手の法則

運動エネルギーを電気エネルギーに変えることができる。

磁力線の方向
動かす方向
誘導起電力の方向

95

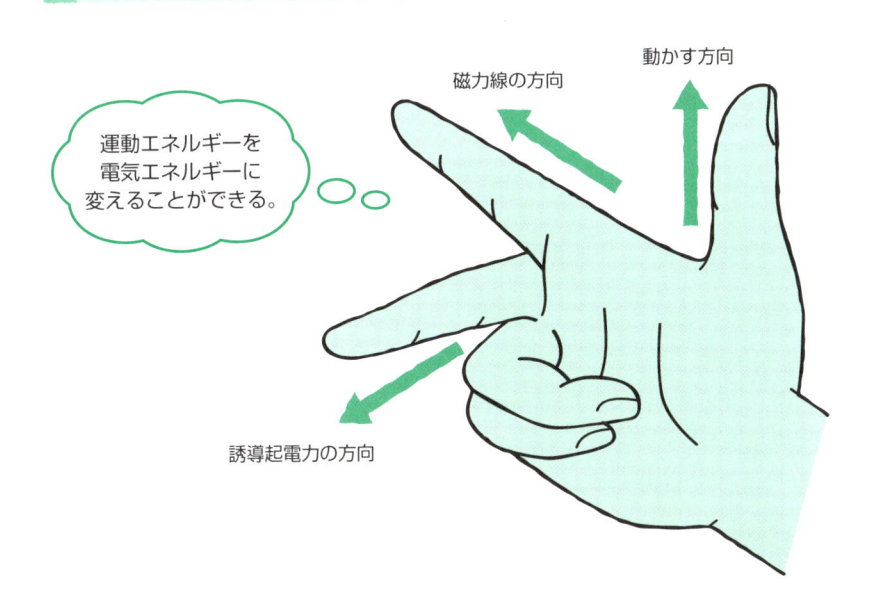

4-9 コイルは頑固者…自己誘導作用

コイルに流れる電流がつくる磁力線がコイルに誘導起電力を発生させます。

Point
- コイルが流れる電流と逆方向の誘導起電力を発生させる現象を自己誘導作用という。

■ コイルに電流を流し始めたときの現象

コイルに電池を接続して電流を流すと、コイルの周りに**磁界**ができます。電流を流す前はコイルの周囲に磁界がなかったので、コイルに電流を流すことによってコイルの周囲の磁界が変化することになります。この磁界の変化によって電磁誘導が発生し、コイルに**誘導起電力**が発生します。

レンツの法則のとおり、コイルには磁界の変化を妨げる方向に誘導電流を流そうと誘導起電力が発生するため、電池によって流れる電流と逆方向の誘導電流が流れます。この現象を**自己誘導作用**といいます。電池は、自己誘導作用によって生じる誘導起電力に打ち勝って電流を流すため、やがて電流が一定になって、磁界が一定になると自己誘導作用は発生しなくなります。

コイルに電池を接続して電流が流れているとき、スイッチを切って電流を止めるといままでコイルの周囲にあった磁界が消滅しようとします。するとコイルにはレンツの法則によって磁界が消滅しないように磁力線をつくろうと誘導起電力が発生し、電池によって流れていた電流と同じ方向に誘導電流を流そうとします。

■ 自己誘導作用による誘導起電力の大きさ

自己誘導作用で発生する誘導起電力は、コイル巻数や電流の変化の割合で変化します。コイル巻数が多いほど、電流が短時間で大きく変化するほど誘導起電力は大きくなります。これを整理すると誘導起電力e[V]は、

誘導起電力e[V]＝－自己インダクタンスL[H]×電流の変化の割合dI/dt

となります。**自己インダクタンス**はコイルの自己誘導作用の起こりやすさを表す数値で、単位にヘンリー[H]を用います。dI/dtは電流の変化の割合を表します。

4-9 コイルは頑固者…自己誘導作用

自己誘導作用の仕組み

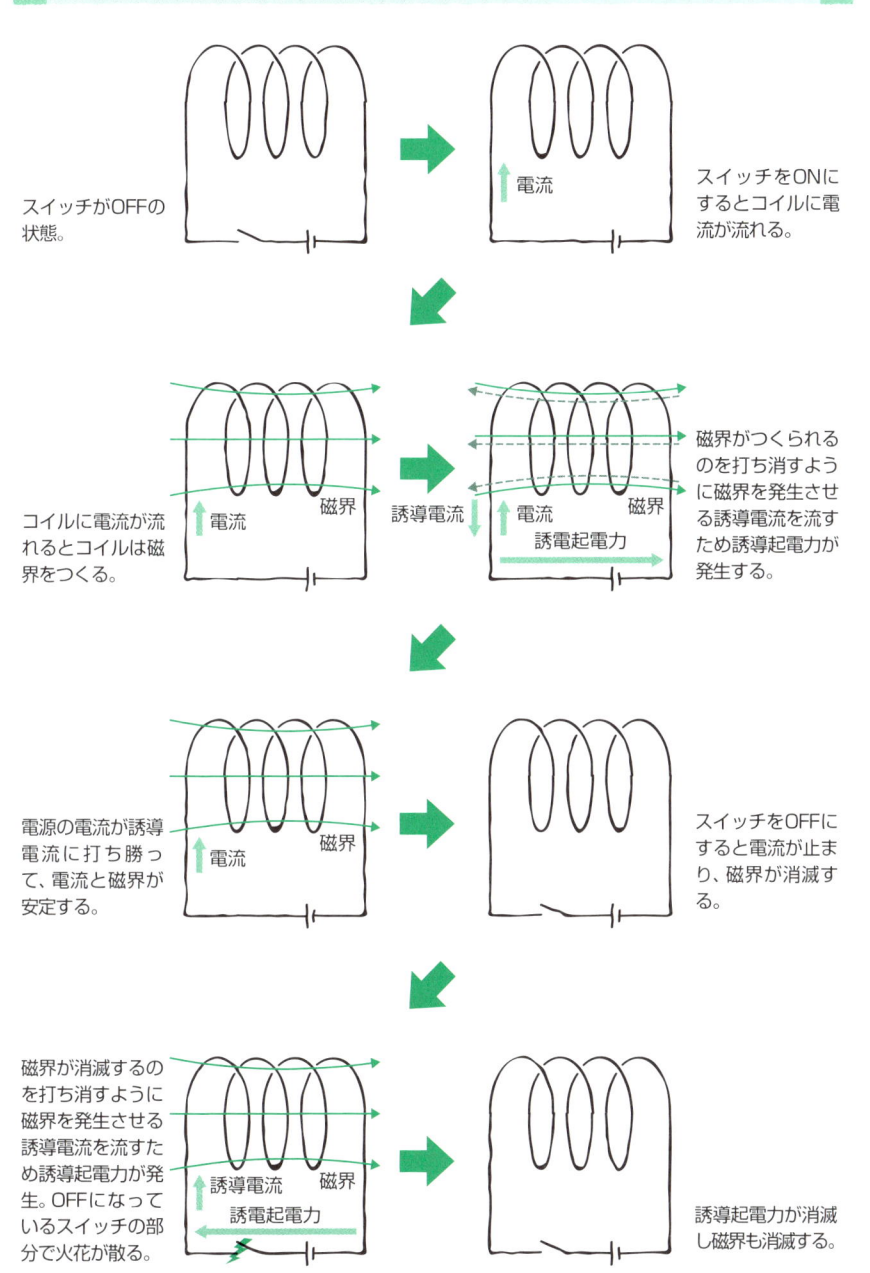

スイッチがOFFの状態。

→ スイッチをONにするとコイルに電流が流れる。（電流）

コイルに電流が流れるとコイルは磁界をつくる。（電流・磁界）

→ 磁界がつくられるのを打ち消すように磁界を発生させる誘導電流を流すため誘導起電力が発生する。（誘導電流・電流・磁界・誘導起電力）

電源の電流が誘導電流に打ち勝って、電流と磁界が安定する。（電流・磁界）

→ スイッチをOFFにすると電流が止まり、磁界が消滅する。

磁界が消滅するのを打ち消すように磁界を発生させる誘導電流を流すため誘導起電力が発生。OFFになっているスイッチの部分で火花が散る。（誘導電流・磁界・誘導起電力）

→ 誘導起電力が消滅し磁界も消滅する。

4章 電気がつくり出す磁気

4-10 相互誘導作用

磁界を共有する2つのコイルにも自己誘導作用と同じような作用が発生します。

> **Point**
> ● コイルAがコイルBに誘導起電力を発生させる現象を相互誘導作用という。

コイルに電流を流し始めたときの現象

自己誘導作用は1つのコイルによる現象でしたが、2つのコイルが磁界を共有するように配置すると自己誘導作用に似た現象が発生します。

コイルA、コイルBと2つのコイルを想定します。コイルAに電池を接続して電流を流すと、コイルAの周りに磁界ができます。コイルAがつくる磁力線がコイルBを通過するように配置すると、電流を流す前はコイルBの周囲に磁界がなかったので、コイルAに電流を流すことによってコイルBの周囲の磁界が変化します。

この磁界の変化によってコイルBに電磁誘導が発生し、誘導起電力が発生します。自己誘導作用と同様に、レンツの法則のとおり磁界の変化を妨げる方向に誘導電流を流そうと誘導起電力が発生します。この現象を**相互誘導作用**といいます。

コイルAに電池を接続し電流が流れているとき、スイッチを切って電流を止めるといままでコイルBの周囲にあった磁界が消滅しようとします。コイルBには自己誘導作用と同様に、磁界が消滅しないように磁力線をつくる誘導起電力が発生します。

相互誘導作用による誘導起電力の大きさ

相互誘導作用によって発生する誘導起電力は、コイルの巻数や電流の変化の割合によって変化します。コイルの巻数が多いほど、電流が短時間で大きく変化するほど誘導起電力は大きくなります。この関係を整理すると誘導起電力e[V]は、

誘導起電力e[V]＝－相互インダクタンスM[H]×電流の変化の割合dI/dt

となります。**相互インダクタンス**はコイルの相互誘導作用の起こりやすさを表す数値で、単位にヘンリー[H]を用います。dI/dtは電流の変化の割合を表します。

4-10 相互誘導作用

相互誘導作用の仕組み

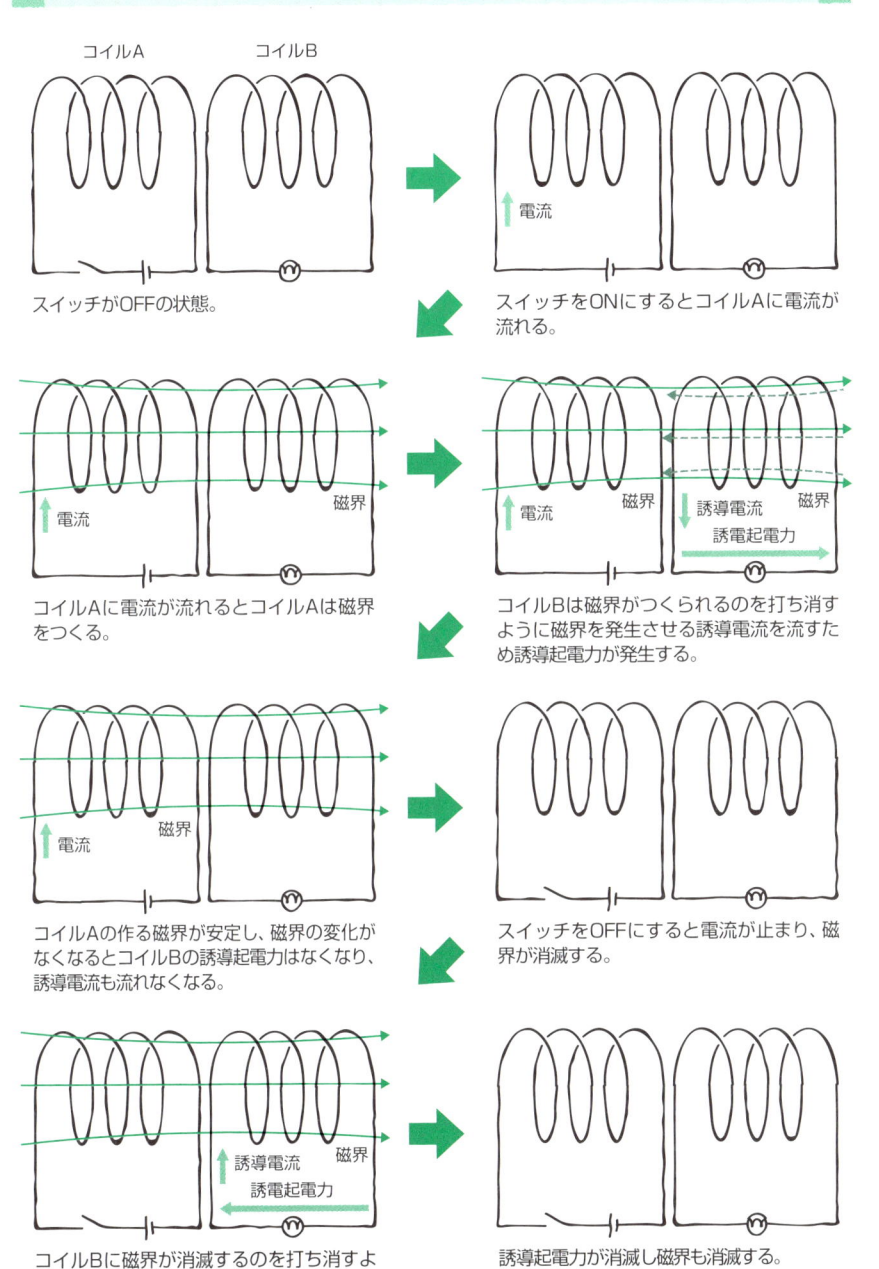

コイルA　コイルB

スイッチがOFFの状態。

→ スイッチをONにするとコイルAに電流が流れる。（電流）

↓

コイルAに電流が流れるとコイルAは磁界をつくる。（電流、磁界）

→ コイルBは磁界がつくられるのを打ち消すように磁界を発生させる誘導電流を流すため誘導起電力が発生する。（電流、磁界、誘導電流、誘電起電力）

↓

コイルAの作る磁界が安定し、磁界の変化がなくなるとコイルBの誘導起電力はなくなり、誘導電流も流れなくなる。（電流、磁界）

→ スイッチをOFFにすると電流が止まり、磁界が消滅する。

↓

コイルBに磁界が消滅するのを打ち消すように磁界を発生させる誘導電流を流すため誘導起電力が発生。（磁界、誘導電流、誘電起電力）

→ 誘導起電力が消滅し磁界も消滅する。

第4章　電気がつくり出す磁気

Column

インダクタンスの単位　ヘンリー

ジョセフ・ヘンリー（1797年～1878年）

　ヘンリーはアメリカの物理学者で、1797年にアメリカのニューヨーク州で生まれます。幼い頃に父親を亡くし貧しい家庭で育ったヘンリーは、自分で生活費を稼ぎながら科学を学びます。その後、研究を重ねて数学教授・物理学教授になります。

　ヘンリーは絹で絶縁した絶縁電線を鉄心に巻き、電磁石をつくります。絹で絶縁することで、巻数が多く密なコイルをつくることができ、絶縁電線の巻数を増やしたり、ボルタの電堆を多数直列に接続して電流を増やすことで強力な磁界を発生させることを考案します。

　そしてコイルに流れている電流を切るとコイルに電気の火花が散ることを発見し、コイルに流れる電流と発生する電圧について研究を進めます。その結果、コイルに電流を流すとコイルに誘導起電力が発生する**自己誘導作用**を発見しますが、発表が遅れたため、発見の功績は後に電磁誘導の法則を確立するファラデーに譲ることになります。

　ヘンリーは様々な発明を考案しますが、自分の利益より科学の発展を優先したため、特許を取得することはありませんでした。さらに、他人が自分の発明を利用することを援助します。ヘンリーが発明した電磁リレーは、モールスが発明する電信機の重要な部品になり、長距離通信に大きく貢献することになります。

　晩年、アメリカの研究機関であるスミソニアン協会の会長となり、有名な科学者となったヘンリーに助言を求めるべく、多数の科学者や発明家が訪れます。その中には電話を発明したベルもいました。ベルはヘンリーの助言を得ながら実験を重ねて電話を完成させ、スミソニアン協会で電話の実演を行います。ヘンリーは電話を発明したベルに惜しみない称賛を送ったといわれています。

　1878年に死去するまで、ヘンリーはアメリカの科学発展に尽力しました。

第 5 章

交流には波がある

　私たちの家の照明やコンセントには交流の電気が供給されています。交流は直流とは違って、時間とともに電圧や電流の大きさと方向が変化します。この大きさと方向の変化は、電気を動力に変換したり、遠いところへ電気を送るためには欠かせない特徴になっています。
　本章では、交流の特徴や仕組みに注目してみたいと思います。

5-1 直流と交流の違い

直流と交流の違いと交流の特徴を見てみましょう。

> **Point**
> ●交流は電圧のかかる方向や電流の流れる方向が変化する。
> ●交流の波を正弦波という。

交流は時間とともに大きさが変化する

　直流は、電池の＋から負荷を経由して電池の－に電流が流れ、この電流を流すように電圧がかかります。この電圧と電流の方向は一定で変化しません。一方、交流は時間とともに電圧のかかる方向や電流の流れる方向が規則的に変化します。電力会社からの電気は交流なので、家の照明や家電製品は交流の電気で動作しています。

　コンセントには２つの穴が開いています。この２つの穴には**単相交流**という交流の電気が来ていて、２本の電線で単相交流を送る方式を**単相２線式**といいます。

　交流は周期的に電圧の方向が入れ替わるため、コンセントの左右の穴は＋と－が交互に入れ替わります。このコンセントの左右の穴にかかる電圧をグラフに表すと、きれいな波の形になります。このきれいな波を**正弦波**といい、正弦波を描く交流を**正弦波交流**といいます。発電所の発電機でつくられる電気は正弦波交流であるため、私たちの家には電力会社から正弦波交流が供給されています。

交流電源は注射器と考える

　電気回路を水の回路で考える場合、電池などの直流電源はポンプに置き換えて考えることができました。交流電源は、２つの注射器を組み合わせたものに置き換えて考えることができます。

　２つの注射器Ａ・Ｂを互いに反対向きになるように並べて置き、注射器の押し棒同士を接着すると、注射器Ａが水を送り出すとき注射器Ｂが水を吸い込むようになります。この２つの注射器をホースにつないで水を満たし、押し棒を上下に動かすと、水の流れる方向が押し棒に連動して変化することになります。この水の回路と同じように、交流の電圧や電流は一定の間隔で方向が入れ替わります。

5-1　直流と交流の違い

正弦波交流電圧100[V]の波形

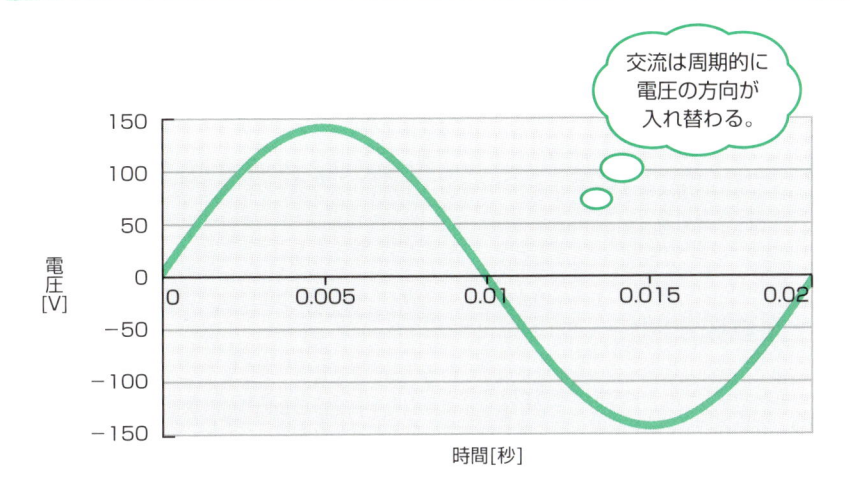

電圧[V] / 時間[秒]

交流は周期的に電圧の方向が入れ替わる。

交流のイメージ

交流の電圧や電流は、一定の間隔で方向が入れ替わる。

第5章　交流には波がある

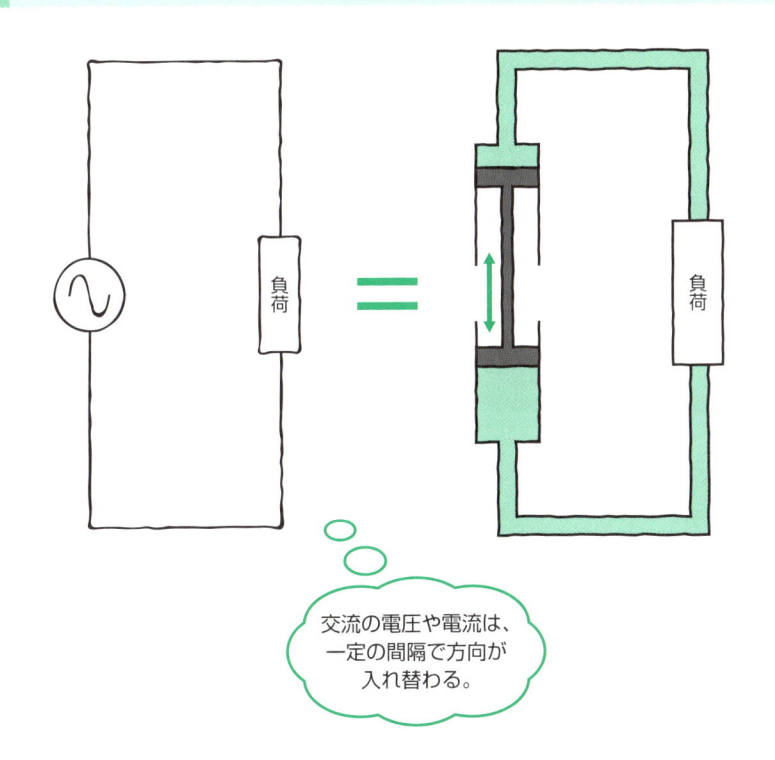

5-2 交流の波の数…周波数

日本では50[Hz]と60[Hz]の周波数の電力が送られています。

> **Point**
> - 交流の波の数を周波数という。
> - 東日本と西日本では周波数が異なる。

周波数とは

　正弦波交流の電圧をグラフに表すと、時間の流れとともに＋の山と－の谷が交互に入れ替わります。この山1つと谷1つの1セットを**1サイクル**といいます。1秒間のサイクル数を**周波数**といい、単位にヘルツ[Hz]を用います。電力会社は、東日本は50[Hz]、西日本は60[Hz]の周波数を採用していますので、東日本では1秒間に50個のサイクルがあります。

　そして、1サイクルあたりの時間を**周期**といい、単位に[秒]を用います。50[Hz]の周期T[秒]は

　　周期T[秒]＝1[秒]／周波数f[Hz]
　　　　　　＝1[秒]／50[Hz]
　　　　　　＝0.02[秒]

となります。したがって、0.01[秒]ごとに電圧は0[V]になります。

東日本と西日本で周波数が違う理由

　発電機は明治時代に輸入されました。東日本には50[Hz]を採用しているドイツ製の発電機を、西日本には60[Hz]を採用しているアメリカの発電機を輸入したため、今日まで東日本は50[Hz]、西日本では60[Hz]の周波数を使用しています。

　東日本と西日本で電力を融通できるようにすると、事故や電力需要増大による停電を防ぐ効果があります。また、広い範囲の電力系統を接続すると、使用電力のピークが平準化されるため、発電所を経済的かつ効率的に運用できるメリットがあります。

　しかし、異なる周波数の電力を混ぜることは不可能なため、日本には周波数を変換する**周波数変換所**が3カ所設置されています。

5-2 交流の波の数…周波数

1サイクルとは

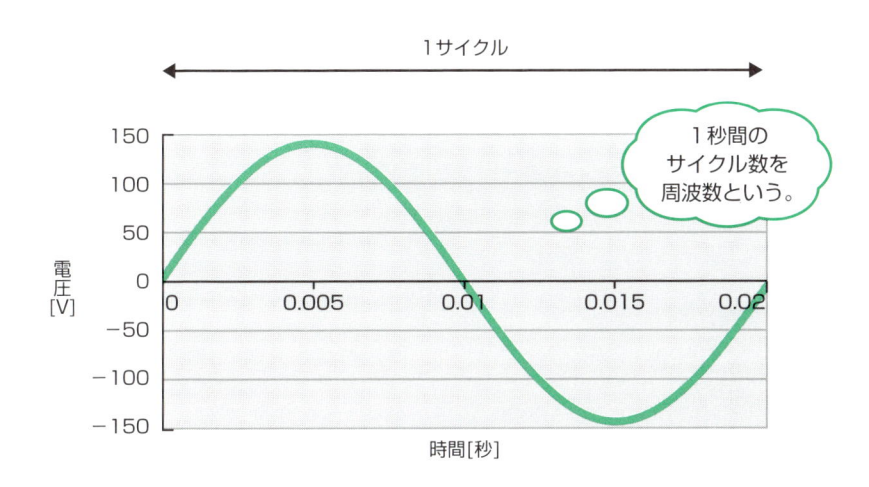

1サイクル

1秒間の
サイクル数を
周波数という。

50[Hz]と60[Hz]

明治時代に導入された
発電機の輸入先の違いが
現在の周波数の違いの
源である。

西日本
60ヘルツ

糸魚川

東日本
50ヘルツ

富士川

第5章 交流には波がある

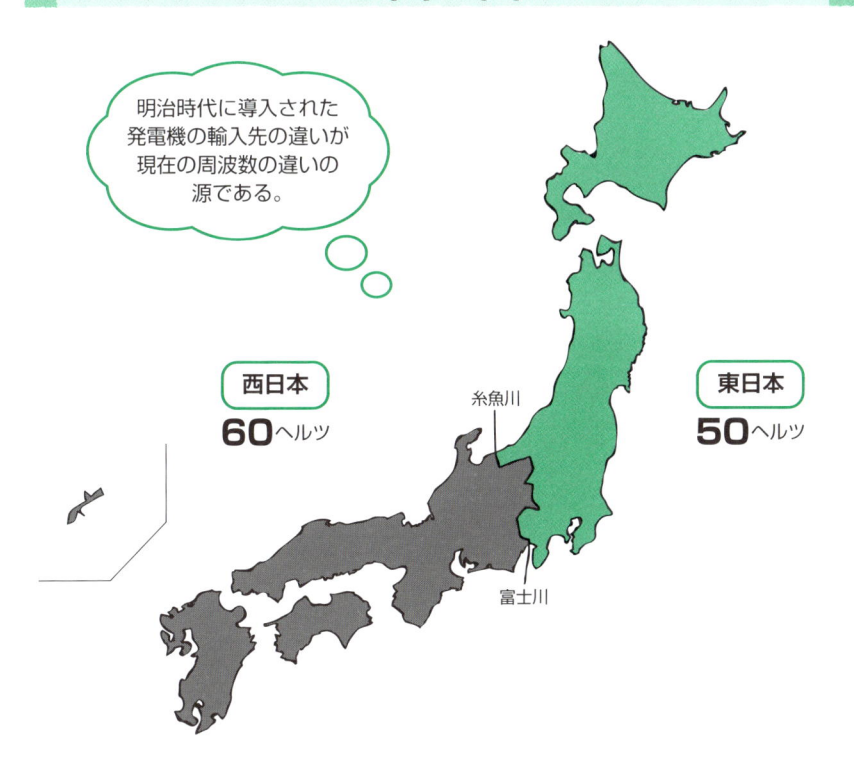

5-3 交流の大きさ …実効値、最大値

交流の大きさの考え方について見てみましょう。

Point
- 交流の電圧や電流の大きさは実効値で表す。
- 最大値の$1/\sqrt{2}$が実効値になる。

■ 実効値とは

直流の電圧100[V]をかけて電流2[A]が流れている電球と、交流の電圧100[V]をかけて電流2[A]が流れている電球が消費する電力P[W]は、共に

電力P[W]＝電圧V[V]×電流I[A]＝100[V]×2[A]＝200[W]

となります。この2つの電球は共に同じ電力200[W]の電気エネルギーを消費しているので、電球がする仕事である明るさも同じにならなければいけません。そのためには、交流の電圧と電流の大きさをどのように定義するべきかを考えてみます。

■ 最大値は実効値の$\sqrt{2}$倍になる

直流電力200[W]のグラフは200[W]で一定の水平な直線になりますが、交流電力200[W]のグラフは刻々と変化する波になります。この交流電力の波を平均化すると、最大値の1/2の平均値で一定のグラフになります。この交流電力の平均値と直流電力の値が同じになれば、同じ電気エネルギーの大きさになります。したがって、直流電力200[W]と同等のエネルギーを持つ交流電力は平均値200[W]、最大値400[W]になります。交流電力が最大値となる瞬間も

電力の最大値P_{max}[W]＝電圧の最大値V_{max}[V]×電流の最大値I_{max}[A]
　　　　　　　＝400[W]

が成立するためには、交流電圧100[V]の最大値が$100\sqrt{2}$[V]、交流電流2[A]の最大値が$2\sqrt{2}$[A]になる必要があり、交流電圧や交流電流は最大値の$1/\sqrt{2}$をその電圧や電流の大きさとします。この電圧や電流の大きさを**実効値**といいます。

5-3 交流の大きさ…実効値、最大値

直流電力と交流電力

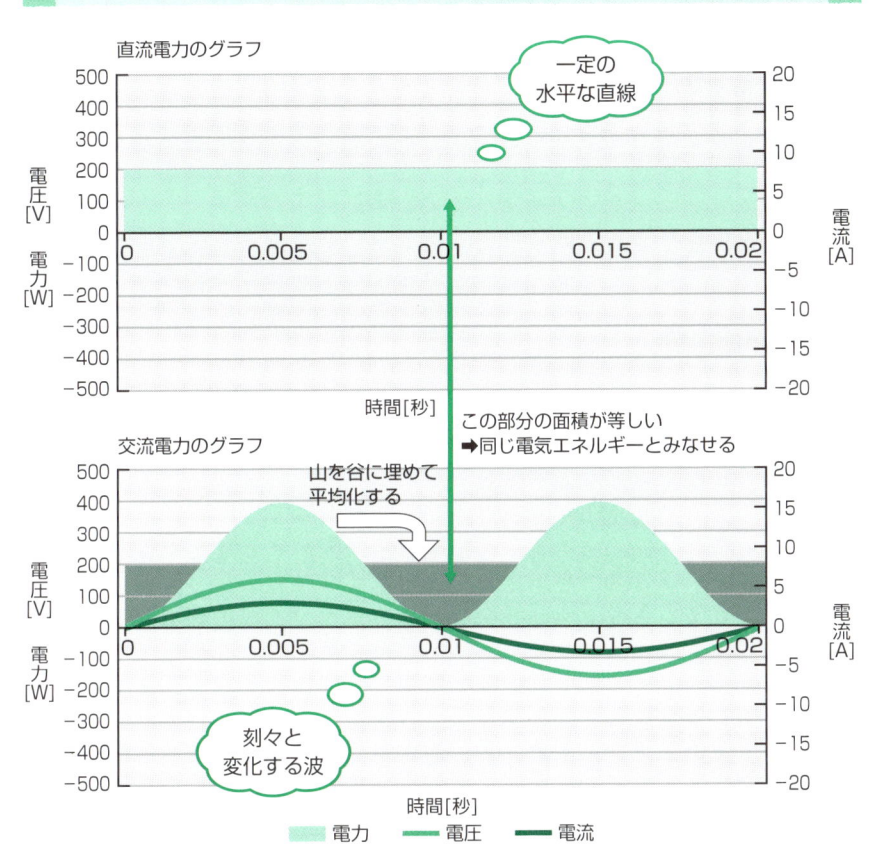

直流電力のグラフ

一定の水平な直線

この部分の面積が等しい
➡同じ電気エネルギーとみなせる

交流電力のグラフ

山を谷に埋めて平均化する

刻々と変化する波

■ 電力　— 電圧　— 電流

実効値と最大値

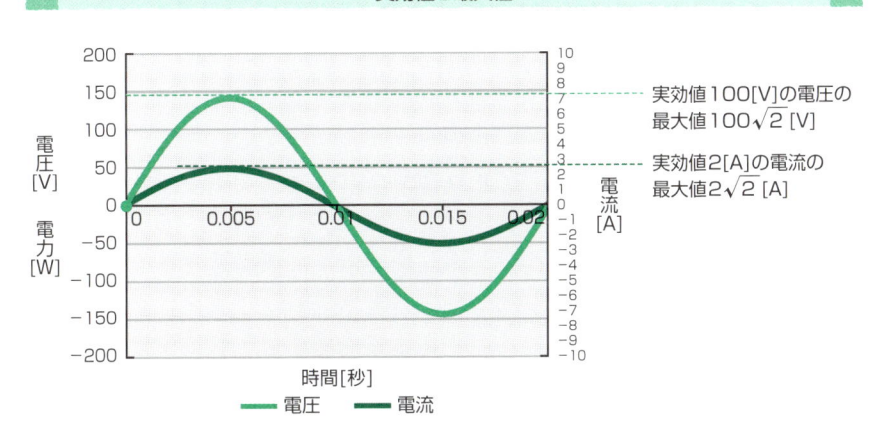

実効値100[V]の電圧の最大値100√2 [V]

実効値2[A]の電流の最大値2√2 [A]

— 電圧　— 電流

第5章　交流には波がある

5-4 交流の波の考え方 …瞬時値

交流の波は、なぜ、きれいなカーブを描くのでしょうか？

Point
- 任意の瞬間における交流の大きさを瞬時値という。
- 瞬時式はアナログ時計で考える。

瞬時値とは

交流の電圧や電流は時間と共に時々刻々と変化するため、直流の電圧や電流のように一定の値を持っていません。任意の瞬間における交流の電圧や電流の値を**瞬時値**といいます。50[Hz]の交流電圧100[V]は、0[秒]の時に0[V]、0.005[秒]の時に141.4[V]という瞬時値になっています。

瞬時値を求める式を**瞬時式**といい、正弦波交流の電圧の瞬時式は、

瞬時値e[V]＝最大値E_{max}[V]×sin(2×π×周波数f[Hz]×時間t[s])

となります。

瞬時式の考え方

瞬時式は複雑で理解しにくいので、ここではアナログ時計に置き換えて考えてみます。時計の針は右回りに回りますが、左回りに回る時計があったとします。

いま、3時を指して秒針が止まっています。この時計を傾け、時計の真横3時の方向から見ると、秒針の頭が点となって見えます。秒針が左回りに回り始めると、15秒後には12時を指すので3時の方向からは回転軸から上に延びる線として見えます。30秒後には9時の方向を指すので3時の方向からは点として見え、45秒後には6時の方向を指すので回転軸から下に延びる線に見えます。

3時の方向から見た秒針の頭の位置を、横軸が時間、縦軸が秒針の頭の位置を表すグラフにすると、正弦波交流と同じグラフになります。通常秒針は60秒で1周しますが、秒針が1秒に1回転したとき、そのグラフは1[Hz]の正弦波になります。つまり、秒針の長さは交流電圧や交流電流の最大値、1秒あたりの秒針の回転数は周波数と考えられます。

5-4 交流の波の考え方…瞬時値

瞬時値とは（実効値100[V]の電圧グラフ）

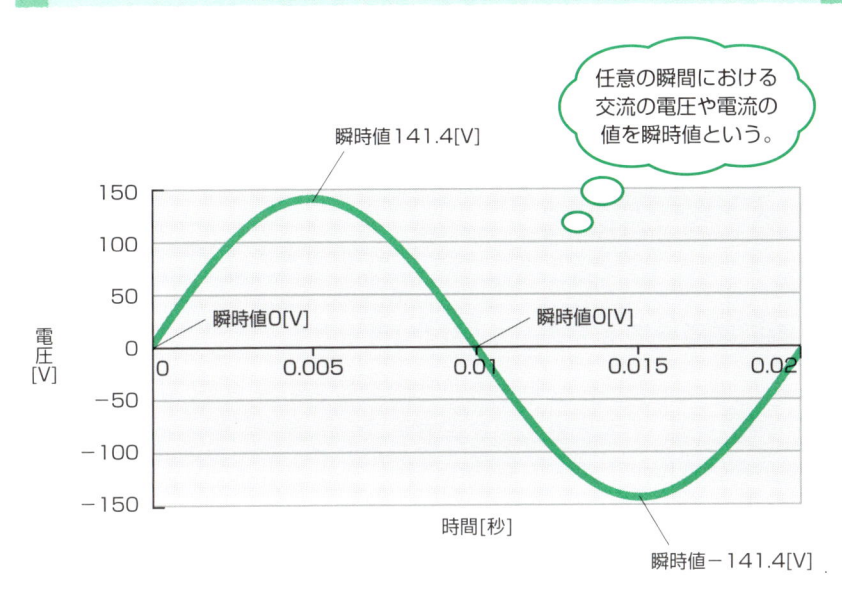

任意の瞬間における交流の電圧や電流の値を瞬時値という。

瞬時値141.4[V]
瞬時値0[V]
瞬時値0[V]
瞬時値−141.4[V]

電圧[V]
時間[秒]

瞬時値の考え方

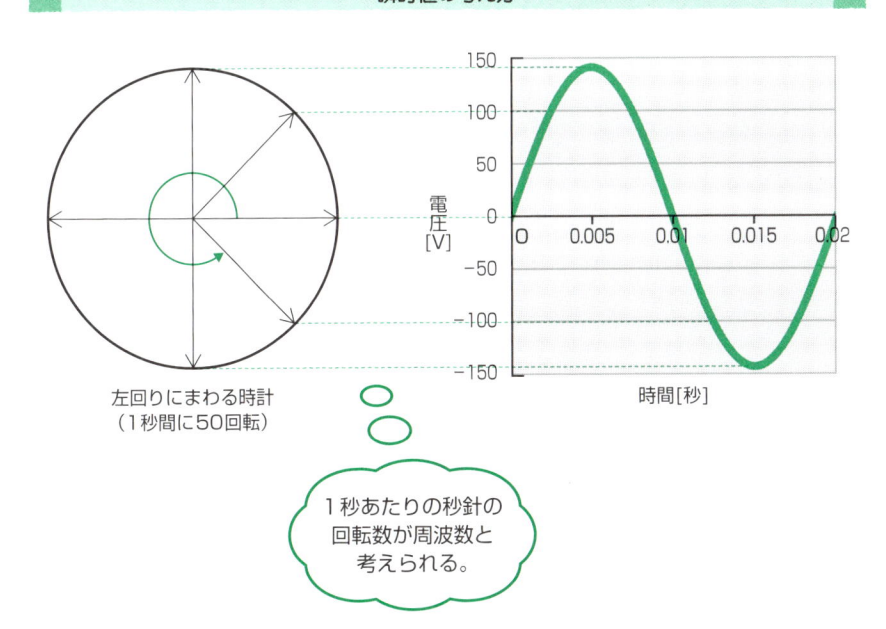

電圧[V]
時間[秒]

左回りにまわる時計
（1秒間に50回転）

1秒あたりの秒針の回転数が周波数と考えられる。

5章 交流には波がある

5-5 抵抗に交流電圧をかけるとどうなるか

抵抗に交流電圧をかけると、電流は、どのようになるのかを見てみます。

Point
- オームの法則は直流でも交流でも成立する。
- 交流電流では電子が振動している。

抵抗は直流でも交流でも同じ働きをする

抵抗に直流電圧をかけると直流電流が流れ、電圧・電流・抵抗の関係はオームの法則が成立します。抵抗に交流電圧をかけると交流電流が流れ、直流と同様にオームの法則が成立します。

抵抗は、電流が流れることに従って、電子と原子が衝突してジュール熱を発生します。交流電流のように、時間とともに電流が流れる方向が変化しても、電子と原子が衝突するため、抵抗は直流でも交流でも同じ働きがあります。

交流電圧の瞬時値が0[V]になるとどうなる？

照明の白熱電球は、フィラメントが発熱することにより発光しています。ごく短い時間、電圧が0[V]になり電流が0[A]の状態になっても、フィラメントは余熱で光るため、完全に消灯してしまうことはありません。しかし、交流には波があるため、人が気が付かない程度にわずかですが明るくなったり暗くなったりしています。

しかし、放電を利用して発光している蛍光灯の場合、0.01[秒]ごとに放電が止まりますので、ちらつきを感じることがあります。そこで、最近の照明器具は**インバーター**という周波数を変換する機器を内蔵させ、周波数を50,000[Hz]程度の高周波に変換することで、ちらつきを感じにくくしています。

交流電流の電子は流れずに振動している

断面積1[mm²]の銅線に1[A]の交流電流が流れているとき、電子の流れる速さは約0.1[mm/秒]になりますが、交流50[Hz]の場合0.01[秒]ごとに電流の方向が入れ替わるため、電子は流れるというより振動しているような状態になります。

5-5 抵抗に交流電圧をかけるとどうなるか

直流・交流とオームの法則

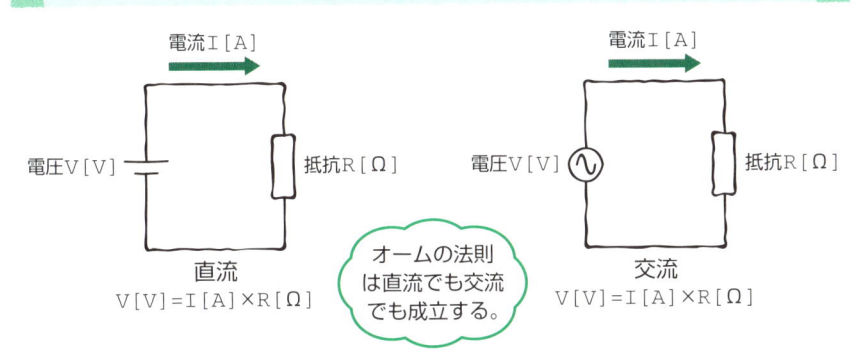

直流
V[V] = I[A] × R[Ω]

交流
V[V] = I[A] × R[Ω]

オームの法則は直流でも交流でも成立する。

交流電圧の瞬時値

電圧が最大になる ➡ 電球が明るく光る

交流は0[V]になる瞬間がある。

電圧が0[V]になる ➡ 電球が暗くなる（余熱で光る）

時間[秒]

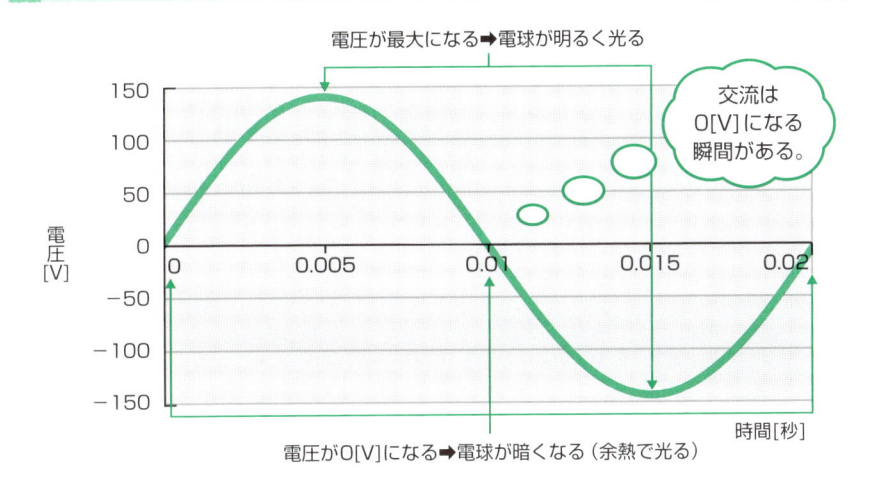

交流電圧の電子

直流

交流

電子はその場で振動している。

5章 交流には波がある

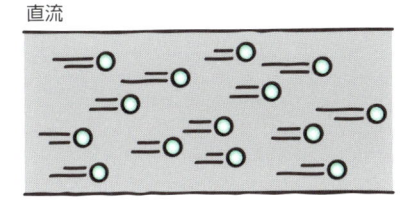

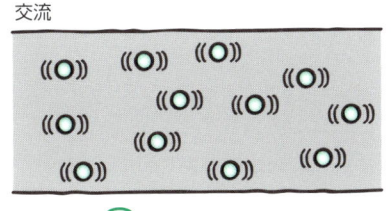

5-6 コンデンサは交流電流を流す

コンデンサには、直流電流は流れませんが、交流電流は流れることができます。

Point
- コンデンサは交流電流を流すことができる。
- コンデンサは周波数が高くなると電流が流れやすくなる。

コンデンサに交流電圧をかけるとどうなるか

コンデンサは、接続される回路の電圧がコンデンサに溜まっている電気の電圧より高いと充電され、低いと放電します。したがって、コンデンサに直流電圧をかけた場合、コンデンサが満充電され接続される回路の電圧と等しくなると電流が流れなくなります。また、コンデンサに交流電圧をかけた場合、交流電圧の瞬時値が上昇していくときは充電され、下降していくときは放電します。

交流電圧の瞬時値が−から＋に変化する部分や＋から−に変化する部分は、電圧の変化の割合が大きくなるため、充電や放電が大きくなり電流の瞬時値は最大値になります。

このコンデンサの充放電は、電流の流れを制限する抵抗のような働きをします。コンデンサが持つ交流電流の流れにくさを**容量リアクタンス**といい、単位に抵抗と同じオーム[Ω]を用います。

容量リアクタンスの大きさ

コンデンサは、静電容量が大きいほどたくさんの電子を蓄えることができるため、流れる電流は大きくなります。また、コンデンサにかかる交流電圧の瞬時値の変化が大きいほど、コンデンサに溜まっている電気の電圧との差が大きくなるため、流れる電流が大きくなります。つまり、コンデンサは静電容量が大きいほど、周波数が高いほど電流が流れやすくなるため、容量リアクタンスは小さくなります。

これを数式で表すと

容量リアクタンス $X_C[\Omega] = 1/(2 \times \pi \times$ 周波数 $f[Hz] \times$ 静電容量 $C[F])$

となります。

5-6 コンデンサは交流電流を流す

コンデンサに電圧をかける

▼直流

直流電圧をかけると満充電になると電流が流れなくなる。

交流電圧をかけると電圧がかかる方向や電流が流れる方向が交互に入れ替わり、電流が流れ続けることができる。

▼交流

交流電圧の変化と電流

電圧の変化が小さい ➡ 電流が小さくなる

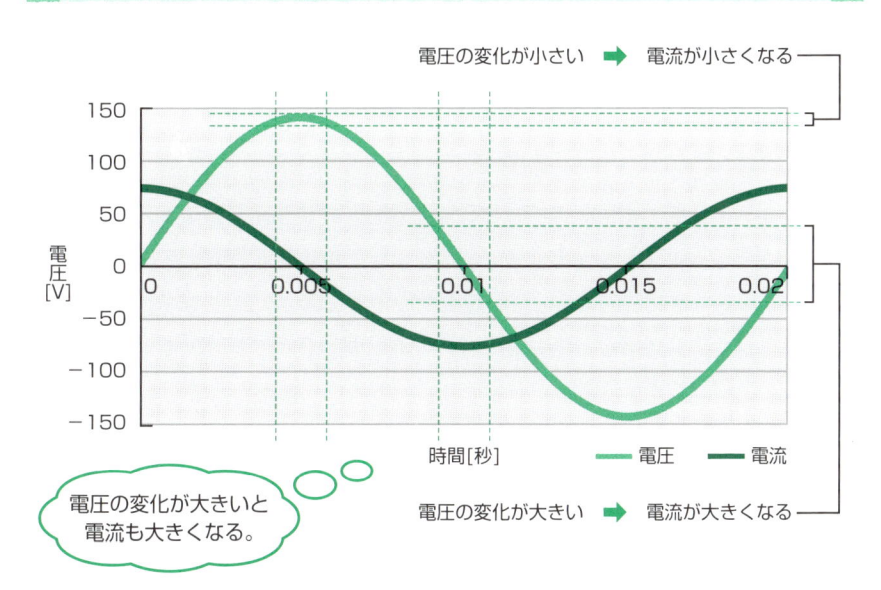

電圧の変化が大きい ➡ 電流が大きくなる

電圧の変化が大きいと電流も大きくなる。

時間[秒]　電圧　電流

5章 交流には波がある

5-7 コイルは交流電流の流れの邪魔をする

コイルは、交流電流の流れを妨げます。

Point
- コイルは交流電流の流れを制限する。
- コイルは周波数が高くなると電流が流れにくくなる。

コイルに交流電圧をかけるとどうなるか

コイルは**自己誘導作用**があり、コイルがつくる磁界の変化を打ち消す方向に誘導電流を流そうと誘導起電力が発生します。したがって、コイルに直流電圧をかけた場合、コイルがつくる磁界が安定し誘導起電力が小さくなると電流が大きくなります。また、コイルに交流電圧をかけると、交流電圧の瞬時値が上昇していくときは逆方向の誘導起電力が発生し、交流電圧の瞬時値が下降していくときは、同方向の誘導起電力が発生します。

交流電圧の瞬時値が−から+に変化する部分や+から−に変化する部分は、電圧の変化の割合が大きくなるため、誘導起電力も大きくなり電流の瞬時値は最大値になります。このコイルの誘導起電力は、電流の流れを制限する抵抗のような働きをします。コイルが持つ交流電流の流れにくさを**誘導リアクタンス**といい、単位に抵抗と同じオーム[Ω]を用います。

誘導リアクタンスの大きさ

コイルは、インダクタンスが大きいほど自己誘導作用を起こしやすく、電源電圧と反対の方向の誘導起電力が大きくなります。また、交流電圧の瞬時値の変化が大きいほど、その変化を打ち消そうと誘導起電力が大きくなります。つまり、コイルはインダクタンスが大きいほど、周波数が高いなるほど電流が流れにくくなるため、誘導リアクタンスは大きくなります。

これを数式で表すと

誘導リアクタンスX_L[Ω]=2×π×周波数f[Hz]×インダクタンスL[H]

となります。

5-7 コイルは交流電流の流れの邪魔をする

コイルに電圧をかける

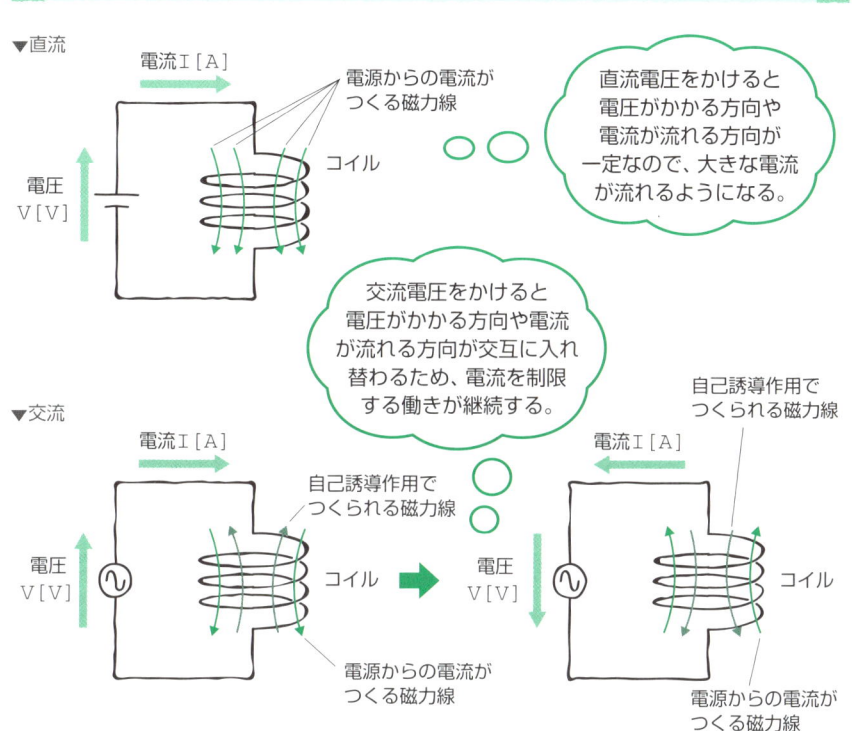

▼直流

直流電圧をかけると電圧がかかる方向や電流が流れる方向が一定なので、大きな電流が流れるようになる。

▼交流

交流電圧をかけると電圧がかかる方向や電流が流れる方向が交互に入れ替わるため、電流を制限する働きが継続する。

交流電圧の変化と電流

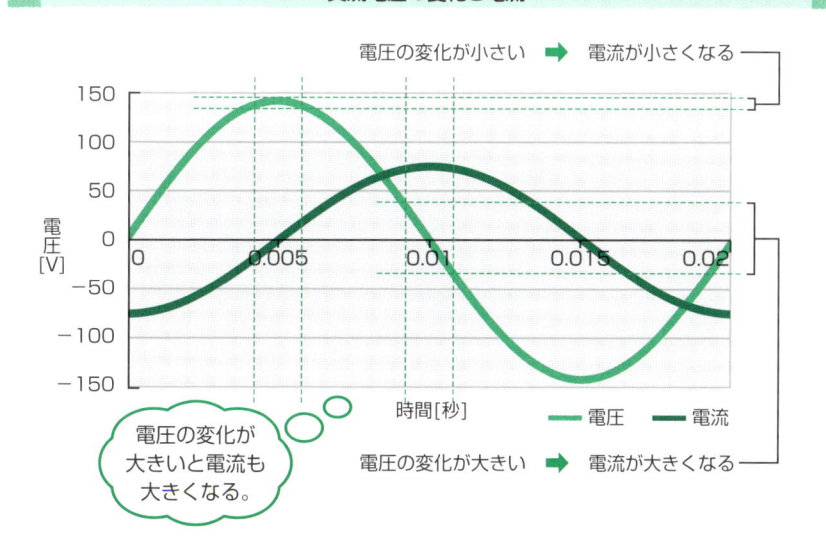

電圧の変化が小さい ➡ 電流が小さくなる

電圧の変化が大きいと電流も大きくなる。

電圧の変化が大きい ➡ 電流が大きくなる

5章 交流には波がある

115

5-8 交流の進みと遅れ

コンデンサやコイルは、電圧と電流の波がずれます。

> **Point**
> ●時間に対する波の位置を位相という。
> ●コンデンサやコイルは電流の位相をずらす。

位相とは

　交流は時間と共に瞬時値が変化します。この時間に対する波の位置を**位相**といいます。抵抗に交流電圧をかけると、電圧の波形と電流の波形は同じタイミングで０や最大値になり、電圧と電流の位相が一致します。このように電圧と電流の位相が一致していることを**同相**といいます。

　コンデンサに交流電圧をかけると、電圧が－から＋に変化するときに電流が＋の最大値となり、コイルに交流電圧をかけると、電圧が－から＋に変化するときに電流が－の最大値となります。このように、コンデンサやコイルは、交流電圧をかけると電圧と電流の位相がずれます。

位相差と位相角

　電圧と電流の位相について、左回りのアナログ時計で考えてみます。

　抵抗に交流電圧をかけると、電圧と電流は同相なので、電圧の秒針と電流の秒針は常に重なって回ることになります。

　コンデンサは、電圧が－から＋になるときの電流が＋の最大値となるため、電圧の秒針が３時のとき、電流の秒針が１２時になります。２つの秒針は９０°の差があり、左回りの時計は３時より１２時の方が進んでいることになりますので、電圧の位相より電流の位相の方が９０°進んでいると表現することができます。

　コイルは、電圧が－から＋になるときの電流が－の最大値となります。つまり、電圧の秒針が３時のとき、電流の秒針が６時になります。したがって、電圧の位相より電流の位相の方が９０°遅れていると表現することができます。このような電圧と電流の位相の差を**位相差**といい、その大きさを角度で表したものを**位相角**といいます。

5-8 交流の進みと遅れ

電圧と電流の位相関係

抵抗に交流電圧をかけた場合

電圧と電流が同相である。
➡位相差0°

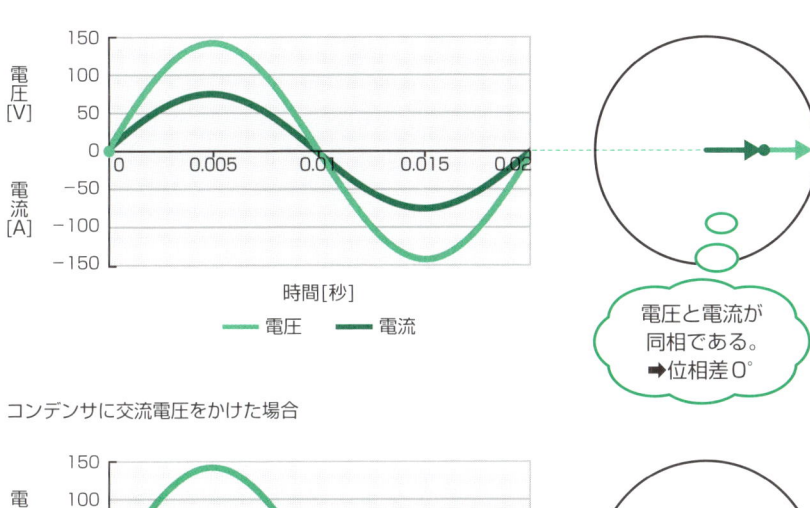

コンデンサに交流電圧をかけた場合

電流が電圧より90°進んでいる。
➡位相差90°（進み）

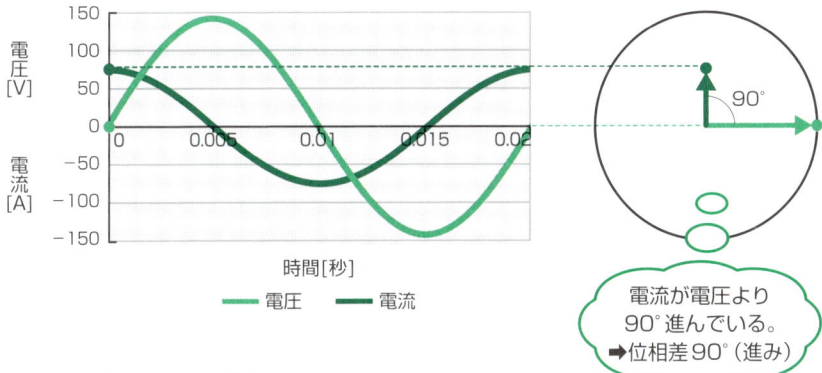

コイルに交流電圧をかけた場合

電流が電圧より90°遅れている。
➡位相差90°（遅れ）

5章 交流には波がある

117

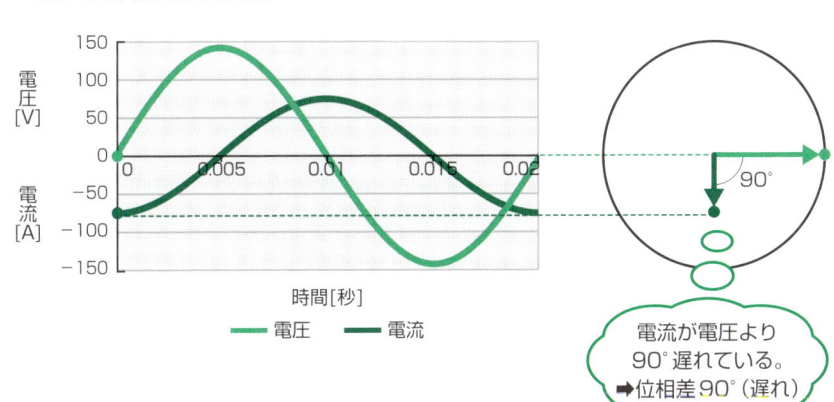

5-9 進み電流と遅れ電流

コンデンサやコイルに流れる電流の考え方について見てみましょう。

> **Point**
> - リアクタンスもオームの法則が成立する。
> - 位相はjで表現する。

■ リアクタンスもオームの法則が適用できる

容量リアクタンスや誘導リアクタンスは、オームの法則の抵抗をリアクタンスに置き換えて

交流電圧V[V]＝交流電流I[A]×リアクタンスX[Ω]

が成立します。したがって、10[Ω]の抵抗、10[Ω]のリアクタンスをもつコンデンサおよびコイルは交流電圧100[V]に接続すると、いずれも10[A]の電流が流れます。

■ jは90°進める

10[A]という電流の値は、電流の大きさであって電流の位相を考慮していません。抵抗は電圧と同相の電流、コンデンサは電圧より90°進みの位相の電流、コイルは電圧より90°遅れの位相の電流が流れるので、電流の大きさが同じであっても電流の位相によって区別する必要があります。

そこで、電圧の位相より90°進みの位相を持つ電流にはjを、90°遅れの位相を持つ電流には−jをつけます。大きさが10[A]の電流は、電圧と同相の場合は10[A]、90°進みの場合はj10[A]、90°遅れの場合は−j10[A]となります。jは位相を90°進める能力を、−jは位相を90°遅らせる能力をもつと考えることができます。

■ jは2乗すると−になる

普通の数は、＋でも−でも2乗すると必ず＋の数になりますが、電気の計算が便利になるよう、jは2乗すると−1になる性質を持たせています。このように2乗すると−になる数を**虚数**といい、虚数を表すjを**虚数記号**といいます。数学では虚数の記号にはiを用いますが、電気では電流のiとの混同を避けるためjを用います。

5-9 進み電流と遅れ電流

交流電圧に接続した抵抗・コンデンサ・コイル

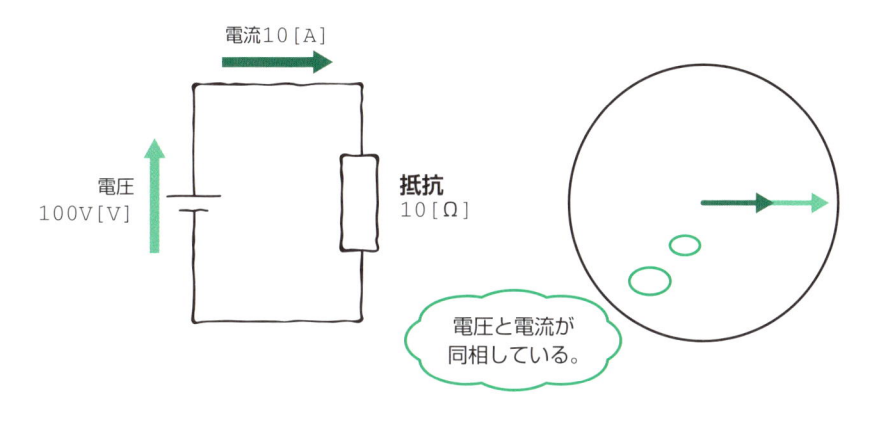

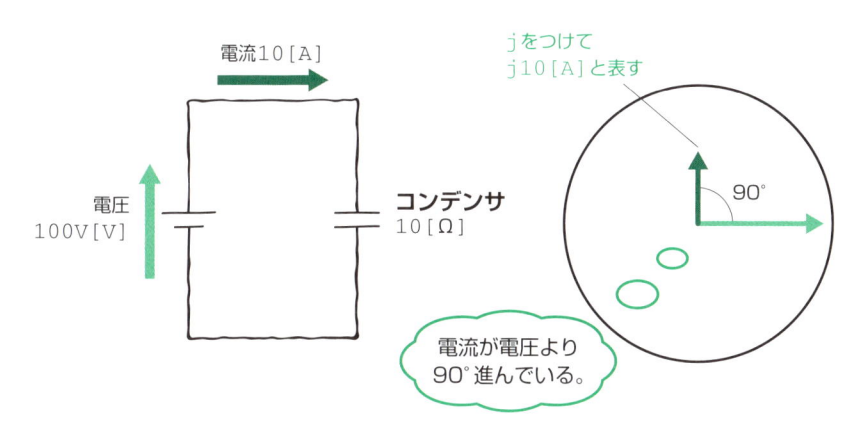

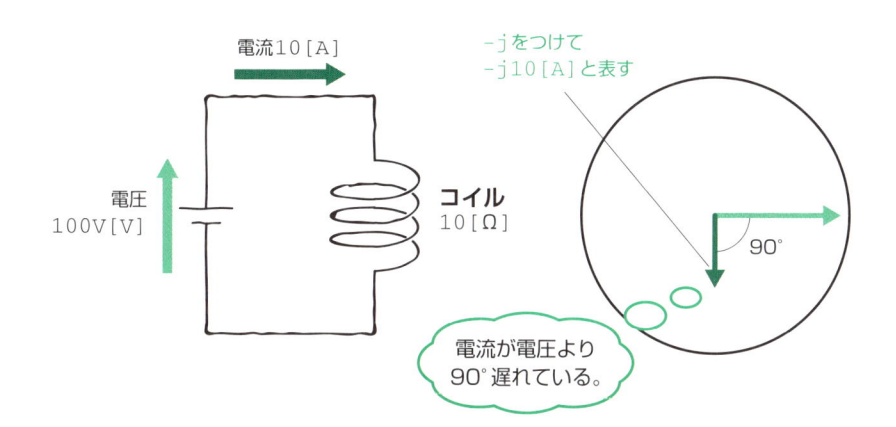

電流10[A]
電圧100V[V]
抵抗10[Ω]

電圧と電流が同相している。

電流10[A]
電圧100V[V]
コンデンサ10[Ω]

jをつけて j10[A]と表す
90°

電流が電圧より90°進んでいる。

電流10[A]
電圧100V[V]
コイル10[Ω]

-jをつけて -j10[A]と表す
90°

電流が電圧より90°遅れている。

5章 交流には波がある

5-10 コンデンサとコイルのリアクタンス

コンデンサとコイルのリアクタンスは、お互いに打ち消しあいます。

Point

- 同じ大きさのリアクタンスをもつコンデンサとコイルを直列接続すると0[Ω]、並列接続すると∞[Ω]になる。

■ リアクタンスもjがつく

交流電圧100[V]にリアクタンスが10[Ω]のコンデンサを接続するとj10[A]の電流が流れ、リアクタンスが10[Ω]のコイルを接続すると−j10[A]の電流が流れます。これらをオームの法則で考えると、

容量リアクタンス X_C[Ω]
=交流電圧V[V]÷交流電流I[A]=100[V]÷j10[A]=−j10[Ω]

誘導リアクタンス X_L[Ω]
=交流電圧V[V]÷交流電流I[A]=100[V]÷(−j10[A])=j10[Ω]

となり、−j10[Ω]は容量リアクタンス、j10[Ω]は誘導性リアクタンスを表します。

■ コンデンサやコイルの直列・並列接続

−j10[Ω]のコンデンサとj10[Ω]のコイルを直列接続すると、合成リアクタンス X_S[Ω]は、

合成リアクタンス X_S[Ω]
=容量リアクタンス X_C[Ω]+誘導リアクタンス X_L[Ω]
=−j10[Ω]+j10[Ω]=0[Ω]

となります。また、並列接続すると合成リアクタンス X_P[Ω]は、

合成リアクタンス X_P[Ω]
=容量リアクタンス X_C[Ω]×誘導リアクタンス X_L[Ω]/(容量リアクタンス X_C[Ω]+誘導リアクタンス X_L[Ω])
=−j10[Ω]×j10[Ω]/(−j10[Ω]+j10[Ω])=100/0[Ω]=∞[Ω]

となります。

5-10 コンデンサとコイルのリアクタンス

抵抗・リアクタンスの表し方

		10[Ω]の抵抗	10[Ω]のコンデンサ	10[Ω]のコイル
大きさ	抵抗・リアクタンス	10[Ω]	10[Ω]	10[Ω]
	交流100[V]をかけたときに流れる電流	10[A]	10[A]	10[A]
位相を考慮	抵抗・リアクタンス	10[Ω]	−j10[Ω]	j10[Ω]
	交流100[V]をかけたときに流れる電流	10[A]	j10[A]	−j10[A]

コンデンサ −j10[Ω]
コイル j10[Ω]

−j10[Ω]+j10[Ω]=0[Ω]

コンデンサとコイルを直列接続すると合成リアクタンスはゼロになる。

コンデンサ −j10[Ω]　コイル j10[Ω]

−j10[Ω]×j10[Ω]/(−j10[Ω]+j10[Ω])
=100/0[Ω]=∞[Ω]

100/0は無限大と考える

コンデンサとコイルを並列接続すると合成リアクタンスは無限大になる。

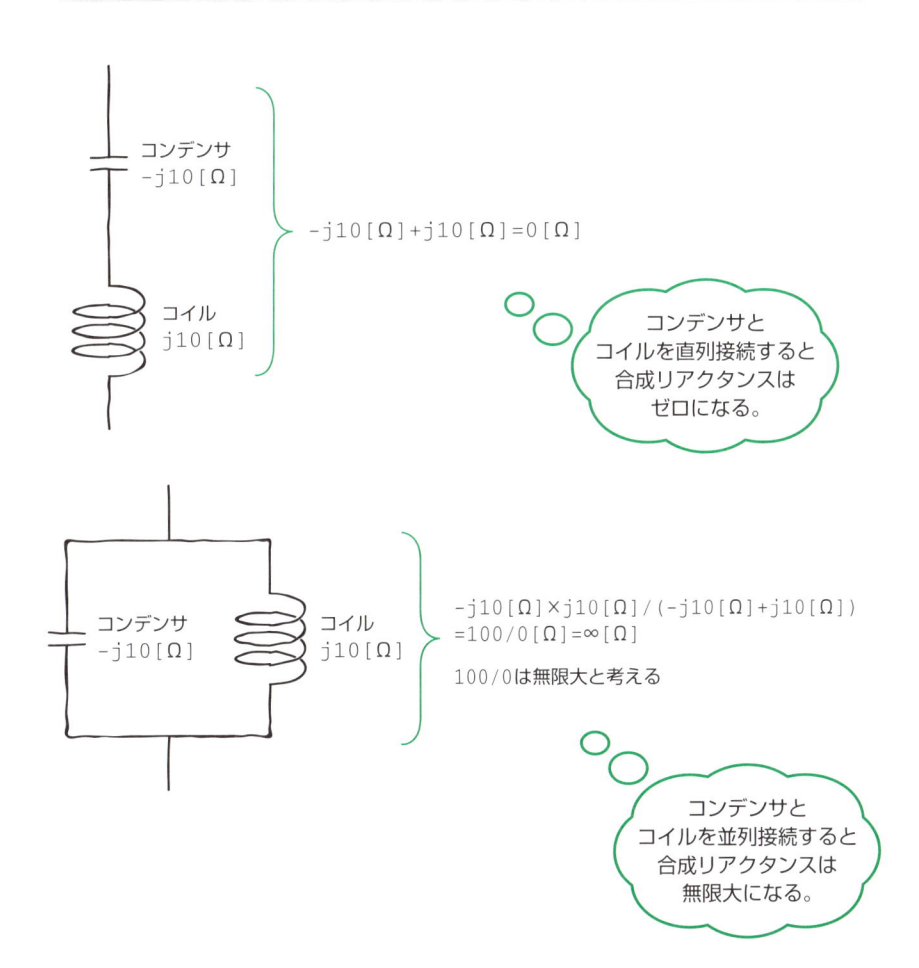

第5章 交流には波がある

5-11 交流電流の流れにくさ…インピーダンス

インピーダンスとは、交流電流の流れを妨げるものの総称です。

Point
- インピーダンスは交流電流の流れを妨げる。
- インピーダンスは3＋4＝7にならないこともある。

■ インピーダンスとは

直流回路では、電流の流れを妨げるものは抵抗のみでしたが、交流回路では、抵抗とリアクタンスが電流の流れを妨げます。抵抗とリアクタンスを総称して**インピーダンス**といい、単位に[Ω]を用います。

オームの法則はインピーダンス・電圧・電流の関係についても成り立つので、抵抗R[Ω]をインピーダンスZ[Ω]に置き換えて、

交流電圧V[V]＝電流I[A]×インピーダンスZ[Ω]

が成立します。

■ インピーダンスの求め方

3[Ω]と4[Ω]の抵抗を直列に接続すると

3[Ω]＋4[Ω]＝7[Ω]

となりますが、3[Ω]の抵抗と、4[Ω]のリアクタンスを直列に接続した場合は7[Ω]にはなりません。リアクタンスは電流の位相を考慮しなければいけないので、容量リアクタンスの場合は－j4[Ω]、誘導リアクタンスの場合はj4[Ω]として計算する必要があります。3[Ω]の抵抗と、4[Ω]の容量リアクタンスを直列に接続した場合のインピーダンスZ[Ω]は、

インピーダンスZ[Ω]＝抵抗R[Ω]＋リアクタンスX[Ω]＝3－j4[Ω]

となります。また、位相を考慮せずに電流の流れにくさを考える場合は、

インピーダンスZ[Ω]＝$\sqrt{\text{抵抗R[Ω]の2乗＋リアクタンスX[Ω]の2乗}}$
＝$\sqrt{3\text{[Ω]の2乗＋4[Ω]の2乗}}$＝$\sqrt{25}$＝5[Ω]

となります。

5-11 交流電流の流れにくさ…インピーダンス

インピーダンスとは

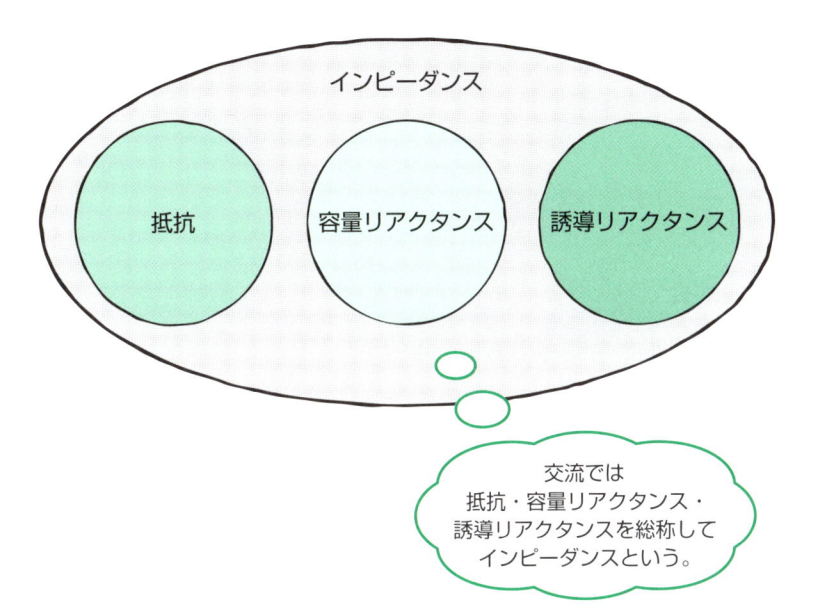

インピーダンス
- 抵抗
- 容量リアクタンス
- 誘導リアクタンス

> 交流では
> 抵抗・容量リアクタンス・
> 誘導リアクタンスを総称して
> インピーダンスという。

インピーダンスの考え方

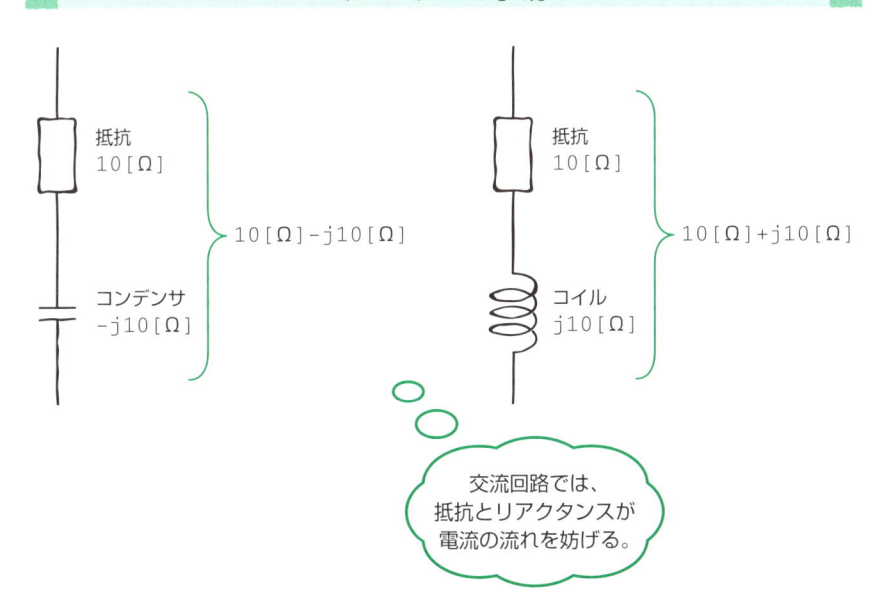

抵抗 $10[\Omega]$
コンデンサ $-j10[\Omega]$
→ $10[\Omega]-j10[\Omega]$

抵抗 $10[\Omega]$
コイル $j10[\Omega]$
→ $10[\Omega]+j10[\Omega]$

> 交流回路では、
> 抵抗とリアクタンスが
> 電流の流れを妨げる。

第5章 交流には波がある

5-12 交流の電力は3種類ある

交流には3種類の電力があります。

> **Point**
> ●仕事をする電力を有効電力という。
> ●うろうろしているだけで仕事をしない電力を無効電力という。

■ 有効電力・無効電力・皮相電力の違い

抵抗に交流電圧をかけると、電力を消費して熱を発生し抵抗の周囲に発散しますが、コンデンサとコイルに交流電圧をかけると、電力が行ったり来たりしているだけで、電力が消費していない状態になります。

抵抗が消費する電力は**有効電力**といい、単位はワット[W]を用います。コンデンサやコイルを行き来する電力は**無効電力**といい、単位はバール[var]を用います。単相交流の有効電力P[W]と無効電力Q[var]は、

有効電力P[W]＝交流電圧V[V]×交流電流I[A]×$\cos\theta$

無効電力Q[var]＝交流電圧V[V]×交流電流I[A]×$\sin\theta$

で求められます。θは、左回りのアナログ時計でいうと、電圧の秒針と電流の秒針がなす角度、つまり位相差を指しています。有効電力や無効電力のように、電圧と電流の位相差を考慮しない電力を**皮相電力**といい、単位にボルトアンペア[VA]を用います。ボルトアンペアを略してブイエーということが多いです。皮相電力S[VA]は、

皮相電力S[VA]＝交流電圧V[V]×交流電流I[A]

で求めることができ、電源の容量を表す時に利用されます。

■ 無効電力は行ったり来たりしているだけの電力

有効電力は、熱などに変換されるため仕事をする電力と考えられます。一方、無効電力は、負荷と電源の間を行ったり来たりしているだけで、消費されることはありません。無効電力には、進みと遅れがあり、コンデンサは進み無効電力が、コイルは遅れ無効電力が流れます。

5-12 交流の電力は3種類ある

抵抗・コンデンサ・コイルの電流・電圧・電力の関係

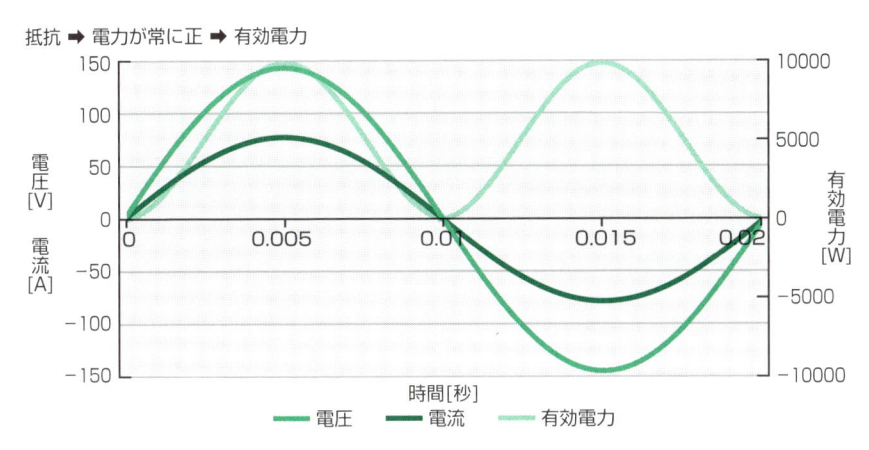

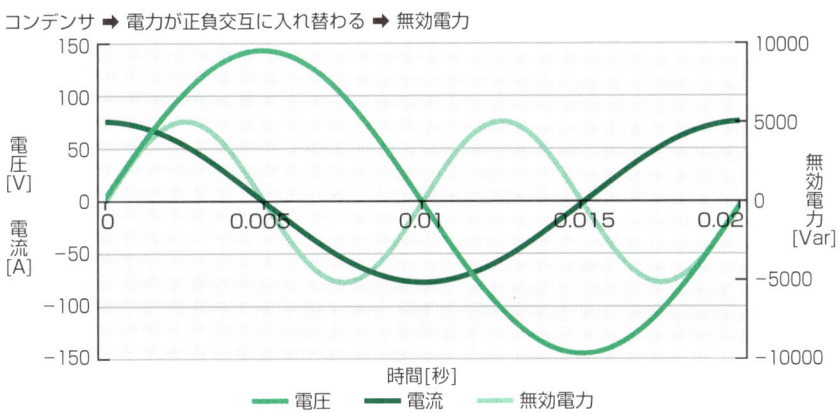

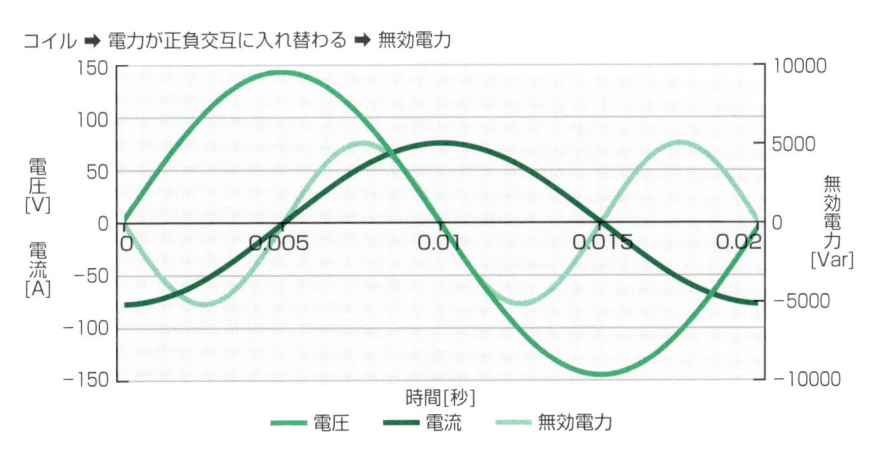

抵抗 ➡ 電力が常に正 ➡ 有効電力

コンデンサ ➡ 電力が正負交互に入れ替わる ➡ 無効電力

コイル ➡ 電力が正負交互に入れ替わる ➡ 無効電力

5章 交流には波がある

125

5-13 電圧と電流のタイミング…力率

電圧と電流のタイミングが有効電力の大きさを左右します。

> **Point**
> - 電圧と電流の位相差が小さいと力率が高くなる。
> - 力率が高いと有効電力が大きくなる。

力率とは

　交流は電圧と電流が時間と共に変化するため、電圧と電流の実効値が一定とすると、電圧の瞬時値が高いときに電流の瞬時値が大きくなるようにした方が、大きな電力を供給することができます。

　抵抗、容量リアクタンス、誘導リアクタンスが、それぞれ単独で存在する交流回路は少なく、混在することが一般的で、この抵抗、容量リアクタンス、誘導リアクタンスの比率が、電圧と電流の位相差に影響します。有効電力P[W]は、

　有効電力P[W]＝交流電圧V[V]×交流電流I[A]×$\cos\theta$

で求められますが、この式の$\cos\theta$はθが0°のときに最大の1になり、θが90°のときに最小の0になるため、電圧と電流の大きさが一定であれば、θが0°のとき、つまり電圧と電流が同相のときに有効電力は最大となります。

　この有効電力の割合を表す$\cos\theta$を**力率**といいます。0から100[%]のパーセント表示をすることが一般的です。

無効率とは

　電圧と電流の位相のずれが大きくなると無効電力も大きくなります。
　無効電力Q[var]は、

　無効電力Q[var]＝交流電圧V[V]×交流電流I[A]×$\sin\theta$

で求められますが、この式の$\sin\theta$はθが0°のときに最小の0になり、θが90°のときに最大の1になるため、電圧と電流の大きさが一定であれば、θが90°のときに無効電力は最大となります。この無効電力の割合を表す$\sin\theta$を**無効率**といいます。

5-13 電圧と電流のタイミング…力率

電圧と電流の位相差と力率の関係

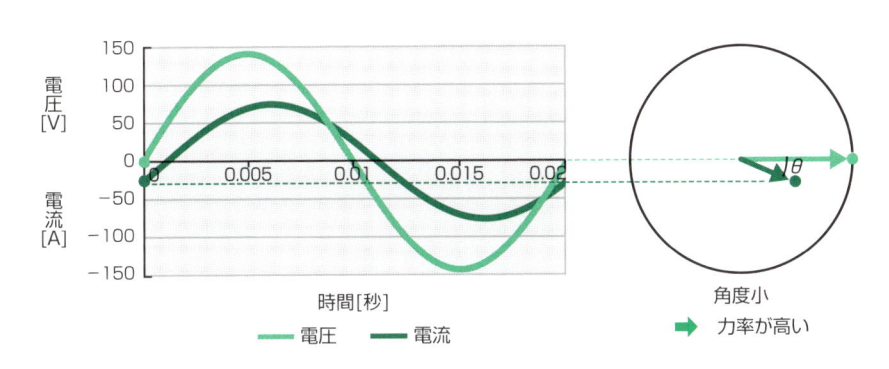

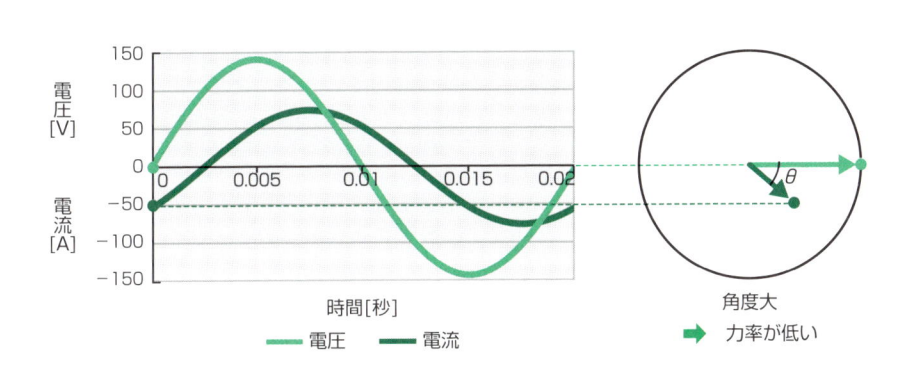

角度小
➡ 力率が高い

角度大
➡ 力率が低い

皮相電力・有効電力・無効電力の関係

単相交流100[V]10[A]で
力率が80[%]（遅れ）の場合

- 有効電力 800[W]
- 無効電力 600[var]
- 皮相電力 1000[VA]

単相交流100[V]10[A]で
力率が60[%]（進み）の場合

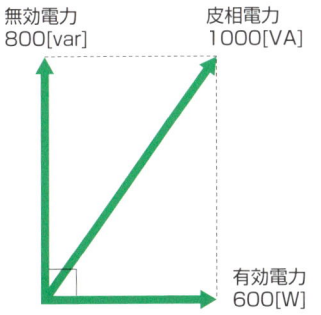

- 無効電力 800[var]
- 皮相電力 1000[VA]
- 有効電力 600[W]

5章 交流には波がある

5-14 単相3線式の特徴

単相2線式とを2組組み合わせた単相3線式について見てみましょう。

Point

- 交流には単相や三相がある。

単相3線式とは

　直流のように2本の電線で交流電力を送る方式を**単相2線式**といいます。この2本の電線は、それぞれ**R相・N相**といいます。負荷が小さい場合は単相2線式で十分なのですが、負荷が大きくなると効率よく大電力を送る必要があります。

　そこで考案されたのが**単相3線式**という方式です。2系統の単相2線式は4本の電線が必要になりますが、単相3線式は4本の電線のうち2本を1本にまとめて、3本の電線で電力を送る方式です。この1本にまとめた電線を**中性線**といいます。中性線は、中立という意味のニュートラル(Neutral)の頭文字を取ってN相と表し、3本の電線はそれぞれ**R相・N相・T相**といいます。同じ電力を送る場合、単相3線式は2系統の単相2線式に比べ、電線を節約することができます。

単相3線式の特徴

　単相3線式はR相とN相、およびT相とN相で電圧100[V]を、R相とT相で電圧200[V]を供給することができます。

　また、単相3線式はR相とN相につないだ負荷と、T相とN相につないだ負荷が等しい場合、N相に流れる電流が0[A]になるという特徴があります。N相に流れる電流が0[A]になると、N相の電線の抵抗に電流が流れることによって発生する電圧降下が0[V]になるため、電力を効率的に送ることができます。

　逆に、R相とN相の間に負荷を接続し、T相とN相の間に負荷が無い場合は、単相2線式と同じようにR相とN相に同じ大きさの電流が流れ電圧降下が発生するため、単相3線式の長所を生かせないということになります。したがって、R相とN相に接続する負荷とT相とN相の間に接続する負荷は等しくなるようにします。

5-14 単相3線式の特徴

単相2線式と単相3線式

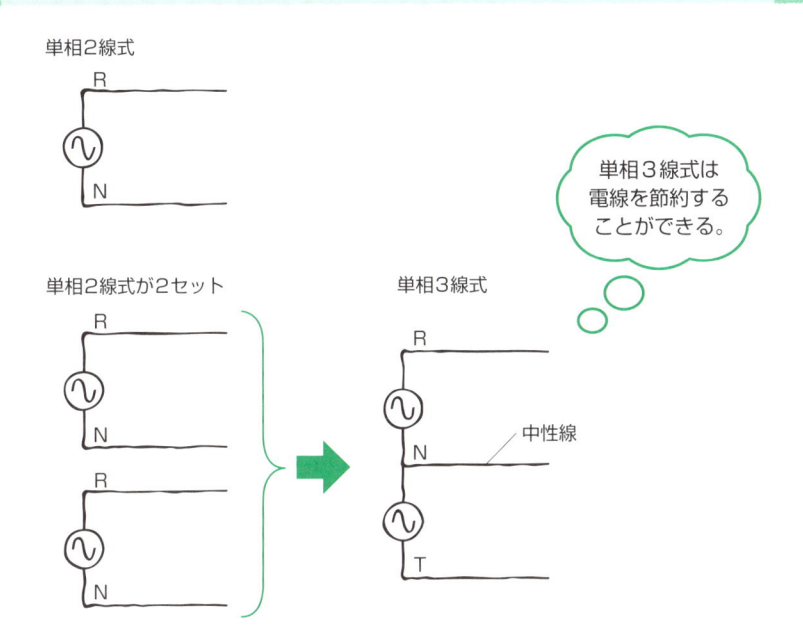

単相2線式

単相2線式が2セット → 単相3線式（中性線）

単相3線式は電線を節約することができる。

5章 交流には波がある

単相3線式

- 電流I_1[A]
- 中性線
- 電流I_2[A]
- 100[V] 電子レンジ
- 100[V] テレビ
- 200[V] エアコン
- 100[V] パソコン
- 100[V] 冷蔵庫

電流I_1[A]と電流I_2[A]が等しければ、中性線に流れる電流は0[A]になる。

129

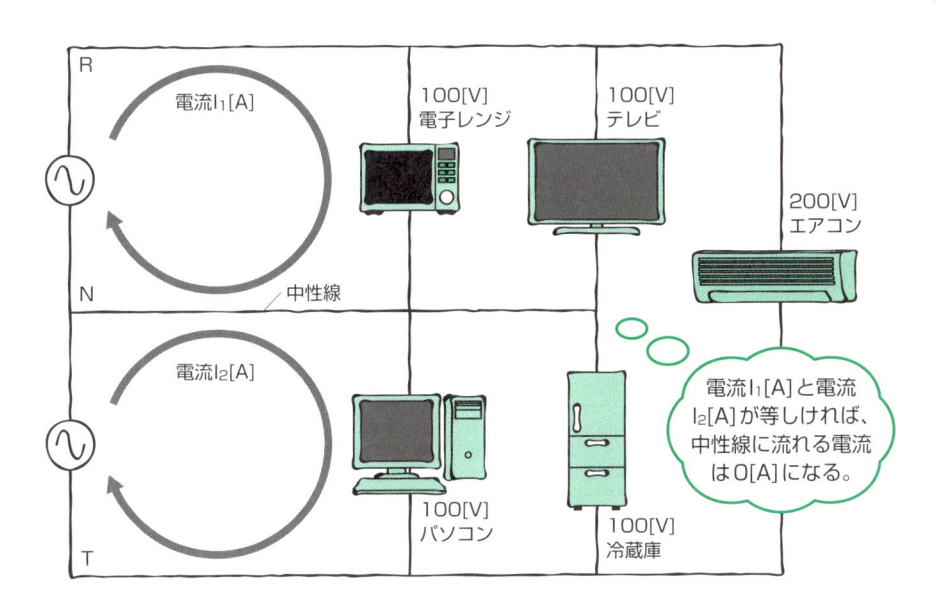

5-15 三相交流の特徴

大型の動力機械などには三相交流を使用します。

Point
- 三相交流の相電圧は120°の位相差がある。
- 三相交流の電圧には相電圧と線間電圧がある。

三相交流の仕組み

　三相交流は異なる位相の単相2線式を3つ組み合わせています。単相2線式が3つあると電線は6本になりますが、そのうち3本を中性線としてN相1本にまとめた方式が**三相4線式**で、R相・S相・T相・N相の4本の電線で電気を送ります。

　三相4線式は、R相とN相・S相とN相・T相とN相に接続する負荷が等しい場合、N相に流れる電流は0[A]になるためN相の電線を省略することができます。N相を省略したものが**三相3線式**で、R相・S相・T相の3本の電線で電力を送ります。単相2線式を三角形に組み合わせたものを**デルタ結線**や**三角結線**といい、Y字型に組み合わせたものを**スター結線**や**Y結線**といいます。

　三相4線式のR相・S相・T相とN相の間にかかる電圧の大きさをそれぞれE_R・E_S・E_Tとすると、E_R・E_S・E_Tは同じ大きさの電圧ですが、それぞれ120°ずつ位相差があります。これを、左回りのアナログ時計で考えてみると、E_Rが3時を指しているとき、E_Sは7時を、E_Tは11時を指すことになり、グラフに表すと3つの単相交流となります。そしてE_R・E_S・E_Tの瞬時値e_R・e_S・e_Tの合計はいつでも0[V]となります。

線間電圧と相電圧

　三相4線はR相とN相・S相とN相・T相とN相には単相交流の電圧が、R相とS相とT相には三相交流の電圧がかかっています。R相とN相に接続した負荷には電圧E_Rが、R相とS相に接続した負荷は、電圧E_R+E_Sがかかります。三相交流のE_R・E_S・E_Tの電圧を**相電圧**、E_R+E_S・E_S+E_T・E_T+E_Rを**線間電圧**といいます。

　E_R・E_S・E_Tの実効値が100[V]とするとき、E_RとE_Sは120°の位相差があるため200[V]にはならず、実効値の$\sqrt{3}$倍の173[V]になります。

5-15 三相交流の特徴

三相3線式の考え方

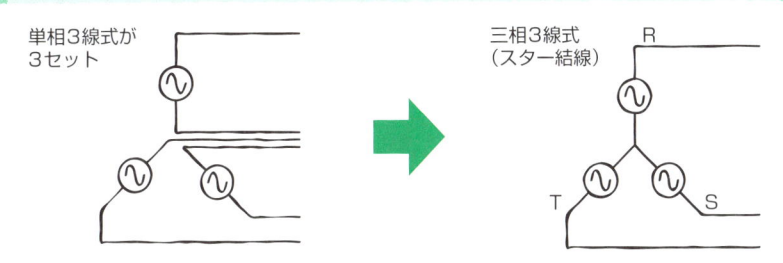

単相3線式が3セット → 三相3線式（スター結線）

スター結線とデルタ結線

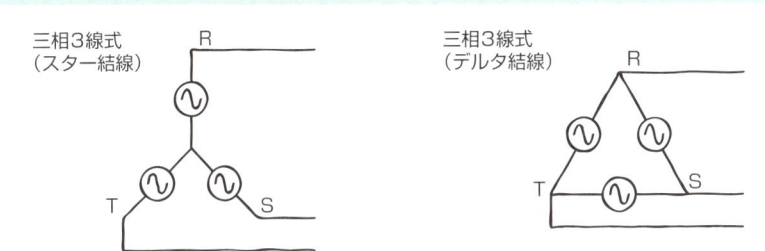

三相3線式（スター結線）　　三相3線式（デルタ結線）

三相交流の各相の電圧は120°の位相差がある

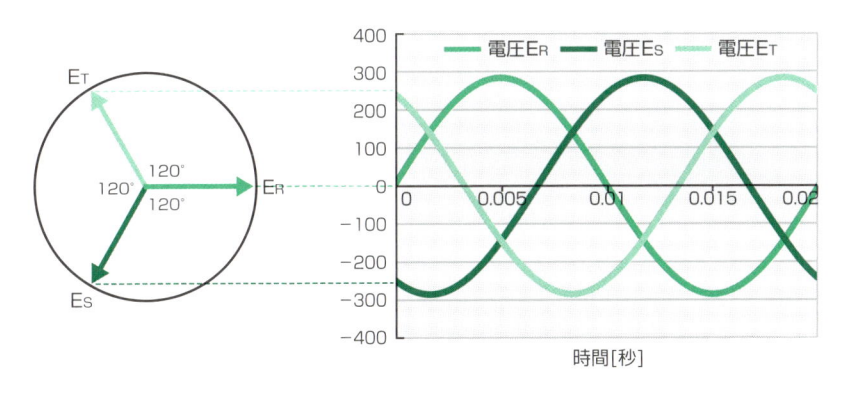

120° 120° 120°

E_T、E_R、E_S

電圧 E_R　電圧 E_S　電圧 E_T

時間[秒]

線間電圧と相電圧の例

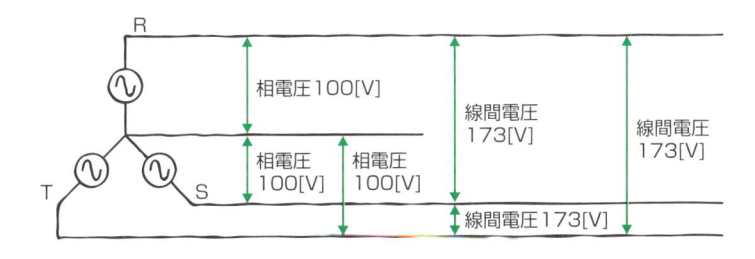

相電圧 100[V]
相電圧 100[V]
相電圧 100[V]
線間電圧 173[V]
線間電圧 173[V]
線間電圧 173[V]

5章 交流には波がある

5-16 三相交流は回る磁界をつくりだす

三相交流がつくりだす回転磁界は、モーターに利用されています。

Point
- 回転する磁界を回転磁界という。
- 三相交流は回転磁界を容易に作り出すことができる。

回転する磁界

　方位磁針の周りで棒磁石を動かすと、棒磁石が持つ磁気の影響を受けて磁針が一緒に動きます。棒磁石を方位磁針の周りに円を描くように回すと、磁針もそれにあわせて回ります。これは、棒磁石を回すことによって方位磁針の周りに回転する磁界が発生し、その磁界によって磁針に力が働くために起こります。このように回転する磁界を**回転磁界**といいます。

三相交流がつくりだす回転磁界

　三相交流の電源に、同じインダクタンスのコイルA・コイルB・コイルCをスター結線して接続した場合を考えてみます。

　三相交流の電圧E_R・E_S・E_Tの瞬時値e_R・e_S・e_Tはe_R➡e_S➡e_Tの順番で最大値になるため、3つのコイルも順番に磁力線が最大になり、回転磁界を発生することになります。3つのコイルに囲まれるように方位磁針を置くと、コイルがつくる回転磁界の影響を受けて磁針が回転します。

　この回転磁界はコイルA➡コイルB➡コイルCの順で磁力線が最大になり、再度コイルAの磁力線が最大になるのは交流が1サイクル経過した後なので、回転磁界は1秒間に周波数の値と同じ回数で回転することになり、磁針が1秒間に回転する回数も周波数と同じ回数になります。このように回転磁界と方位磁針の磁針の回転のタイミングがあっていることを**同期**といいます。

　この原理を利用している**三相モーター**は、大型のファンやポンプなどの回転機械に利用されています。三相交流は回転磁界を容易につくりだせるため、わが国の送電系統は三相交流になっています。

5-16 三相交流は回る磁界をつくりだす

回転磁界とは

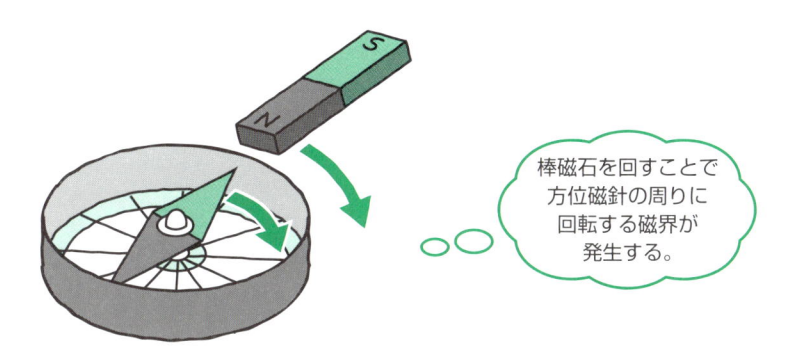

棒磁石を回すことで方位磁針の周りに回転する磁界が発生する。

三相交流に3つのコイルをつなぐと…

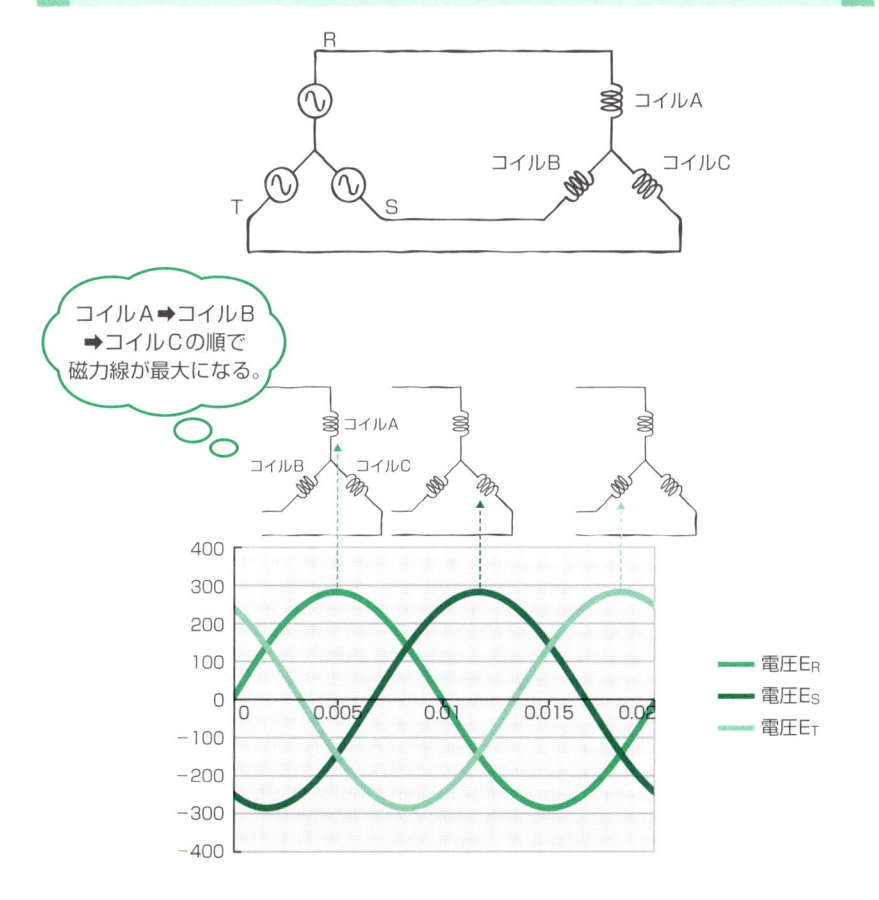

コイルA → コイルB → コイルCの順で磁力線が最大になる。

— 電圧E_R
— 電圧E_S
— 電圧E_T

5章 交流には波がある

Column

周波数の単位　ヘルツ

ハインリヒ・ルドルフ・ヘルツ（1857年〜1894年）

　ヘルツはドイツの物理学者です。1857年にドイツのハンブルグで、裕福な弁護士の家庭の長男として生まれます。

　19歳のとき、ドレスデン工業大学で工業技術者を目指して学びますが、その後に理学を志し、ミュンヘン大学で物理と数学を学びます。そして、大学講師を経てカールスルーエ工科大学の教授となります。

　1887年、ヘルツは火花放電の実験中に、偶然数メートル離れた場所で火花が発生することを発見します。

　そして、電気は空間を伝わると考えたヘルツは、誘導コイル・送信アンテナ・放電すきまからなる送信機と、長方形に折り曲げた導線に1か所すきまを作った受信機で電磁波の実験を行います。送信機の誘導コイルのスイッチを開閉して、送信機のすきまに火花放電を発生させると、近くに置いた受信機のすきまにも火花が飛ぶことを確認しました。

　送信機と受信機は直接接続していないので、ヘルツは送信機の火花放電によって生じた電磁波が空間を経由して受信機に伝わったと考えました。そしてさらに電磁波を研究し、電磁波が光と同じように反射・屈折することや、光速で伝播することを発見します。

　現在、私たちの身の回りにある、テレビや携帯電話はヘルツが発見した電磁波を利用したものです。イタリアの電気工学者マルコーニは、ヘルツが発見した電磁波を利用してモールス信号を送ることに成功します。

　このように電磁波の発見は偉大な功績でしたが、ヘルツ自身は電磁波を利用した通信を見ることなく、1894年に病でこの世を去ります。37歳という若さでした。

第6章

電気はどうやってつくられるか

　発電というと電気を生み出すという印象がありますが、実際は様々なエネルギーを電気エネルギーに変換しています。

　限られた化石燃料を大事に使用する、地球温暖化防止のため二酸化炭素排出量を削減するという環境問題に対応するため、発電の分野でも様々な工夫がされています。

　本章では、水力・火力・原子力などの発電の仕組みについて注目して、どのように電気エネルギーに変換されるのか、そしていろいろな発電方式がどのように運用されているのかを見てみましょう。

6-1 水力発電の仕組み

水力発電は、流れる水の力を利用して発電します。

> **Point**
> ● 水力発電は水で水車を回転させて発電する。
> ● 水力発電には自流式・調整池式・貯水池式・揚水式などがある。

流れる水の力で発電する

　水力発電は、高いところから低いところに流れる水の力を利用して発電する方式です。河川の水をダムでせき止めたり、河川から水路をつくり、水車の回転に必要な水を確保します。この水は取水口という水の取り込み口から**水圧管路**というパイプに流れ、水車に導かれます。水車の回転軸には、発電機が接続されていて、水車が回転することにより発電機も回転し、発電することができます。そして、水車を出た水は**吸出管**というパイプを通って放水路に放出されます。

水力発電の方式

　水力発電には、自流式・調整池式・貯水池式・揚水式があります。
　自流式は、河川の水を溜めることなくそのまま水車に導く方式です。河川を流れる水は季節によって増減するため、それに合わせて発電量も変動します。
　調整池式は、河川の水を溜める池を設けて、水車に流れる水の量を調整する方式で、1日から数日の発電量を調整することができます。電力需要が小さい夜間に水を溜めて、電力需要が大きい昼間に発電することができます。
　貯水池式は、調整池式よりさらに大きな池をつくり、年間を通して発電量を調整することが可能です。台風や梅雨の時期に水を溜め、電力需要が大きい真夏に利用することができます。
　揚水式は、上池と下池があり、電力需要の大きい昼間に上池から下池に流れる水の力で水車を回して発電し、電力需要の小さい夜間に下池から上池にポンプで水をくみ上げる方式です。発電するときと反対方向に回転させると揚水することができるポンプ水車が使用されることが一般的です。

6-1 水力発電の仕組み

水力発電の設備構成

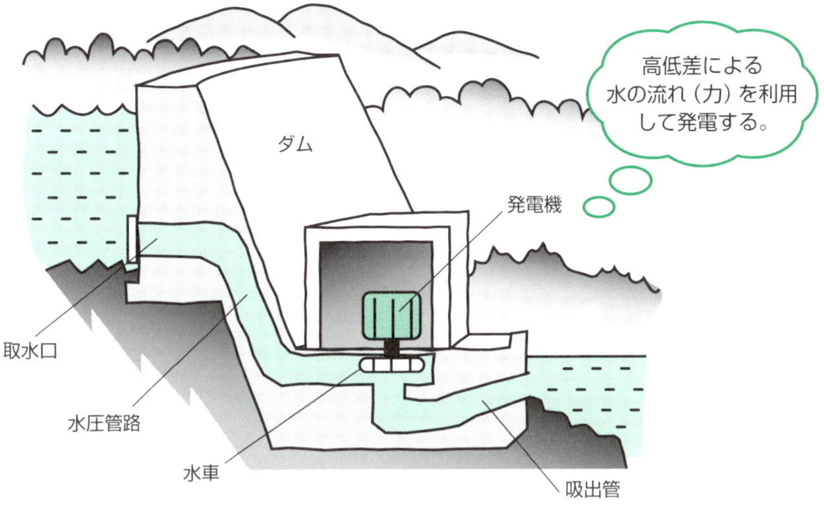

高低差による水の流れ（力）を利用して発電する。

- ダム
- 発電機
- 取水口
- 水圧管路
- 水車
- 吸出管

水力発電の方式

▼自流式
- 発電所
- 水路
- 放水路
- 河川

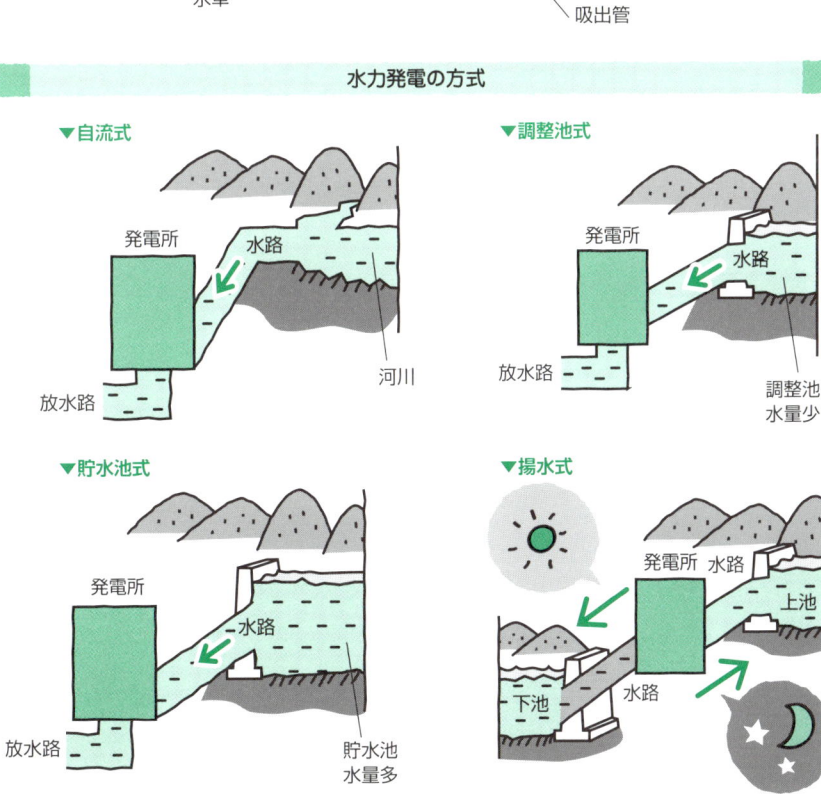

▼調整池式
- 発電所
- 水路
- 放水路
- 調整池 水量少

▼貯水池式
- 発電所
- 水路
- 放水路
- 貯水池 水量多

▼揚水式
- 発電所
- 水路
- 上池
- 下池
- 水路

第6章 電気はどうやってつくられるか

6-2 火力発電の仕組み

火力発電は、蒸気を利用するものやエンジンを利用するものがあります。

Point
- 火力発電は蒸気でタービンを回転させて発電する。
- 火力発電には汽力発電・内燃力発電などがある。

火力発電の分類

火力発電には、汽力発電・内燃力発電などがあります。いずれも燃料を燃焼させて発電機を回しています。

汽力発電と内燃力発電

汽力発電は、蒸気の力を利用して発電する方式です。燃料を燃やして得られる熱でボイラという巨大なやかんを加熱し、水を蒸気に変化させます。燃料には、液化天然ガス・液化石油ガス・重油・原油・石炭などが利用されます。

そしてボイラで発生した高圧の蒸気を、蒸気タービンという蒸気の力で回る風車に導きます。蒸気タービンの回転軸には発電機が接続されていて、蒸気タービンが回転することにより発電機も回転し、発電することができます。

そして蒸気タービンから排出された蒸気は**復水器**という冷却装置に入り、海水などで冷却され水に戻り、再度ボイラに補給しています。

内燃力発電は、車に用いられるディーゼルエンジンや、ジェット飛行機に用いられるガスタービンエンジンで発電機を回転させ発電する方式で、離島の小規模な発電所や、ビルなどの非常用発電機に利用されています。

ガスタービンエンジンは、空気圧縮機・燃焼器・ガスタービンで構成されます。空気圧縮機で圧縮した空気を燃焼器に送り込み、その中で燃料を燃焼させて得られた高温の燃焼ガスをガスタービンに導き、ガスタービンを回転させます。

ガスタービンエンジンは、ディーゼルエンジンと比べると省スペースで設置でき、始動時間が短いという長所があります。しかし、空気圧縮機もエンジン出力の負荷になるため、燃費が悪い傾向があります。

6-2 火力発電の仕組み

火力発電（汽力）の設備構成

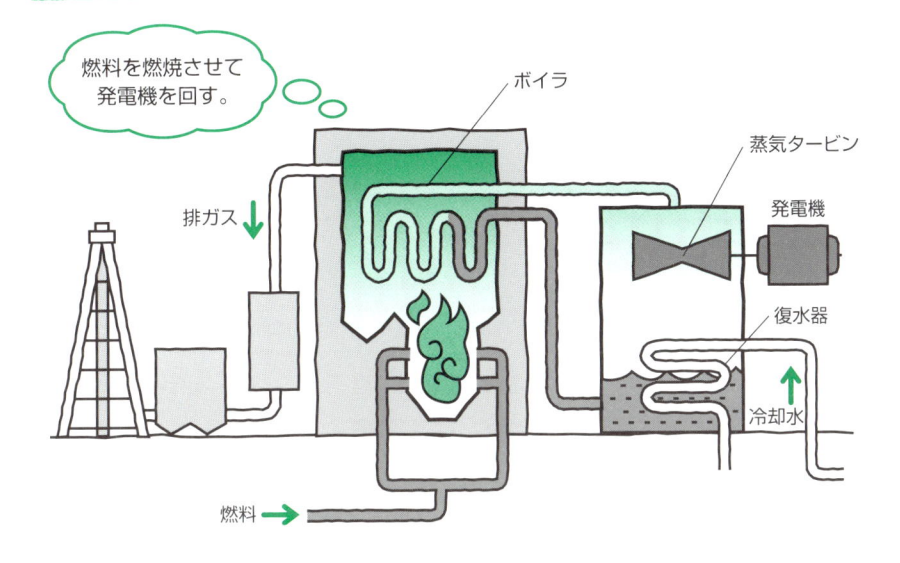

燃料を燃焼させて発電機を回す。

- 排ガス
- ボイラ
- 蒸気タービン
- 発電機
- 復水器
- 冷却水
- 燃料

ガスタービン発電の仕組み

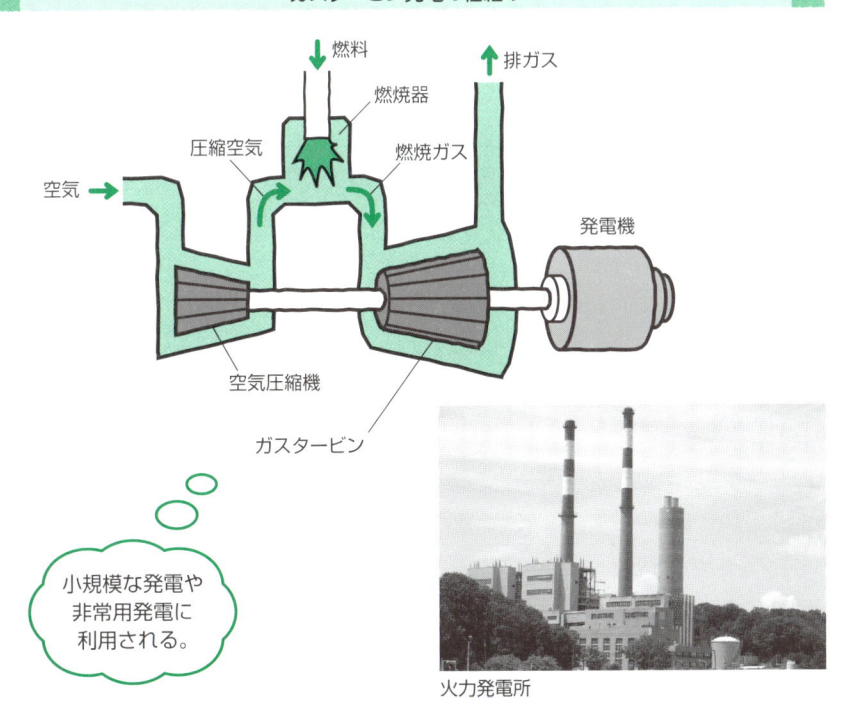

- 燃料
- 燃焼器
- 排ガス
- 圧縮空気
- 燃焼ガス
- 空気
- 発電機
- 空気圧縮機
- ガスタービン

小規模な発電や非常用発電に利用される。

火力発電所

6章　電気はどうやってつくられるか

6-3 原子力発電の仕組み（1）

原子力発電の燃料について、見てみましょう。

> **Point**
> ●原子力発電は蒸気でタービンを回転させて発電する。
> ●核燃料にはウランが使用される。

■ 原子力発電の構成

　火力を利用した汽力発電では、ボイラで燃料を燃やしたときに発生する熱で蒸気を発生させ、蒸気タービンを回して発電します。**原子力発電**は、原子核が核分裂するときに生じる熱を利用して蒸気を発生させ、蒸気タービンを回して発電しています。

■ 核燃料とは

　原子力発電は、**核燃料**として**ウラン**が使用されます。ウランはウラン鉱石として地中に埋蔵されているため、それを採掘して生成します。日本はウラン埋蔵国であるオーストラリア・カナダ・アメリカ・南アフリカなどから輸入しています。

　採掘されたウランは、核分裂しにくい陽子と中性子の合計が238個のウラン238がほとんどで、核分裂しやすい陽子と中性子の合計が235個のウラン235は約0.7[%]しか含まれていません。したがって、核燃料にはウラン235の割合を3～5[%]まで高めた**濃縮ウラン**を用います。

　濃縮にはいくつかの方法がありますが、わかりやすいのは遠心力を利用した方法です。気化したウランを入れた容器を高速回転させると、遠心力で質量が重いウラン238は容器の外側に、質量が軽いウラン235は容器の中心に分離されます。

　こうして得られた濃縮ウランを酸化物にして、直径約1[cm]、高さ約1[cm]の円柱に焼き固めます。この円柱を**ペレット**といいます。ペレット1個で、1家庭の約6～8ヶ月分の電力量を発電するのに必要なエネルギーを持っています。

　ペレットを被覆管という長さ4[m]ほどのジルコニウム合金でできたパイプに詰めたものを**燃料棒**といいます。燃料棒は数十～数百本束ねて**燃料集合体**とし、数百台の燃料集合体が原子炉圧力容器という容器の中に入れられます。

6-3 原子力発電の仕組み（1）

世界のウラン資源分布

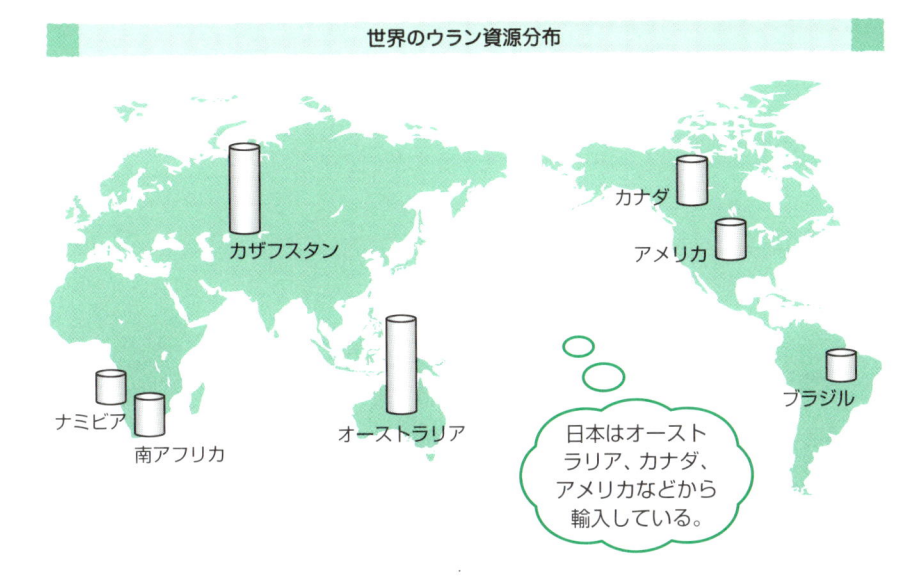

- カザフスタン
- ナミビア
- 南アフリカ
- オーストラリア
- カナダ
- アメリカ
- ブラジル

日本はオーストラリア、カナダ、アメリカなどから輸入している。

原子力発電の核燃料

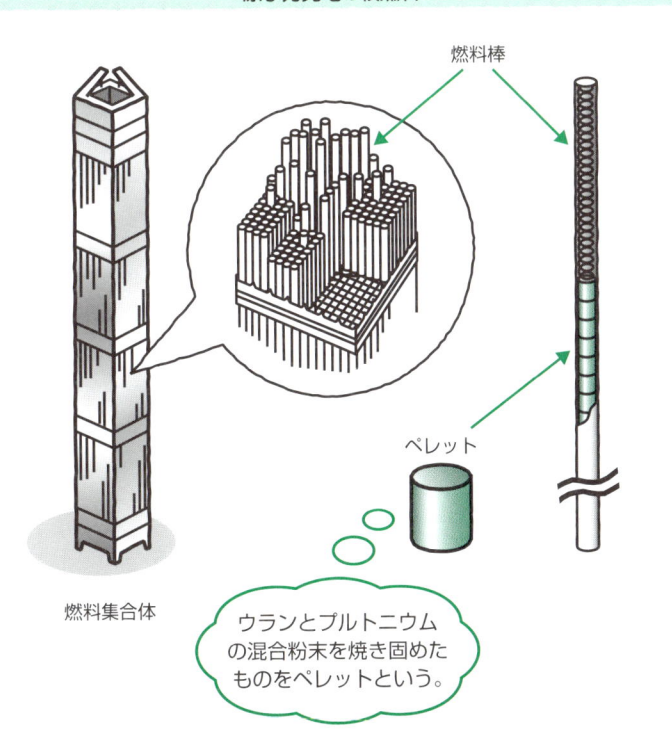

燃料棒

燃料集合体

ペレット

ウランとプルトニウムの混合粉末を焼き固めたものをペレットという。

第6章 電気はどうやってつくられるか

6-4 原子力発電の仕組み（2）

ウランは、核分裂すると異なる原子核になります。

Point
- ウランは中性子が衝突すると核分裂する。
- 核分裂が起きると熱が発生する。

■ 核分裂とは

　原子炉圧力容器の中に中性子源という中性子を放出する物質を入れると、中性子源から放出した中性子が燃料棒の中のウラン原子核に衝突し、**核分裂**が起こります。ウラン原子核は核分裂すると、ヨウ素・セシウム・ジルコニウムなど異なる原子核になります。このように、核分裂により生成される物質を**核分裂生成物**といいます。

　核分裂で発生した原子核などの重さは、核分裂する前のウランの重さより若干減少します。これを**質量欠損**といいます。アインシュタインでお馴染みの相対性理論では、質量M[kg]がエネルギーに変換されるとき、そのエネルギーE[J]は

　　エネルギーE[J]＝質量M[kg]×光の速度C[m/s]の2乗

となりますので、わずかな質量欠損でも大きなエネルギーを生み出せます。

　原子炉圧力容器の中には水が入っていて、この水を**冷却材**といいます。冷却材は核分裂で生じたエネルギーで加熱され、蒸気に変化します。この蒸気を使って蒸気タービンを回して発電機を回します。

■ 減速材とは

　ウラン235は核分裂すると、同時に2〜3個の中性子を放出します。この中性子が他のウラン235に衝突し、核分裂が継続することで原子炉の出力を保ちます。ところが、核分裂によって放出される中性子は、次の核分裂を起こしにくい**高速中性子**というもので、減速させ**熱中性子**に変化させると次の核分裂を起こしやすくなります。高速中性子を減速し熱中性子に変化させるものを**減速材**といい、減速材には水が適しています。水は**軽水**とも呼ばれるため、減速材に水を用いた原子炉を**軽水炉**といいます。

6-4 原子力発電の仕組み（2）

核分裂の仕組み

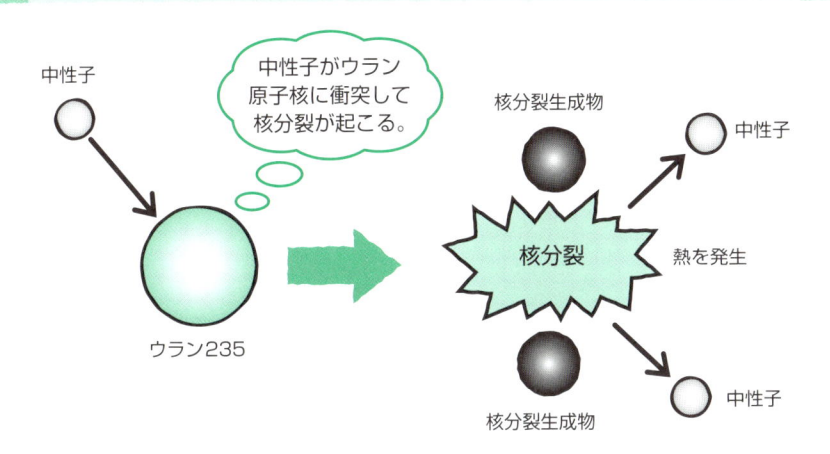

中性子

中性子がウラン原子核に衝突して核分裂が起こる。

ウラン235

核分裂生成物

核分裂

熱を発生

中性子

核分裂生成物

中性子

沸騰水型炉（BWR）原子力発電の仕組み

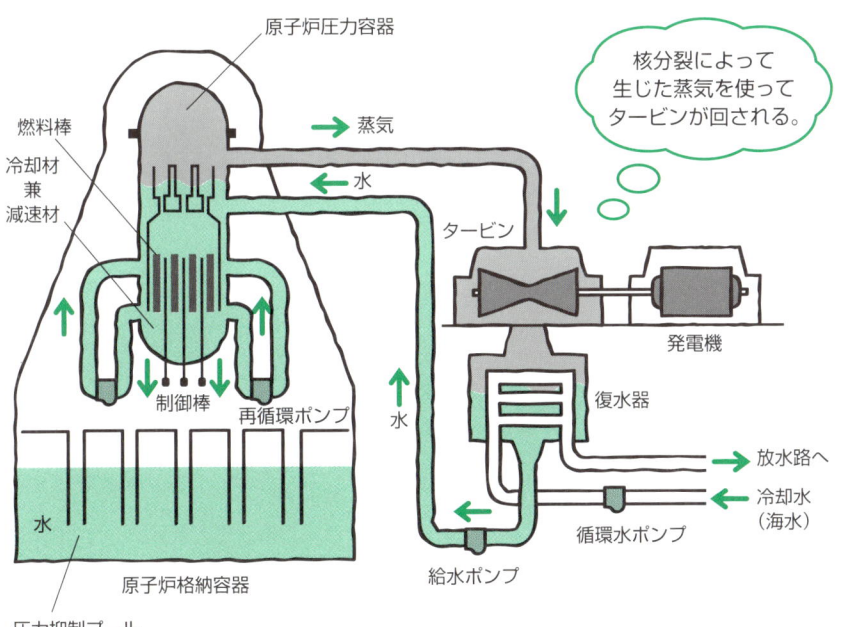

原子炉圧力容器

燃料棒

冷却材兼減速材

蒸気

水

核分裂によって生じた蒸気を使ってタービンが回される。

タービン

発電機

制御棒

再循環ポンプ

水

復水器

放水路へ

冷却水（海水）

循環水ポンプ

給水ポンプ

水

原子炉格納容器

圧力抑制プール

6章　電気はどうやってつくられるか

6-5 原子力発電の仕組み（3）

原子力発電は、一気に核分裂しないように工夫されています。

Point
- 原子爆弾と原子力発電はウランの濃度が異なる。
- 核分裂が一定に保たれることを臨界という。

原子爆弾と原子力発電

　原子爆弾も核分裂で生じるエネルギーを利用した爆弾です。原子力発電所の核燃料には、ウラン235の割合を3～5[%]まで高めた濃縮ウランを用いますが、原子爆弾にはウラン235の割合を100[%]近くまで高めたものを使用します。

　原子爆弾は、核分裂で放出された中性子が短時間で連鎖的に次の核分裂を発生させ、一気にエネルギーを放出させる仕組みです。一方、原子力発電では、蒸気タービンを回す蒸気を発生させるのに必要な分だけ、少しずつ核分裂させます。

制御材とは

　原子力発電の核分裂で放出された中性子はすべてが次の核分裂を起こすわけではなく、核分裂しない物質に吸収されてしまうこともあります。核分裂で放出される中性子のうち、2つ以上が次の核分裂を起こすとねずみ算式に核分裂の数が増加し、1つが次の核分裂を起こすと核分裂の数は一定に保たれます。この核分裂の数が一定に保たれた状態を**臨界**といいます。

　原子力発電所の発電電力を増加させるためには、核分裂の数が増加していくようにし、現在の出力を維持するためには核分裂の数が変化しないようにする必要があります。この制御にはホウ素やカドミウムでできた制御材というものを使用します。

　ホウ素やカドミウムは中性子を吸収しやすい性質があるため、これを棒状または板状に加工して**制御棒**として使用します。制御棒を燃料棒の間に挿入すると、制御棒が核分裂で放出された中性子を吸収し、次の核分裂を起こさないようにすることができますので制御棒を挿入する長さで原子炉の出力を制御しています。

6-5 原子力発電の仕組み（3）

原子爆弾と原子力発電の燃料の違い

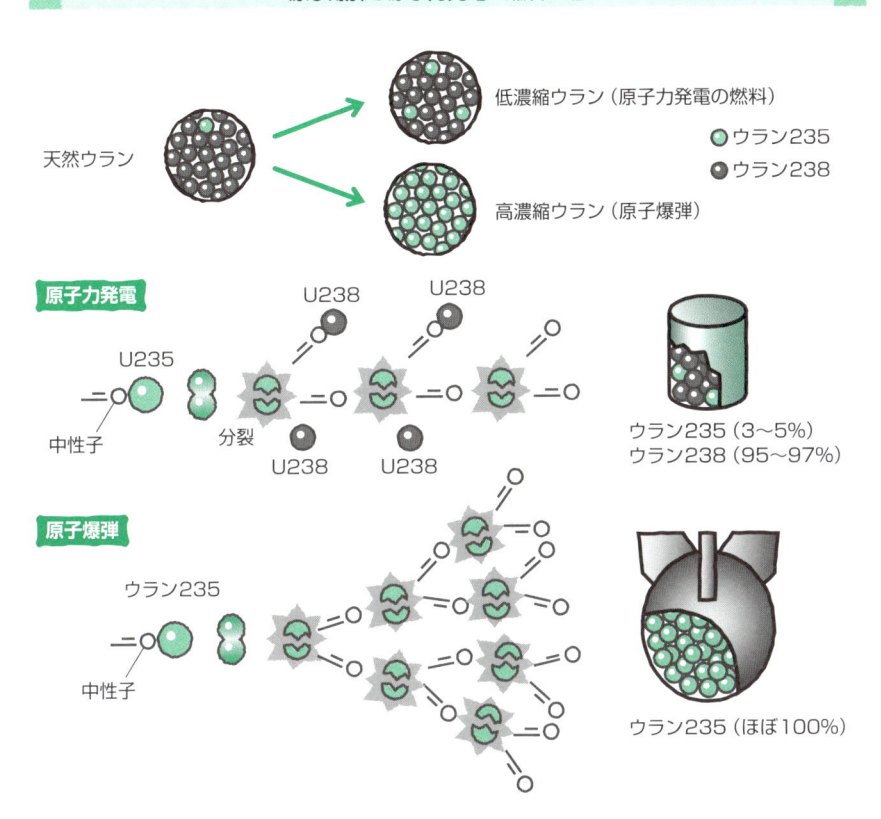

天然ウラン → 低濃縮ウラン（原子力発電の燃料）
天然ウラン → 高濃縮ウラン（原子爆弾）

● ウラン235
● ウラン238

原子力発電

U235 / 中性子 / 分裂 / U238

ウラン235（3〜5％）
ウラン238（95〜97％）

原子爆弾

ウラン235 / 中性子

ウラン235（ほぼ100％）

核分裂の仕組みと制御棒

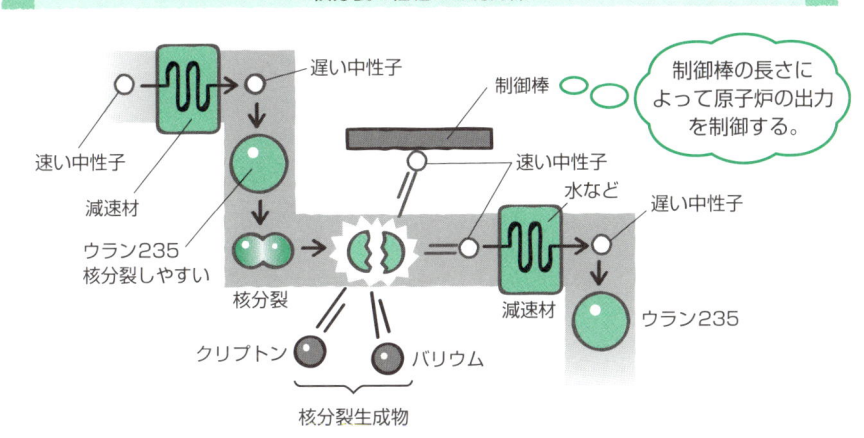

速い中性子 → 減速材 → 遅い中性子 → ウラン235 核分裂しやすい → 核分裂 → クリプトン・バリウム（核分裂生成物）

制御棒
速い中性子 → 水など・減速材 → 遅い中性子 → ウラン235

制御棒の長さによって原子炉の出力を制御する。

第6章 電気はどうやってつくられるか

6-6 自然エネルギーを利用した発電

自然エネルギーを利用した発電は、地球環境にやさしいという特徴があります。

> **Point**
> ●自然エネルギーを利用した発電には、
>   風力発電・地熱発電・太陽光発電などがある。

■ 風力発電

風力発電は、風の力でプロペラを回して発電機を回す発電方式です。風力発電は二酸化炭素などを排出しないという長所があります。

風は枯渇することがないエネルギー源ですが風速や風向きが変化するため、風車が風上に向くように回転したり、風車の羽根の角度を変えて対応しています。

風力発電

■ 地熱発電

地球の地下約5000[m]にはマグマがあり、マグマに熱せられた地下水が高温高圧の熱水として存在しています。この熱水を地上に取り出し圧力を下げると沸騰して蒸気となります。**地熱発電**はこの蒸気で蒸気タービンを回して発電機を回す発電方式です。日本には火山が多いため、地熱発電に向いている環境といえます。

■ 太陽光発電

太陽光発電は、太陽電池で光を電気に変換する発電方式です。太陽電池は光が当たると発電する半導体を利用した電池で、電卓や腕時計などの小さなものから、住宅の屋根やビルに設置される大型のものまで存在しています。

太陽電池で発電した電力は直流のため、住宅用の太陽光発電システムでは**パワーコンディショナー**という装置で交流に変換しています。

太陽はクリーンで無尽蔵なエネルギーですが、時間帯や天候により発電電力が変化するという難点があります。晴れた日中に発電して、その電力を充電電池に充電するなどの工夫をすると、有効活用することができます。

6-6 自然エネルギーを利用した発電

風力発電の仕組み

ピッチ制御装置
風速にあわせて羽根の角度を調整する。

ブレード
風車の羽根。風を受けてまわる。

発電機
風車の回転を電気に変える。

増速機
風車の回転を増幅して発電機に伝える。

ヨー制御装置
風の向きにあわせて風車の向きを変える。

出典：中部電力株式会社

地熱発電の仕組み

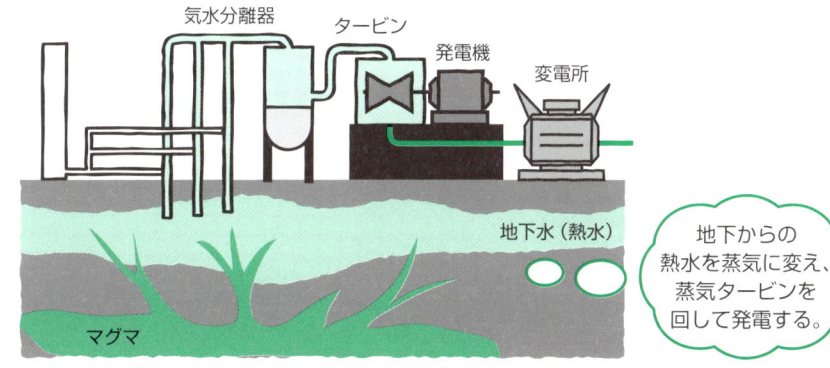

気水分離器　タービン　発電機　変電所

地下水（熱水）

マグマ

地下からの熱水を蒸気に変え、蒸気タービンを回して発電する。

出典：中部電力株式会社

太陽光発電の仕組み

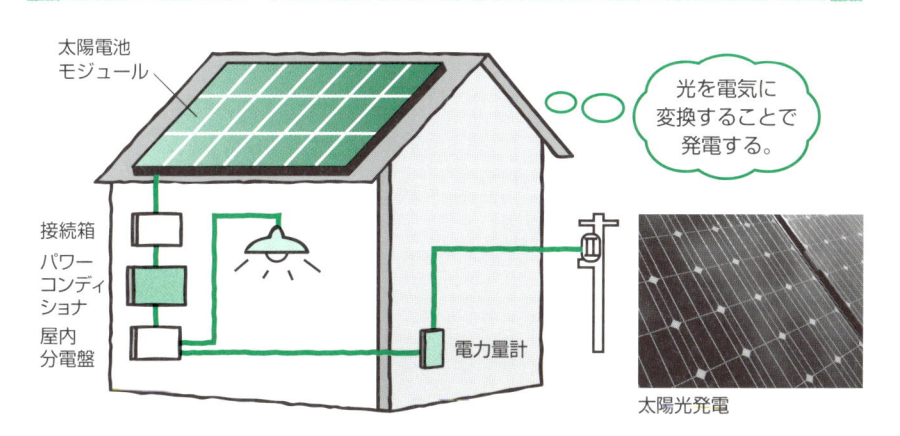

太陽電池モジュール

接続箱
パワーコンディショナ
屋内分電盤

電力量計

光を電気に変換することで発電する。

太陽光発電

第6章　電気はどうやってつくられるか

6-7 その他の発電の仕組み

発電効率を高め、環境負荷を減らす工夫について見てみましょう。

> **Point**
> ●発電による排熱を利用することで効率が高くなる。

■ コンバインドサイクル発電

コンバインドサイクル発電とは、ガスタービン発電で発生した高温の排気ガスの熱で蒸気をつくり、蒸気タービンを回して発電する方式です。ガスタービン発電の排気ガスが持つ排熱エネルギーを有効利用することで、効率を高めることができます。

■ 燃料電池

酸素と水素を化学反応させて発電する設備を**燃料電池**といいます。水を電気分解すると酸素と水素が発生します。逆に酸素と水素とを化学反応させると電気をつくることができます。

燃料電池の内部で、都市ガスなどからつくり出した水素と、空気中の酸素と化学反応させると発電することができます。化学エネルギーを直接電気エネルギーに変換するため効率が高く、化学反応の結果排出されるのは水だけなので、クリーンな発電といえます。

■ コージェネレーション

コージェネレーションとは、ガスタービン発電やディーゼル発電などの熱を空調の熱源や給湯に利用する方式で、日本語では**熱電併給**といいます。

吸収式冷凍機という熱源機器を使用すれば、排熱を利用して冷水をつくることも可能で、ビルなどの冷房にも利用されています。

また、燃料電池で水素と酸素が反応するときに発生する熱や、都市ガスを燃料とするエンジンで発電したときの排熱を給湯などに利用する家庭用のコージェネレーションも販売されています。

6-7 その他の発電の仕組み

コンバインドサイクル発電の仕組み
出典：東京電力株式会社

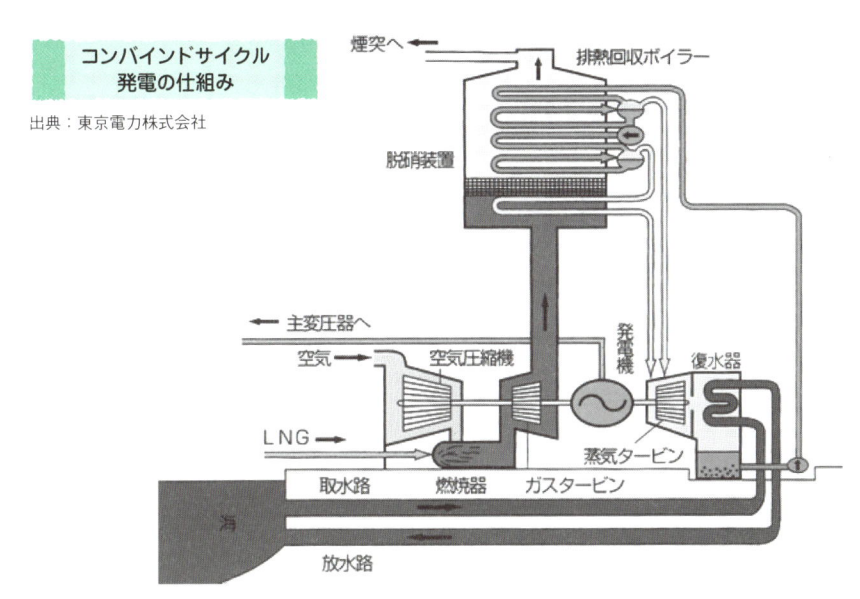

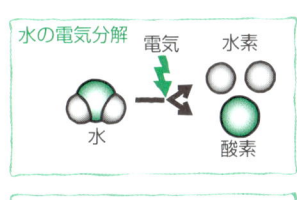

- 煙突へ
- 排熱回収ボイラー
- 脱硝装置
- 主変圧器へ
- 空気
- 空気圧縮機
- 発電機
- 復水器
- LNG
- 蒸気タービン
- 取水路
- 燃焼器
- ガスタービン
- 放水路

水の電気分解
電気　水素　水　酸素

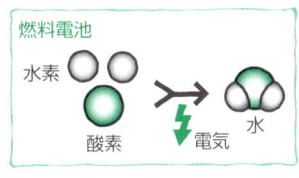

燃料電池
水素　酸素　電気　水

燃料電池の仕組み
- 水素
- 電極（−）
- 電解質
- 水素イオン
- 電極（＋）
- 空気（酸素）
- 酸素
- 水
- 電流

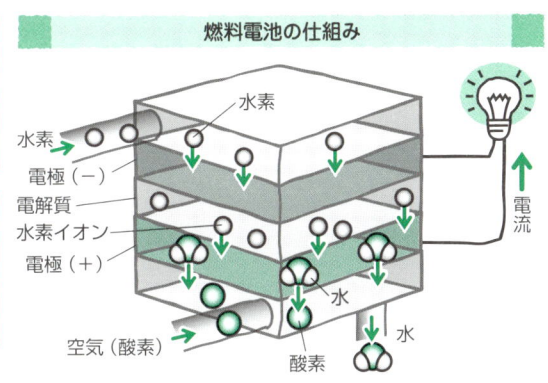

出典：中部電力株式会社

コージェネレーションの仕組み
- 空気
- 吸気フィルタ
- 天然ガス圧縮機
- 排気
- 廃熱ボイラ
- 温水・蒸気（温水プール）
- ガスタービン
- 発電機
- 電気

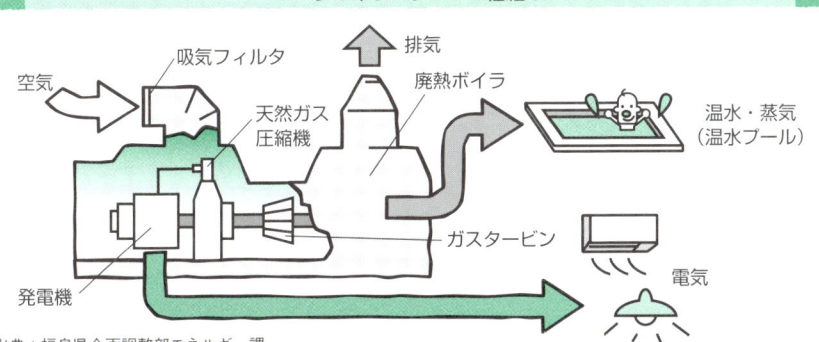

出典：福島県企画調整部エネルギー課

第6章　電気はどうやってつくられるか

Column

静電容量の単位 ファラド

マイケル・ファラデー（1791年〜1867年）

　ファラデーはイギリスの物理学者・化学者で1791年にロンドン郊外で生まれます。父親は鍛冶屋でしたが家庭は貧しく、学校にはほとんど通わずに13歳で製本屋に徒弟奉公に出されます。ファラデーは製本作業中にいろいろな本を読んで、電気に興味を持つようになります。

　ファラデーは、イギリスの有名な化学者ハンフリー・デービーの講演を聞き、感銘を受けます。そしてデービーの講演の内容を記した300ページにわたるノートをデービーに送り、助手として使ってほしいと申し出て、王立研究所の助手になります。当時のイギリスは階級制度が厳しく、学歴のない者が研究の道に進むことは考えられなかったため、ファラデーにとってとても幸運なことでした。

　ファラデーは電気工学・化学・光学と様々な研究をします。電気工学の分野では電気と磁気の関係を研究し、電磁誘導を発見します。ファラデーの行った実験は、鉄の輪の2か所に導線を巻きつけ、導線の一つにはボルタ電池とスイッチを接続し、もう一つには検流計という電流の流れを検出する計測器を接続しました。そしてスイッチを入り切りすると検流計の針が一瞬振れ、電流が流れることがわかりました。

　この実験結果からファラデーは、導線が直接接続されていないのにスイッチを入り切りすると検流計の針が振れるのは、ボルタ電池が接続された導線に電流が流れ、それにより発生した磁気が鉄の輪を経由して検流計に接続された導線に起電力を生じさせたと考えます。これがのちに、磁束が変化すると起電力が生ずるという**電磁誘導の法則**となっていきます。

　電磁誘導の法則は、電動機・発電機や変圧器の原理として活用されており、現在の電気設備には欠かせない法則となっています。十分な教育を受けられなかったファラデーですが、逆に様々な現象を柔軟な頭で考えることができ、電磁誘導の発見という偉大な功績を残せたのかもしれません。

第 7 章

発電所から
コンセントまで

　発電所は、山間部や海沿いに設置されることが多いため、発電所でつくられた電力は長い道のりを経て各地に届けられています。電力を送る経路には、電圧を変換する設備や電力を送る経路を監視・保護する機器など、様々な電気設備が設置されています。

　本章では、発電所からコンセントまでの長い道のりと、主要な機器について注目してみます。

7-1 電力系統の構成

発電所から家庭まで、電力は長い道のりを経て送られています。

Point
- 電力系統には発電所・変電所などがある。
- 電力を高電圧で送ると電力損失が小さくなる。

電力系統とは

　発電所でつくられた電力は、送電線で変電所に送られ、変電所から配電線で需要家と呼ばれる工場・ビル・家庭へと送られています。この発電所から需要家までの電力を送る道のりを**電力系統**といいます。

　水力発電所は、水車を回す水源を確保するため山間部に設置され、火力発電所や原子力発電所は、冷却水となる海水を確保するために海沿いに設置されるため、末端の需要家までは非常に長い道のりとなります。

電力系統の構成

　発電所から送電線で電力を送るとき、電線の抵抗に電流が流れることによりジュール熱が発生し電力損失となります。電力損失P_L[W]は、

　送電線1本あたりの電力損失P_L[W]＝電流I[A]の2乗×抵抗R[Ω]

となるため、同じ電力を送電する場合、高電圧・小電流で送電した方が、電力損失が少なくなります。そのため、高い電圧で送電され、変電所で電圧を下げています。

　発電所で発電した数万[V]の電力は、発電所の変圧器で電圧を27万5000～50万[V]に上げて送電線で超高圧変電所に送られます。変電所は、超高圧変電所・一次変電所・中間変電所・配電用変電所の順に接続されていて、変電所を経るたびに電圧が段階的に下げられます。

　電力をたくさん使用する需要家は、その規模に応じて一次変電所、中間変電所、配電用変電所から電力が供給されます。一般的に、一次変電所からは6万6000～15万4000[V]、中間変電所からは2万2000[V]、配電用変電所からは6600[V]の電圧で需要家に電力が届けられます。

7-1 電力系統の構成

電力系統

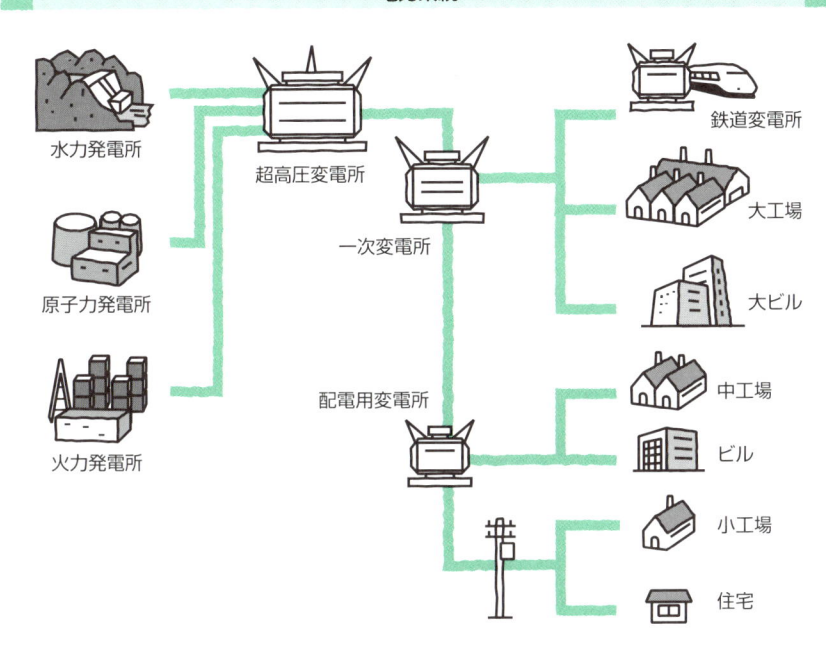

- 水力発電所
- 原子力発電所
- 火力発電所
- 超高圧変電所
- 一次変電所
- 配電用変電所
- 鉄道変電所
- 大工場
- 大ビル
- 中工場
- ビル
- 小工場
- 住宅

電圧の区分

	低圧	高圧	特別高圧
直流	750[V]以下	750[V]を超え7000[V]以下	7000[V]を超える
交流	600[V]以下	600[V]を超え7000[V]以下	7000[V]を超える

低電圧大電流と高電圧小電流の比較

低電圧大電流

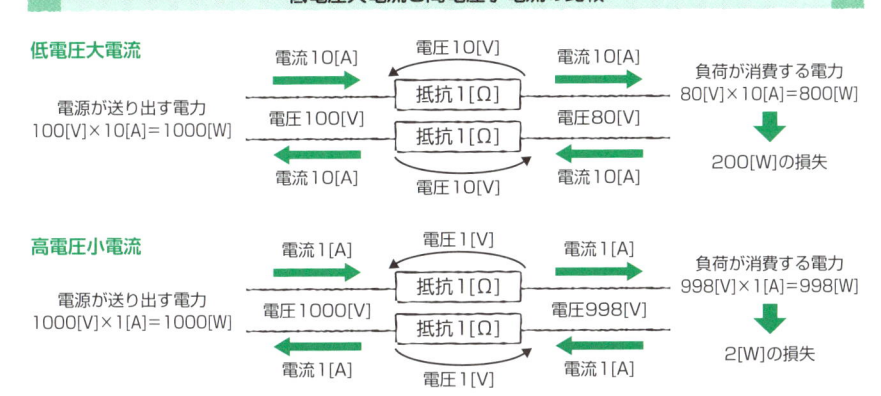

電源が送り出す電力
100[V]×10[A]=1000[W]

電流10[A]　電圧10[V]　電流10[A]
電圧100[V]　抵抗1[Ω]　電圧80[V]
電流10[A]　抵抗1[Ω]　電流10[A]
　　　　　　電圧10[V]

負荷が消費する電力
80[V]×10[A]=800[W]
↓
200[W]の損失

高電圧小電流

電源が送り出す電力
1000[V]×1[A]=1000[W]

電流1[A]　電圧1[V]　電流1[A]
電圧1000[V]　抵抗1[Ω]　電圧998[V]
電流1[A]　抵抗1[Ω]　電流1[A]
　　　　　　電圧1[V]

負荷が消費する電力
998[V]×1[A]=998[W]
↓
2[W]の損失

7章 発電所からコンセントまで

7-2 送電線（1）

発電所でつくられた電力は、送電線で変電所に送られます。

> **Point**
> ●送電は架空送電と地中送電がある。
> ●架空送電は落雷対策が重要になる。

送電線とは

発電所から変電所、または変電所から変電所に電気を送ることを**送電**といい、送電に用いられる電線やケーブルを**送電線**といいます。送電鉄塔に送電線を張った**架空送電**や、地下に電力ケーブルを埋設した**地中送電**を用います。

架空送電

送電鉄塔は、送電電圧によって高さが異なり、45[m]から100[m]を超えるものまであります。送電鉄塔の最頂部は雷が落ちやすくなるため、地面と電気的に接続された**架空地線**が張られ、架空地線に落雷した場合は電流を地面に流し、送電線への落雷を防ぐ対策が施されています。

架空送電線には、一般的に**鋼心アルミより線**という電線が使用されます。鋼心アルミより線は、複数本の鋼線にアルミニウムの線を複数巻きつけた構造で、電気抵抗が小さく重量が軽いアルミニウムと強度が高い鋼線の長所を活かしています。

高電圧の架空送電線は、絶縁するには分厚い絶縁被覆が必要になり、送電線の重量が著しく増加してしまいます。そのため、送電線は絶縁被覆を施さず導体むき出しの状態とし、がいしで絶縁して送電鉄塔に取り付けられます。**がいし**は、表面にひだを設けて沿面距離を長くすることで絶縁を保つ器具で、磁器製・樹脂製・ガラス製のものがあります。機械的な強度が優れている磁器製のがいしを送電電圧に応じて複数連結したがいし連で送電線を支持しています。

送電線に落雷があると、送電線からがいしの表面を伝って送電鉄塔に放電する**フラッシオーバ**が発生し、がいしや送電線を損傷させることがあり、がいし連の両端に**アークホーン**という金属製の突針を設け、その間で放電する対策がされています。

7-2 送電線（1）

送電鉄塔

- 架空地線
- 電線
- がいし
- 鉄塔
- コンクリート基礎

送電鉄塔

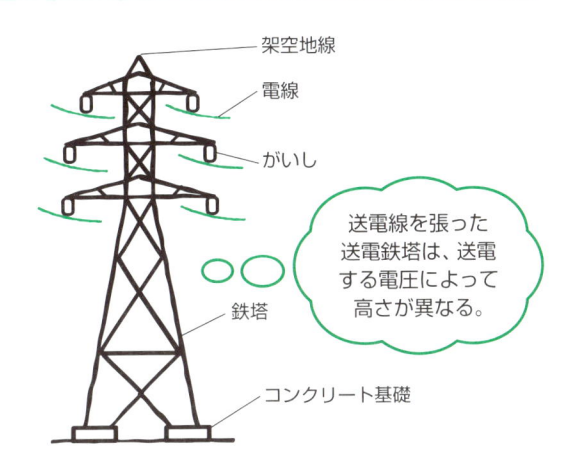

送電線を張った送電鉄塔は、送電する電圧によって高さが異なる。

鋼心アルミニウムより線

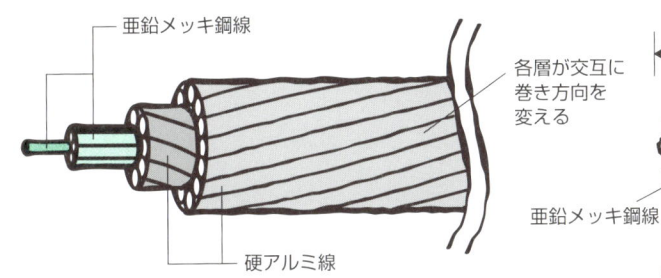

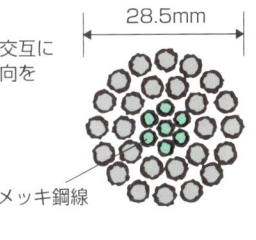

- 亜鉛メッキ鋼線
- 各層が交互に巻き方向を変える
- 28.5mm
- 亜鉛メッキ鋼線
- 硬アルミ線

出典：中部電力株式会社

がいし

沿面距離を長くすることで絶縁を保つ。

7章 発電所からコンセントまで

155

7-3 送電線（2）

送電線の本数や振動対策について見てみましょう。

> **Point**
> ●送電線の本数はコロナ放電や表皮効果を考慮して決めている。
> ●架空送電線は風や雪の影響で振動することがある。

送電線の本数

　送電はもっぱら三相交流を用いているため、送電鉄塔には最低3本の送電線が張られています。そして、送電線に故障が生じた場合に備えもう1系統の送電線3本を追加して計6本の送電線が張られた送電鉄塔が多くあります。

　三相交流1相分を1本の電線で送る方式を**単導体**、2本以上の複数の電線で送る方式を**複導体**といいます。送電線は単導体より複導体とした方が、**コロナ放電**という放電が起きにくくなり、損失を少なくできるという特徴があります。

　また、交流電流は、電流が流れることによって磁界が発生し、その磁界が電線の中心に逆起電力を発生させるため、電線の中心より外周部の方が流れやすいという特徴があります。これを**表皮効果**といいます。したがって、同じ断面積であれば、太い電線1本よりも細い電線複数本の方が大電流を送ることができます。これらを考慮し、送電線は送電電圧が低い場合は単導体、高い場合には複導体としています。

架空送電線の振動対策

　架空送電線は真横から風が当たると電線の風下側に**カルマン渦**という風の渦が発生し、送電線が上下に振動します。これを**微風振動**といいます。

　また、送電線に雪や氷が付着するとその重さで送電線がねじれ、さらに雪や氷が付着して断面が翼のような形になると、風を受けて**ギャロッピング**という大きな振動が発生します。また、送電線から雪や氷が脱落する際には、**スリートジャンプ**という送電線が跳ね上がる現象が発生します。これらの現象は、送電線の断線など事故に至る恐れがあるため、送電線の振動やねじれを防止するダンパや、送電線の間隔を保持するスペーサ、付着した雪を落とす難着雪リングなどが取り付けられます。

7-3 送電線（2）

電線の方式*

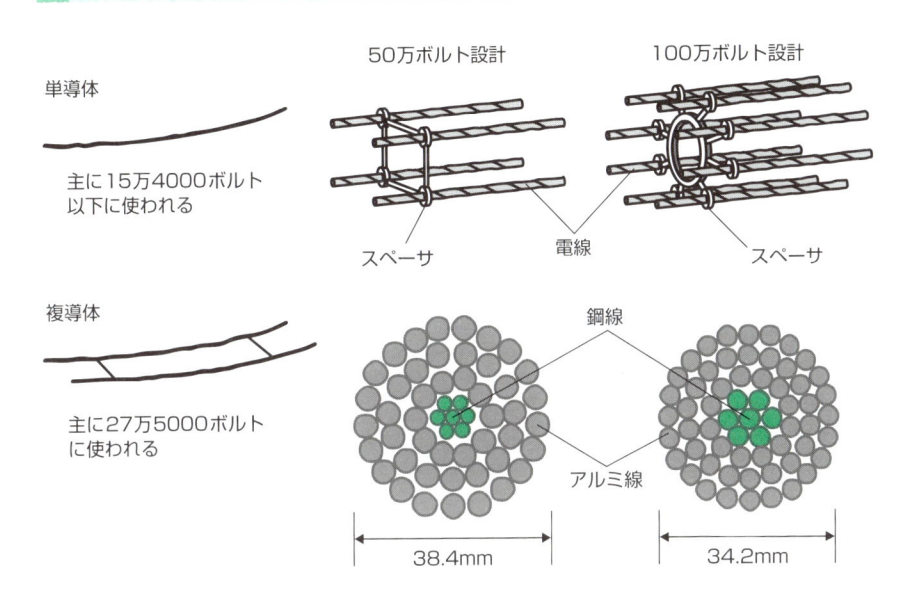

単導体
主に15万4000ボルト以下に使われる

複導体
主に27万5000ボルトに使われる

50万ボルト設計 — スペーサ、電線
100万ボルト設計 — スペーサ

鋼線 / アルミ線
38.4mm　　34.2mm

送電線の振動、着雪対策

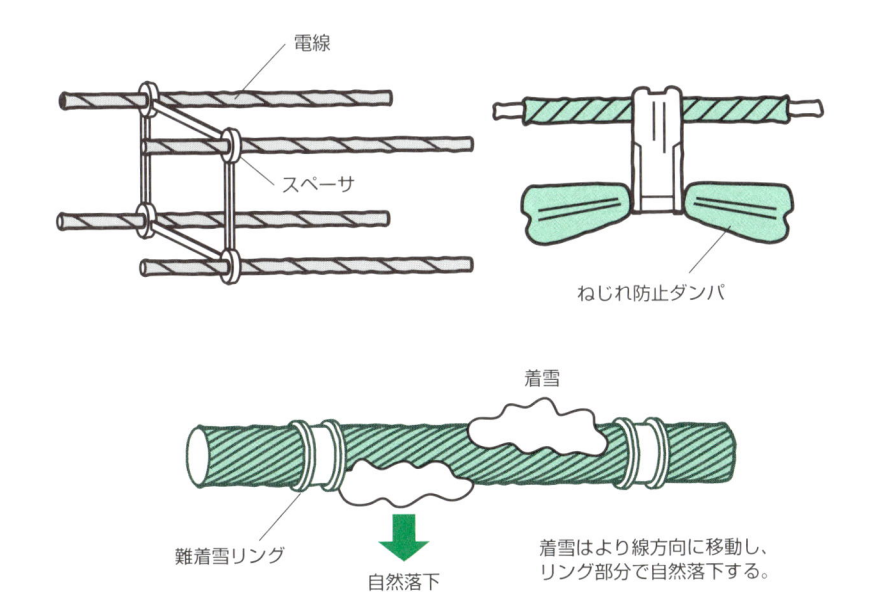

電線 / スペーサ

ねじれ防止ダンパ

着雪
難着雪リング　　自然落下
着雪はより線方向に移動し、リング部分で自然落下する。

＊…の方式　出典：東京電力株式会社

7章　発電所からコンセントまで

157

7-4 送電線（3）

都市部に見られる地中送電の特徴を見てみましょう。

> **Point**
> - 地中送電線は管路や洞道にケーブルを収めている。
> - 地中送電線は事故が起きにくい。

地中送電の特徴

　架空送電線は、送電鉄塔設置スペースの確保や景観に与える影響などの問題があるため、都市部では、**地中送電**を行うことがあります。

　地中送電では、電力ケーブルを管路や洞道に収めて埋設します。管路は管を埋設し、その中に電力ケーブルを通して使用しますが、メンテナンスがしにくいという難点があります。

　洞道は電力ケーブルを収め、かつ作業員が通行できるように3[m]以上の内径としたものです。洞道内は、照明や換気設備などが設置されます。

　地中送電は架空送電線と比べると、送電線自体を直接目視することが難しいため、電力ケーブルの事故が発生すると事故点の特定が難しくなり、また設置工事費用が高くなるという短所があります。

　しかし、地中送電では、落雷や風・雨・雪による影響が少なく、鳥獣や樹木の接触がないことから、事故を少なくすることができます。最近では、電力ケーブルを通信線・上下水道・ガス管と共に収める共同溝が増えてきています。

地中送電に用いられるケーブル

　地中送電には、主に**架橋ポリエチレン絶縁ビニル外装ケーブル（CVケーブル）**が使用されます。CVケーブルは、導体の周りに架橋ポリエチレンの絶縁体を巻き、さらに絶縁体を保護するビニルの層を巻いたケーブルで、軽量で絶縁性がよく、流せる電流も比較的高くできるケーブルです。また、大口径の金属管に六フッ化硫黄（SF_6）ガスを充てんし、その中に導体を収めた管路気中送電線が使用されることもあります。**管路気中送電線**は放熱性に優れ、送電容量を大きくできます。

7-4 送電線（3）

管路と洞道

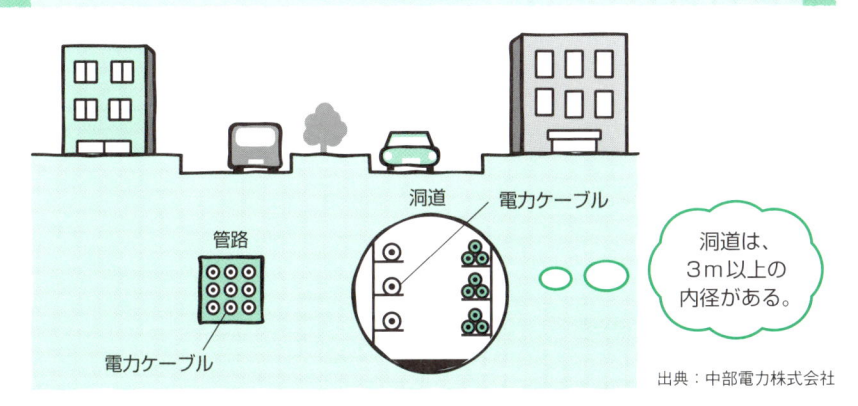

洞道
電力ケーブル
管路
電力ケーブル

洞道は、3m以上の内径がある。

出典：中部電力株式会社

架橋ポリエチレン絶縁ビニル外装ケーブル

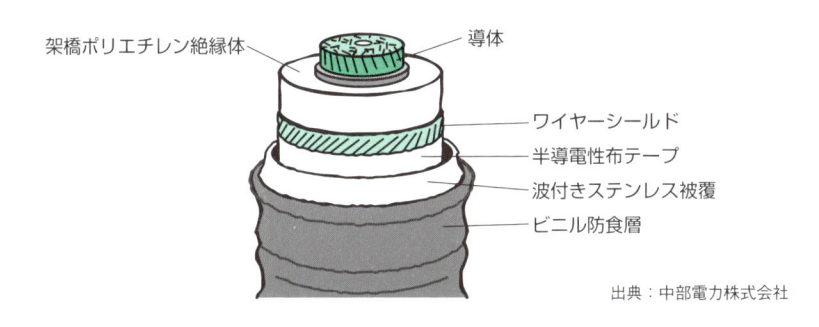

架橋ポリエチレン絶縁体
導体
ワイヤーシールド
半導電性布テープ
波付きステンレス被覆
ビニル防食層

出典：中部電力株式会社

共同溝

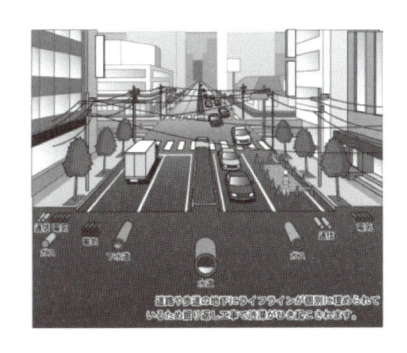

共同溝が整備されると

出典：国土交通省関東地方整備局東京国道事務所

第7章 発電所からコンセントまで

7-5 変電所

変電所は、高い電圧から低い電圧に変圧する役割があります。

Point
- 変電所は電圧を下げる役割がある。
- 送電線や変電所内で電気事故が起きると遮断器が遮断する。

変電所の役割

変電所は、送電線で送られてきた電力の電圧を下げ、下位の変電所や大規模な需要家に電力を送り出すという役割があります。また、電気事故が発生した場合に電気を遮断器で遮断するという機能も担っています。変電所は屋外設置と屋内設置があります。屋外設置では、機器を設置する広いスペースが必要ですが、屋内設置では省スペース化が図れ周辺環境との調和がとりやすいという特徴があります。

変電所の機器構成

変電所には、変圧器・遮断器・保護継電器・避雷器などが設置されています。発電所や上位の変電所から送電線で送られてきた電力は遮断器を経由して変圧器に入り、変圧器で電圧を下げた後、再び送電線で下位の変電所や需要家に送られます。

送電線に落雷があると雷の高電圧が送電線を伝わって変電所に入ってくるため、雷の高電圧を地面に流して変電所の機器を保護する避雷器が設置されます。また、送電線や変電所内で一定規模以上の短絡や漏電、落雷などの事故が発生すると保護継電器が事故を検出し、遮断器に遮断指令を出して遮断します。

送電線で事故があると、その送電線の両端にある変電所の遮断器が遮断します。架空送電線の場合、落雷・鳥獣接触など一時的な絶縁不良による**フラッシオーバ**が事故の大部分を占めていて、一度、変電所で電気を遮断するとフラッシオーバも消滅し事故が解消されてしまうことが多くあります。そのため架空送電線の事故で遮断器が遮断した場合、一定の時間をおいて再度遮断器を投入する再閉路方式が採用されています。遮断から再閉路までの時間は1秒以下から数分程度のものまであり、高速再閉路の場合は、需要家が停電に気が付かない場合もあります。

7-5 変電所

屋外設置の変電所

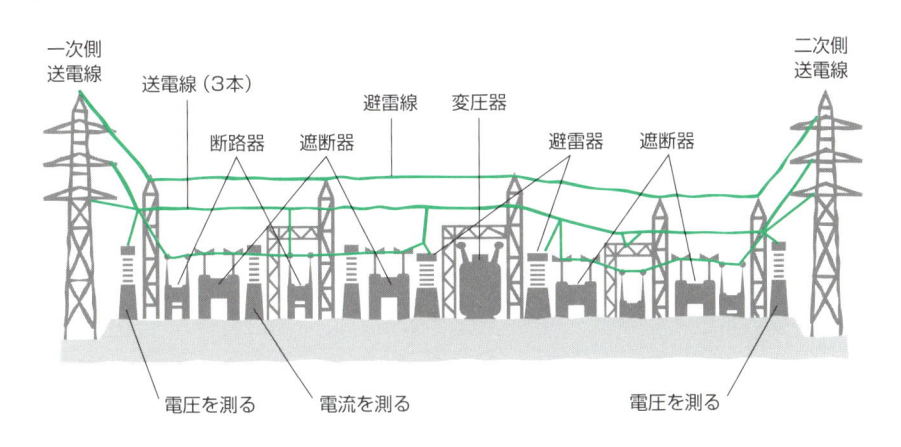

一次側送電線 / 送電線（3本） / 断路器 / 遮断器 / 避雷線 / 変圧器 / 避雷器 / 遮断器 / 二次側送電線

電圧を測る / 電流を測る / 電圧を測る

屋内設置の変電所

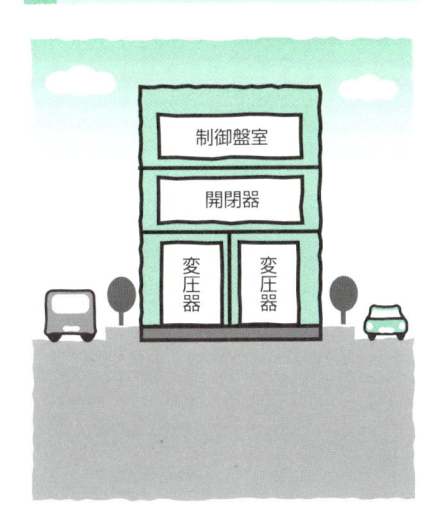

制御盤室 / 開閉器 / 変圧器 / 変圧器

屋内設置（地下）の変電所

制御盤室 / 開閉器 / 変圧器 / 変圧器

7章 発電所からコンセントまで

再閉路のフロー

送電線事故発生 ➡ 保護継電器動作 ➡ 遮断器遮断 ➡ 一定時間経過 ➡ 遮断器再投入

161

7-6 配電線

配電線も送電線と同じように架空配電と地中配電があります。

Point
- 配電は架空配電と地中配電がある。
- 電柱には電線だけではなく変圧器や開閉器が設置されている。

配電とは

変電所から需要家に電気を送ることを**配電**といい、配電に用いられる電線やケーブルを**配電線**といいます。配電用変電所で6600[V]に下げられた電力は、電柱に配電線を張った**架空配電線**や、地下に埋設された**地中配電線**で各需要家に届けられます。

架空配電と地中配電

電柱の最頂部には、送電鉄塔と同じように架空地線が張られ、落雷による被害を防止しています。架空地線の下には3本の配電線が張られ、三相3線6600[V]の高圧の電力が送られています。

住宅などで使用する電力は低圧の電力であるため、電柱に設置された柱上変圧器で高圧から低圧に変圧し、電灯線や動力線で送られます。住宅等は、電灯線・動力線から引込線で分岐して建物に電力を引き込んでいます。また、配電線は柱上開閉器という開閉器で区分され、配電線に事故があった場合や配電線のメンテナンス時に区間ごとに開放して電気を止めることができるようになっています。

架空配電線の高圧部分には、屋外用ポリエチレン絶縁電線（OE電線）や屋外用架橋ポリエチレン絶縁電線（OC電線）、低圧部分には屋外用ビニル絶縁電線（OW電線）、引込線には架空引き込み用ビニル絶縁電線が使用されます。

環境や道路通行への影響を考慮し、地中送電と同じように**地中配電**が増加しています。地中配電では、電力ケーブルを管路・洞道・共同溝に埋設し、開閉器や変圧器を収めたボックスが路上に設置されます。地中配電線には、主に架橋ポリエチレン絶縁ビニル外装ケーブル（CVケーブル）が使用されます。

7-6 配電線

架空配電（電柱の構造）*

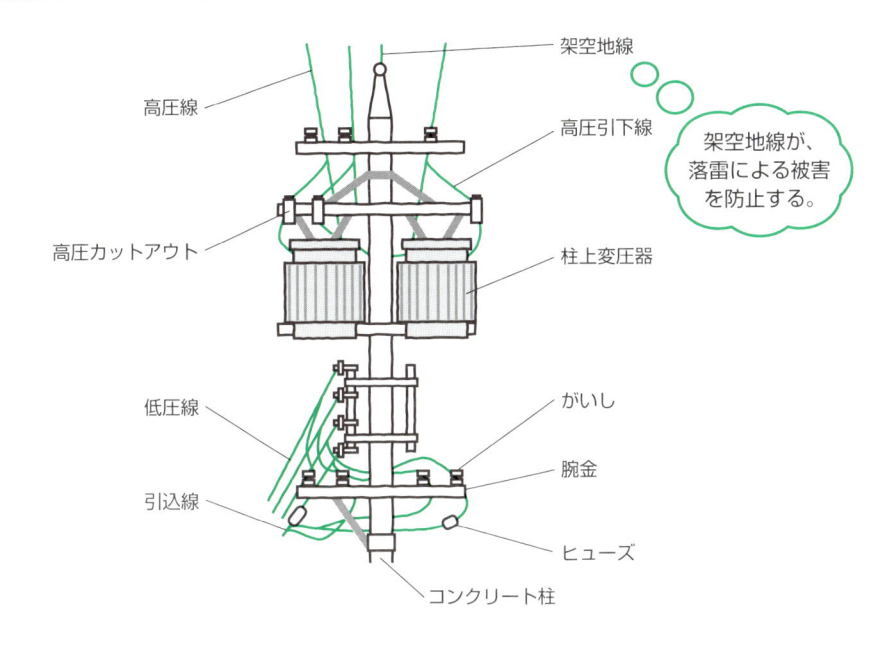

- 高圧線
- 架空地線
- 高圧引下線
- 高圧カットアウト
- 柱上変圧器
- 低圧線
- がいし
- 引込線
- 腕金
- ヒューズ
- コンクリート柱

> 架空地線が、落雷による被害を防止する。

電柱

> 電柱に設置された柱上変圧器で高圧から低圧に変圧される。

*…の構造　出典：中部電力株式会社

第7章　発電所からコンセントまで

7-7 受変電設備

高圧以上で受電している需要家には、受変電設備が設置されています。

Point
- 受変電設備は特別高圧や高圧の電圧を低圧に下げている。
- 受変電設備は屋外設置と屋内設置がある。

受変電設備の役割

家庭に供給されている電力は、電柱に設置された柱上変圧器で低圧に変圧されて供給されていますが、ビルや工場など比較的規模の大きな需要家は大きな電力を使用するため、高圧や特別高圧の電力を引き込んでいます。

電力会社から電力の供給を受ける際には使用する電力の最大値で契約します。電力の最大値を**最大需要電力**といいます。最大需要電力が50[kW]未満の場合は低圧、50[kW]以上2000[kW]未満の場合は高圧、2000[kW]以上の場合は特別高圧の電力が供給されます。電力会社から高圧や特別高圧で電力の供給を受けた需要家は、需要家内に設置された**受変電設備**で低圧に変圧して負荷に供給しています。

受変電設備には、変電所と同じように変圧器・遮断器・保護継電器・避雷器などが設置されます。昔はこれらの機器は電気室に設置していましたが、現在では**キュービクル**という金属製の箱に収めて設置されます。受変電設備の変圧器は、引き込んだ高圧や特別高圧の電力を負荷に応じて単相2線100[V]・単相3線200/100[V]・三相3線200[V]・三相3線400[V]の電圧に変圧します。特別高圧で引き込んでいる場合は、高圧に変圧してさらに高圧から低圧に変圧される場合もあります。

屋外設置と屋内設置

受変電設備は需要家の屋上や外部に設置される**屋外設置**と、**電気室**に設置される**屋内設置**があります。屋外設置の場合は防雨性能を持った屋外キュービクルが使用され、変圧器などが発生する熱は、キュービクルに設けられた換気扇で換気して処理します。屋内設置の場合は、電気室に屋内キュービクルを設置し、変圧器などから発生する熱を処理するため、電気室に空調設備が設けられます。

7-7 受変電設備

変圧器

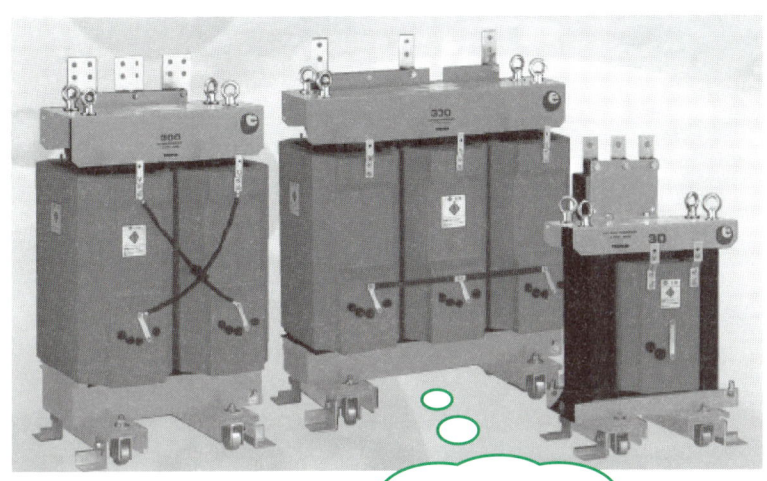

出典：株式会社東芝セミコンダクター＆ストレージ社

引き込んだ高圧の電力は、変圧器で負荷に応じて変圧される。

変電所の高電圧変電設備

変圧器、遮断機などが設置されている。

7章 発電所からコンセントまで

165

7-8 分電盤

分電盤の内部構成と役割を見てみましょう。

> **Point**
> ●分電盤には、遮断器が設けられる。
> ●屋内配線にはVVFケーブルが使用される。

分電盤とは

　戸建住宅の電力は配電線から引込線で引き込まれ、屋外に設置された電力量計を通って分電盤に至ります。分電盤まで来た電力は、初めにアンペアブレーカーを通ります。**アンペアブレーカー**は、電力会社との契約以上の電流が流れたり、配線や負荷の異常で大きな電流が流れた場合に自動で切れるようになっています。

　アンペアブレーカーの次は、漏電遮断器が設置され、漏電が発生したときに電気を遮断し、漏電による感電や火災を予防するために設けられます。

　漏電遮断器の2次側は回路が分岐され、回路ごとに**配線用遮断器**が設置されます。分電盤から負荷に至るケーブルは、そのケーブルの種類や導体の断面積に応じて流すことができる電流の最大値が決まっており、これを**許容電流**といいます。許容電流以上の電流を流すと、絶縁被覆が熱で溶けショートなどの事故につながるため、配線用遮断器が自動で遮断するという仕組みになっています。

　ビルや工場などは、受変電設備から分電盤に電力が供給されます。分電盤の内部構成は、戸建住宅の分電盤とほとんど同じですが、アンペアブレーカーは不要なため、代わりに主幹ブレーカーが設置されます。

屋内配線

　配線用遮断器は、リビング・寝室・キッチンなどの部屋ごとおよび照明・コンセント・エアコンなどの用途ごとに設置され、その2次側からケーブルが負荷まで敷設されています。屋内配線のケーブルには、主に銅の導体にビニルの絶縁体を巻き、その絶縁体を保護するためさらにビニルの外装を巻いた**ビニル外装ビニル絶縁ケーブル平型(VVFケーブル)**が使用されます。

分電盤

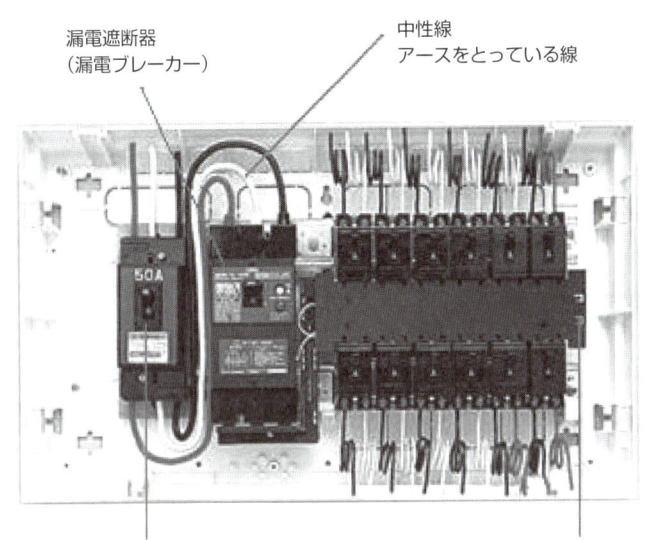

- 漏電遮断器（漏電ブレーカー）
- 中性線 アースをとっている線
- アンペアブレーカー（東京電力との契約用ブレーカー）
- 配線用遮断器

> 契約以上の電流や異常による大きな電流が流れると自動で切れる。

出典：東京電力株式会社

3心VVFケーブルの例

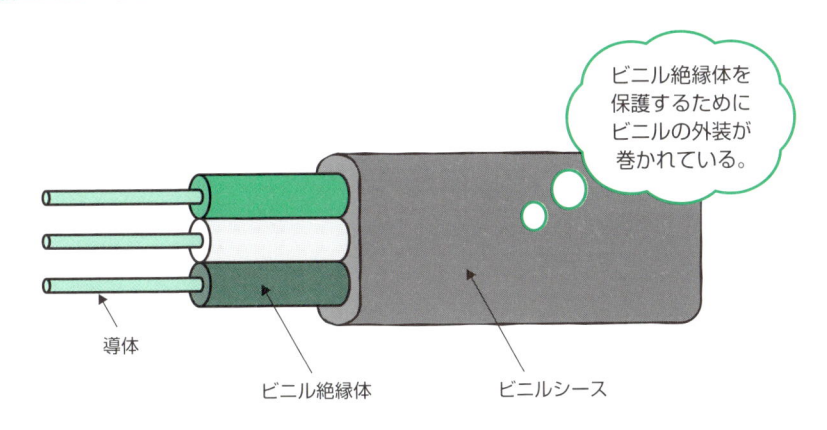

- 導体
- ビニル絶縁体
- ビニルシース

> ビニル絶縁体を保護するためにビニルの外装が巻かれている。

7章 発電所からコンセントまで

7-8 分電盤

7-9 電流を遮断するのは大変…遮断器（1）

遮断器は、電流を確実に遮断するために、いろいろな工夫が施されています。

Point
- 遮断器はアーク放電を消滅させる能力が必要。
- 遮断器には消弧方式により種類がある。

遮断器の役割

遮断器の内部には、電気を入り切りしたり、電気事故が発生した場合に電気を遮断するために接点が設けられます。

接点を切り離すと、接点の間で**アーク放電**という火花が発生します。このアーク放電を消滅させることを**消弧**といいます。短絡が発生すると遮断器は異常な大電流を遮断する必要があり、消弧ができないと事故を除去できず遮断器自体が損傷することがあるため、必要な消弧能力を持った遮断器を選定します。

大型の遮断器の種類

空気遮断器は、遮断時に発生するアークにコンプレッサで圧縮した圧縮空気を吹き付け、アーク熱やイオンを拡散させ、高気圧の高い絶縁耐力を利用して消弧します。遮断時に空気を吹き出す騒音が発生します。

油入遮断器は、接点が油の入ったタンクの中に設置された遮断器です。遮断時はアークによって油が水素などに分解され、水素ガスによる冷却作用によって、消弧します。油の管理が煩雑なことや、火災予防のためオイルレス化が進み、少なくなってきている方式です。

気中遮断器は、接点が空気中に設置された遮断器です。遮断時は電流の磁界によってアークを消弧室に押し込み、消弧室内の障壁で裁断・冷却して消弧します。

真空遮断器は、接点が高真空に保たれた容器内に設置された遮断器です。遮断時は、アークを高真空によって、拡散し消弧します。

ガス遮断器は、遮断部分がSF6ガスが充てんされた密閉容器内に設置された遮断器です。アークに絶縁性能・消弧性能が高いSF6ガスを吹き付けて消弧します。

7-9 電流を遮断するのは大変…遮断器（１）

さまざまな消弧方法

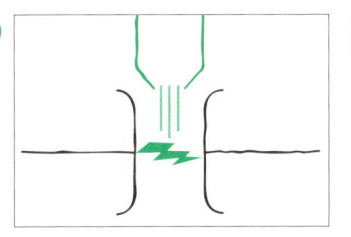

空気遮断器 ABB
アークにコンプレッサで圧縮した空気を吹き付けて消弧。

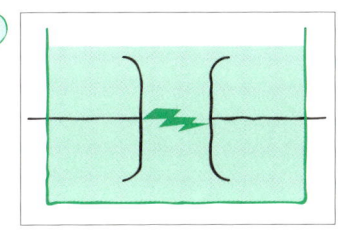

油入遮断器 OCB
アークによって加熱された油から発生したガスで消弧。

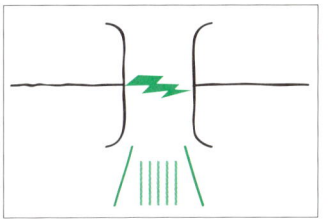

気中遮断器 ACB
アークを複数の絶縁板がある消弧室に誘導して消弧。

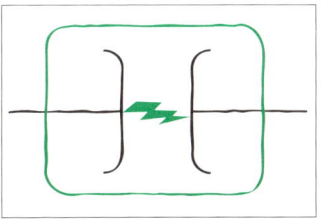

真空遮断器 VCB
絶縁性の高い真空中で消弧。

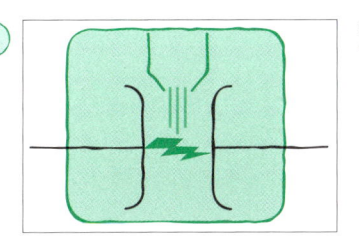

ガス遮断器 GCB
絶縁性の高いSF6ガスの容器内でさらにSF6ガスを吹き付けて消弧。

7章　発電所からコンセントまで

7-10 電流を遮断するのは大変…遮断器（2）

分電盤などに取り付けられる各種遮断器の特徴を見てみましょう。

Point
- 遮断器には時延動作と瞬時動作がある。
- 短絡は非常に危険なのですぐに遮断器が自動遮断する。

小型の遮断器の種類

分電盤などに取り付けられる低圧用の遮断器は、配線用遮断器・漏電遮断器・単相3線中性線欠相保護付遮断器などがあります。

配線用遮断器

配線用遮断器は、回路を入り切りしたり、回路に流れる電流が異常に大きくなった場合に自動遮断するために設けられます。

熱動電磁型という配線用遮断器には、熱によって湾曲する**バイメタル**という金属部品を使用しています。負荷に流れる電流を直接バイメタルに流したり、バイメタルの付近に負荷電流が流れるヒーターを取り付けることにより、一定以上の電流が流れ続けた場合にバイメタルが熱で湾曲するようになっています。湾曲したバイメタルが接点を引き外す軸を押すと自動遮断し、消弧装置で消弧します。

バイメタルは、流れる電流が大きくなると湾曲するまでの時間が短くなりますのでたくさんの電化製品を使用したときなど電気を使いすぎた場合は、電流の大きさに応じて遮断するまでの時間が変化します。このような動作を**時延動作**といいます。

短絡が発生したときは、電気を使いすぎた場合よりも非常に大きな電流が流れ危険な状態になります。そのため、バイメタルの湾曲を待つことなく早急に配線用遮断器を遮断する必要があります。熱動電磁型は内部に電磁石が入っており、短絡による大電流が流れた場合は電磁石が鉄片を引き付ける動作を利用しすぐに自動遮断するような構造になっています。このような動作を**瞬時動作**といいます。

熱動電磁型以外では、電磁石のみで動作する完全電磁型や、電子回路で遮断が制御される電子型などがあります。

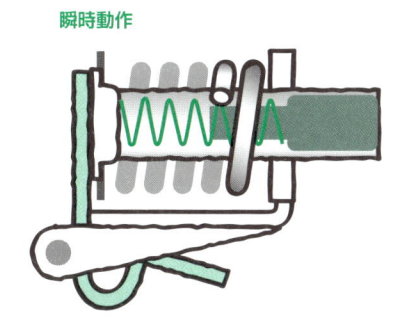

7-10 電流を遮断するのは大変…遮断器（２）

バイメタル

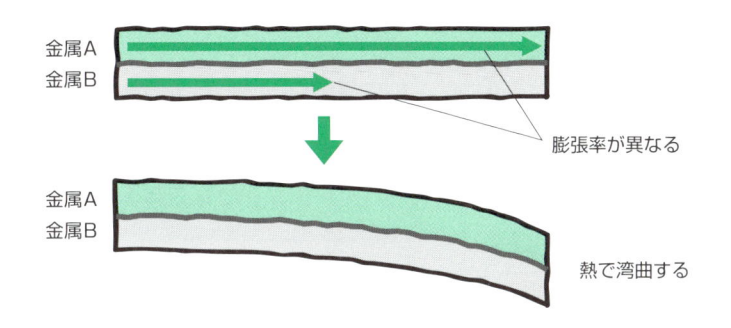

金属A
金属B

膨張率が異なる

熱で湾曲する

完全電磁型

時延動作

不動作状態

制御ばね
制動油
フタ
可動鉄片
鉄心

瞬時動作

電磁石のみで自動的に遮断する。

第7章 発電所からコンセントまで

7-11 電流を遮断するのは大変…遮断器（3）

漏電遮断器や単相3線中性線欠相保護付遮断器の機能について見てみましょう。

> **Point**
> ● 漏電が発生すると漏電遮断器が遮断する。
> ● 単相3線式の中性線欠相は負荷に異常電圧がかかる。

漏電を検出する仕組み

電化製品に水がかかったり、電気配線の絶縁被覆に傷が付くと、そこから電線以外の部分へ電流が流れることがあります。これを**漏電**や地絡といいます。漏電が発生すると、人が感電したり、火災が発生する恐れがあるため、漏電が発生した場合に自動で遮断する**漏電遮断器**で保護します。

2本の電線で負荷に電力を送ると、正常な回路では2本の電線に流れる電流は大きさが同じで流れる方向が反対となるため、電流がつくる磁力線は打ち消しあっています。ところが、回路に漏電が発生すると2本の電線に流れる電流に差が生じ、この電流の差は漏電電流の大きさと等しくなります。

この漏電電流を検出するため、金属の輪に2本の電線を通過させ、金属の輪を通る磁力線を監視します。金属の輪にはコイルが巻かれており、金属の輪に磁力線が生じると電磁誘導作用でコイルの両端に電圧が生じます。このコイルが巻かれた金属の輪を**変流器**といい、漏電電流を検出する交流器を零相変流器といいます。漏電遮断器は零相変流器の電圧が一定以上になると自動遮断します。

中性線欠相とは

家庭に引き込まれる電気は、以前は単相2線式が一般的でしたが、最近はエアコンなど200[V]の電化製品が増え、単相3線式で引き込まれることが主流になっています。単相3線式は100[V]と200[V]が取り出すことができ便利ですが、中性線が断線すると、負荷にかかる電圧が分圧によって100[V]以上になり、電化製品が焼損する場合があります。中性線が断線した状態を**中性線欠相**といい、中性線欠相時の事故を防ぐために**単相3線中性線欠相保護付遮断器**が普及してきています。

7-11 電流を遮断するのは大変…遮断器（3）

漏電のイメージ

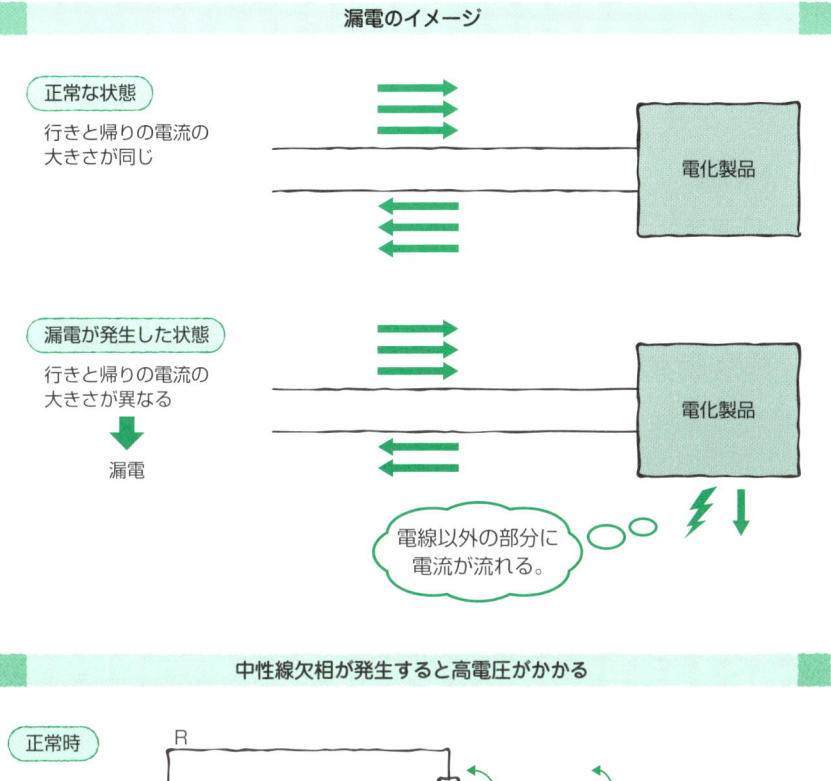

正常な状態
行きと帰りの電流の大きさが同じ

電化製品

漏電が発生した状態
行きと帰りの電流の大きさが異なる
↓
漏電

電化製品

電線以外の部分に電流が流れる。

中性線欠相が発生すると高電圧がかかる

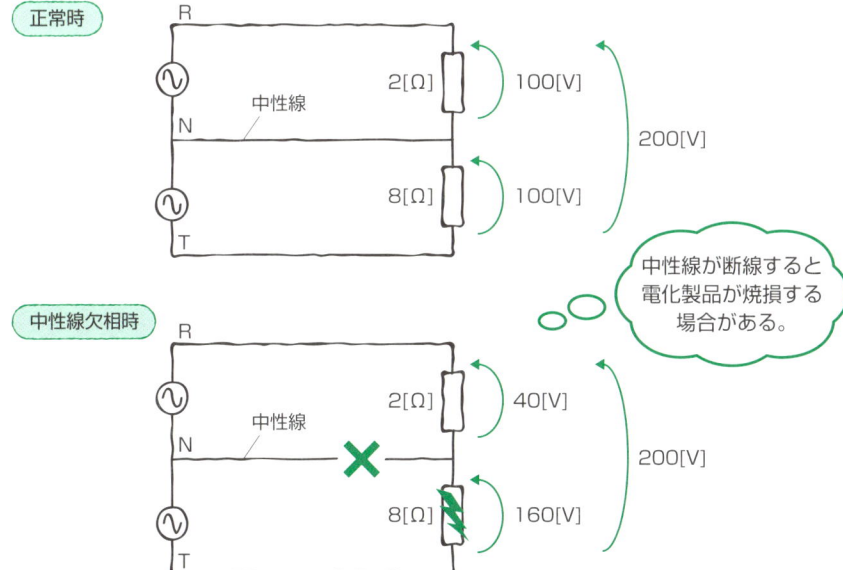

正常時
R — 2[Ω] — 100[V]
中性線
N
8[Ω] — 100[V]
T
200[V]

中性線が断線すると電化製品が焼損する場合がある。

中性線欠相時
R — 2[Ω] — 40[V]
中性線
N ✕
8[Ω] — 160[V]
T
200[V]

7章 発電所からコンセントまで

7-12 回路を入り切りする設備…開閉器

電気回路は、開閉器で入り切りすることができます。

> **Point**
> ●開閉器は短絡電流を遮断できない。
> ●断路器は電流が流れていない状態で開閉する。

開閉器とは

開閉器は、電気回路の入り切りをする設備です。遮断器や開閉器は、ONにすることを閉じる・入れるといい、OFFにすることを開く・切るといいます。開閉器は文字どおり電気回路の開閉をする設備で、遮断器のように短絡電流を入り切りできません。

開閉器の種類

ビルや工場で使用されるモーターなどは、電磁開閉器で入り切りされます。**電磁開閉器**は、電磁石で鉄心を吸い寄せる力を利用して接点を開閉する開閉器で、小さな電流で制御し大きな電流を開閉することが可能です。

真空開閉器は、真空遮断器同様、接点が高真空に保たれた容器内に設置され、ビルや工場などで負荷電流が大きなモーターなどの開閉に利用されています。

高圧交流負荷開閉器は、受変電設備の変圧器1次側に設置されることが多い開閉器です。主接点と速切り接点という2つの接点があり、負荷電流の通電は主接点と速切り接点で行い、負荷遮断時は主接点が開放したのちにバネを利用した速切り接点が高速で開放し、アークシュート内でアークを遮断します。短絡事故が発生した場合に備えて、ヒューズを取り付け、ヒューズが切れると開閉器が開放するようになっています。

開閉器に似たもので**断路器**という設備があります。遮断器の1次側に設置されることが多く、遮断器を安全にメンテナンスできるよう他の回路と切り離すために使用されます。電流が流れている状態で断路器を開閉すると放電が発生して危険なので、断路器の2次側の遮断器を開放して電流が流れていない状態にする必要があります。

7-12 回路を入り切りする設備…開閉器

電磁開閉器

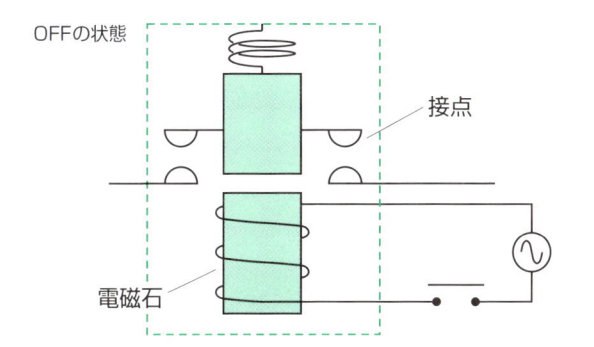

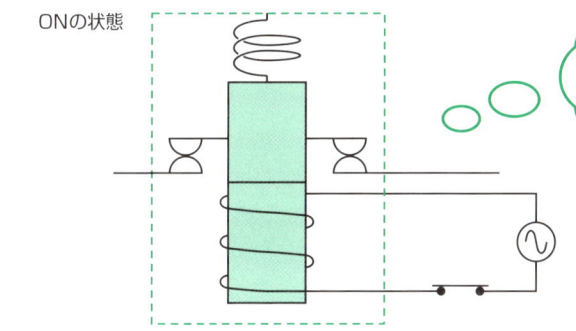

OFFの状態

接点

電磁石

ONの状態

電磁石で鉄心を吸い寄せることで接点を開閉する。

開閉器の種類

電磁開閉器
- 電磁石で接点を開閉。
- 小さな電流で制御、大きな電流を開閉。

真空開閉器
- 接点が高真空容器内に設置されている。
- 負荷電流が大きなモーターなどを開閉する。

高圧交流負荷開閉器
- 受変電設備の変圧器1次側に設置されている。
- 短絡事故に備えてヒューズが切れると開閉器を解放する。

開閉器
電気回路を開閉する設備

7章 発電所からコンセントまで

7-13 電気回路の見張り番…保護継電器

保護継電器は、電気回路の事故を監視しています。

Point
- 保護継電器は事故が発生すると遮断器に遮断指令を出す。
- 保護継電器は検出する事故により種類がある。

保護継電器の役割

分電盤などに設置される小型の遮断器は、遮断器内部に過電流や漏電を監視する機器を内蔵していますが、変電所や受変電設備に設置される大型の遮断器は、**保護継電器**という装置を別に設置して、事故が発生したときは、保護継電器からの信号で遮断をします。

保護継電器には、過電流・漏電などの事故を監視するものや、電圧・周波数の値の異常を検出するものがあります。遮断器1台に対し、必要に応じて複数の保護継電器を接続し、遮断器の動作を制御しています。

保護継電器の種類

異常に大きな電流が流れた場合に作動する保護継電器を**過電流継電器**（OCR：Overcurrent Relay）といいます。電線に電流が流れると、電線の周囲に電流の大きさに応じた強さの磁力線をつくるので、この磁力線を変流器で検出し、設定値以上の電流が流れた場合に遮断器に遮断指令を出力します。

漏電が発生した場合に作動する保護継電器を**地絡継電器**（GR：Ground Relay）といいます。漏電遮断器と同じように零相変流器で漏電電流の大きさを監視し、設定値以上になると遮断器に遮断指令を出力します。

停電が発生した場合に作動する保護継電器を**不足電圧継電器**（UVR：Undervoltage Relay）といいます。電力会社側で遮断器が開放して需要家が停電すると、需要家の受変電設備に設置された不足電圧継電器が作動します。不足電圧継電器からの信号で、需要家の受電用遮断器が開放したり、非常用発電機に運転指令を出力したりします。

7-13 電気回路の見張り番…保護継電器

保護継電器の種類

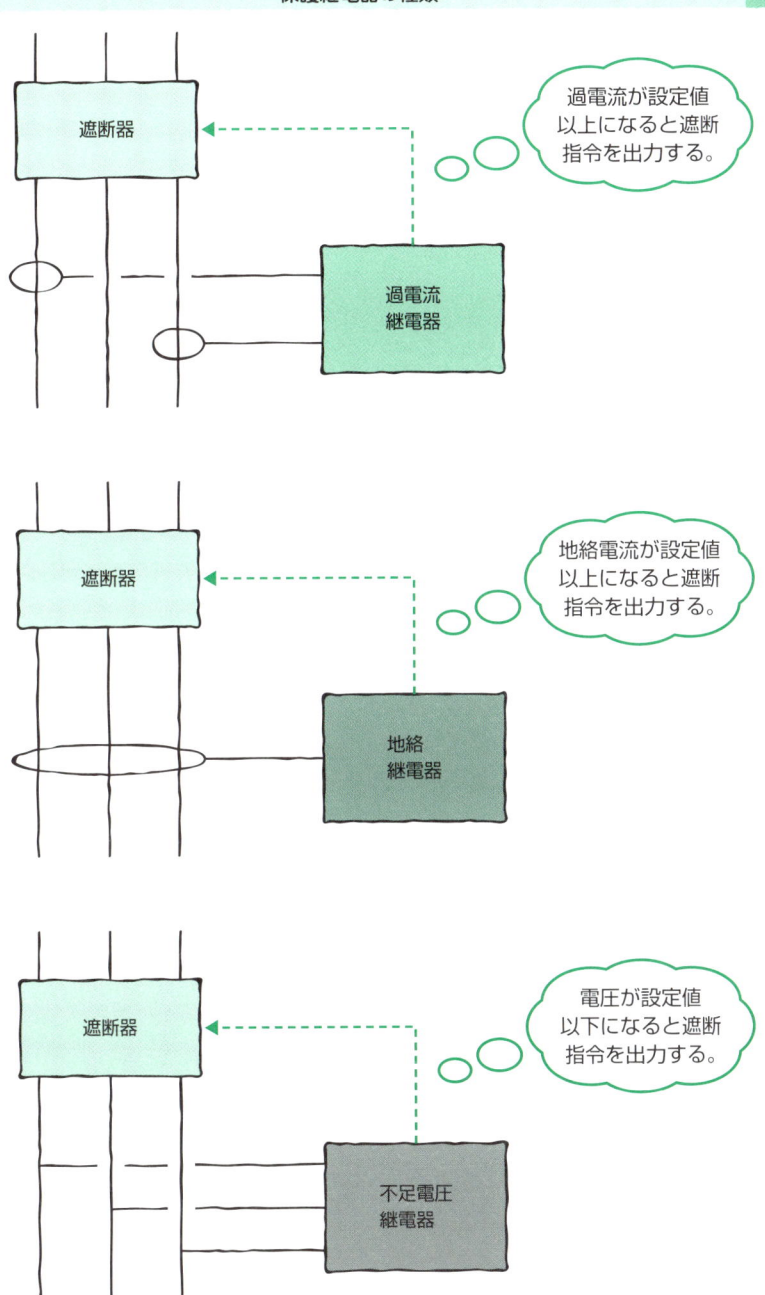

遮断器

過電流継電器

過電流が設定値以上になると遮断指令を出力する。

遮断器

地絡継電器

地絡電流が設定値以上になると遮断指令を出力する。

遮断器

不足電圧継電器

電圧が設定値以下になると遮断指令を出力する。

7章 発電所からコンセントまで

7-14 電気の両替機…変圧器

変圧器は、電圧を上げたり下げたりする設備です。

Point
- 変圧器は電圧を下げることができる。
- 損失を無視すると変圧器の1次側と2次側の電力は等しくなる。

変圧の原理

交流の電圧は、変圧器によって変化させることができます。**変圧器**は、鉄心に複数の巻線というコイルを巻きつけた構造になっていて、巻線はそれぞれ電源と負荷に接続されます。一般的に電源に接続される巻線を**1次巻線**、負荷に接続される巻線を**2次巻線**といいます。

1次巻線に交流電圧をかけると、相互誘導作用によって2次巻線に電圧が現れます。1次巻線の電圧E_1[V]と2次巻線の電圧E_2[V]には、

1次電圧E_1[V]/2次電圧E_2[V]＝1次巻線巻数N_1[巻]/2次巻線巻数N_2[巻]

の関係があるため、1次巻線の巻数を多くして、2次巻線の巻数を少なくすると、変圧器は電圧を下げる働きをします。

また、1次電流I_1[A]と2次電流I_2[A]には、

1次電流I_1[A]/2次電流I_2[A]＝2次巻線巻数N_2[巻]/1次巻線巻数N_1[巻]

の関係があります。電力は電圧と電流の積であるため、変圧器での損失を無視すると1次側に入力される電力と2次側に出力する電力は一致することなります。

変圧器は、絶縁油で満たされた容器に巻線と鉄心を収めた**油入変圧器**や、巻線部分を絶縁物の樹脂で固めた**モールド変圧器**などがあります。

変圧器が使えるから交流電力が利用されている

電力損失を少なくするには、高電圧小電流で送電し、負荷の近くの変電所で電圧を下げる必要があります。変圧器は簡単に変圧することができますが、変圧器の原理である相互誘導作用は、2つのコイルの一方にかけた電圧が時間とともに変化しているときに作用する現象であるため、直流は変圧器で変圧することができません。

7-14 電気の両替機…変圧器

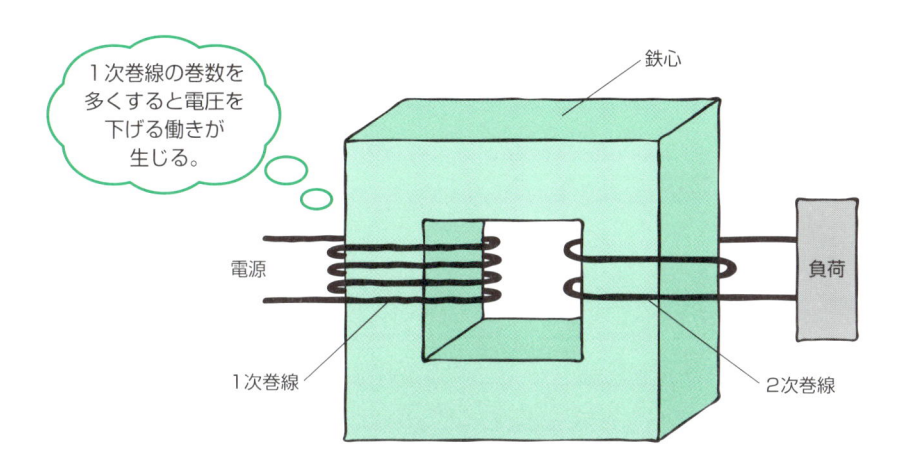

変圧器の構造

1次巻線の巻数を多くすると電圧を下げる働きが生じる。

鉄心
電源
負荷
1次巻線
2次巻線

変圧器

電力損失を少なくするには、電圧を変圧器によって変圧する。

7章　発電所からコンセントまで

7-15 電圧と電流の力を合わせる…調相設備

調相設備は、力率をコントロールする設備です。

> **Point**
> ●調相設備は力率を調整することができる。
> ●力率を高くすると電気料金の力率割引を受けられる。

■ 調相設備とは

　交流は、同じ有効電力であれば、力率が高いほど流れる電流が小さくなります。電線などが持っている抵抗は電流が流れることによって、電流と抵抗の大きさに応じて電力損失が発生するため、電流が小さい方が送電損失を少なくすることができます。そのため、力率を高くすれば、電力損失の少ない経済的な送電を行うことができます。

　力率のコントロールは、主にコンデンサとリアクトルで行われます。コンデンサなどの容量リアクタンスが消費する**進み無効電力**と、リアクトルなどの誘導リアクタンスが消費する**遅れ無効電力**は、お互いを打ち消す作用があるため、コンデンサやリアクトルの台数を調整することで、力率を変化させることができます。

　このように、力率を調整する設備を**調相設備**といいます。

■ 力率を高くすると電気料金が割引になる

　高圧以上で受電している需要家などは、力率によって電気料金が割引・割増されます。一般的に基本料金が力率85[%]を基準として、力率が100[%]であれば15[%]割引き、70[%]であれば15[%]割増しとなります。

　この**力率割引**の恩恵を受けるため、高圧以上で受電している需要家の受変電設備には、進相コンデンサという設備が設けられます。需要家には、通常モーターなどのように、電流の位相を遅れさせる設備が多数設置されるため、力率が悪くなる傾向があります。そのため、電流の位相を進ませるコンデンサを設置し、電圧と電流の位相差ができるだけ小さくなるようにして、力率がよくなるようにしています。このように力率をよくすることを**力率改善**といいます。

7-15 電圧と電流の力を合わせる…調相設備

力率80[%]と100[%]の比較

単相2線100[V]で力率80[%]の場合

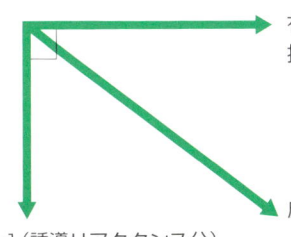

有効電力400[W]（抵抗分）
抵抗などが消費する電力

皮相電力500[VA]
→ 電流＝皮相電力500[VA]÷電圧100[V]
　　　＝5[A]

無効電力300[var]（誘導リアクタンス分）
モーターなどのコイルが消費する電力

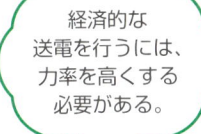

単相2線100[V]で力率100[%]の場合

無効電力300[var]（容量リアクタンス分）
進相コンデンサが消費する電力

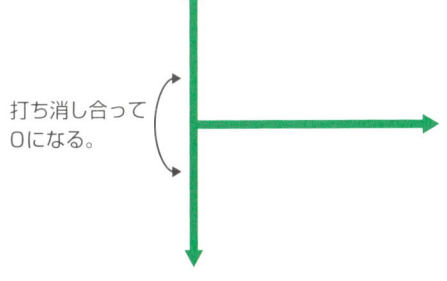

打ち消し合って
0になる。

有効電力400[W]（抵抗分）
抵抗などが消費する電力
皮相電力400[VA]
→ 電流＝皮相電力400[VA]÷電圧100[V]
　　　＝4[A]

無効電力300[var]（誘導リアクタンス分）
モーターなどのコイルが消費する電力

経済的な送電を行うには、力率を高くする必要がある。

7章 発電所からコンセントまで

181

7-16 アースで事故防止…接地

接地は、電気を安全に使用するために必要な設備です。

> **Point**
> - 接地は電気による火災や感電を防止する。
> - 接地には系統接地と機器接地がある。

変圧器の接地

電化製品の金属部分や電気回路の一部を電線で地球と接続することを**接地**や**アース**といいます。接地は、系統接地と機器接地に大別されます。

電柱の上に設置されている変圧器は、1次巻線に6600[V]の電圧をかけ、2次巻線から単相3線200/100[V]を取り出し、各家庭に供給しています。この変圧器の1次巻線と2次巻線の間の絶縁が悪くなってしまうと、通常100[V]の電圧がかかっている各家庭のコンセントに6600[V]の電圧がかかってしまい、火災や感電の原因になります。このように変圧器の1次巻線と2次巻線の絶縁抵抗が低下し電気的につながってしまうことを**混触**といいます。

この変圧器の混触による事故を防止するため、変圧器の2次巻線の一点と地球を電線で接続し、混触時に変圧器2次の電圧が高くなりすぎないようにしています。これを**系統接地**や**中性点接地**といいます。

電化製品の接地

洗濯機の電気回路の絶縁抵抗が低下すると、洗濯機の金属製外箱などに100[V]の電圧がかかることがあります。この状態で洗濯機の外箱に人が手を触れると、人体経由して変圧器の系統接地に電流が流れ、**感電**することがあります。

この漏電電流は、変圧器の系統接地をしなければ流れにくい状態になり漏電の恐れは少なくなりますが、系統接地をしないと変圧器の混触が発生したときに深刻な被害が発生します。したがって、変圧器の系統接地をしても人体への危険が少なくなるように**機器接地**を施します。洗濯機の場合、金属製外箱を接地することで漏電が発生しても洗濯機に触れた人間に流れる電流を少なくしています。

7-16 アースで事故防止…接地

変圧器の混触

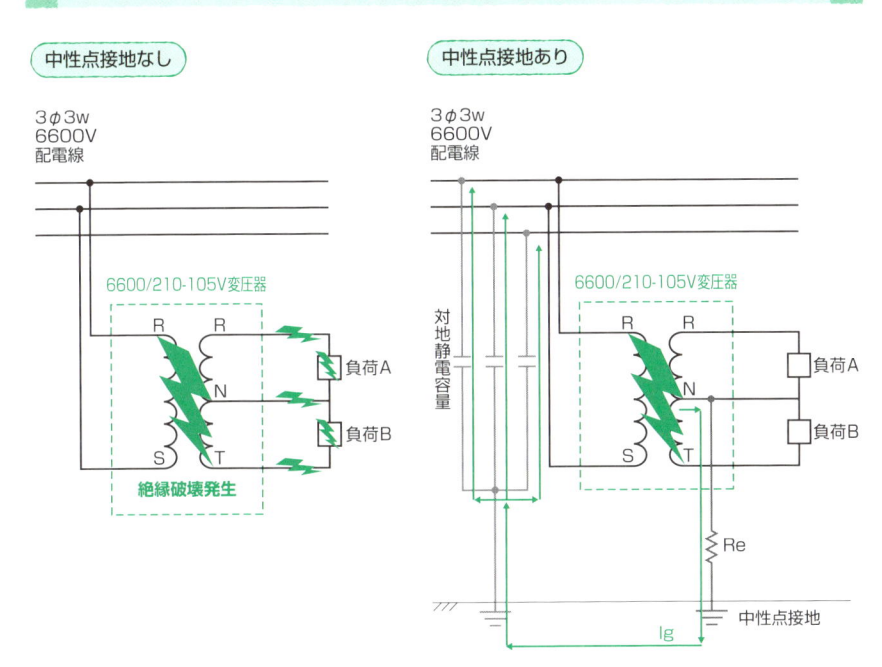

中性点接地なし

3φ3w 6600V 配電線

6600/210-105V変圧器

負荷A
負荷B

絶縁破壊発生

中性点接地あり

3φ3w 6600V 配電線

対地静電容量

6600/210-105V変圧器

負荷A
負荷B

Re
Ig
中性点接地

洗濯機の地絡

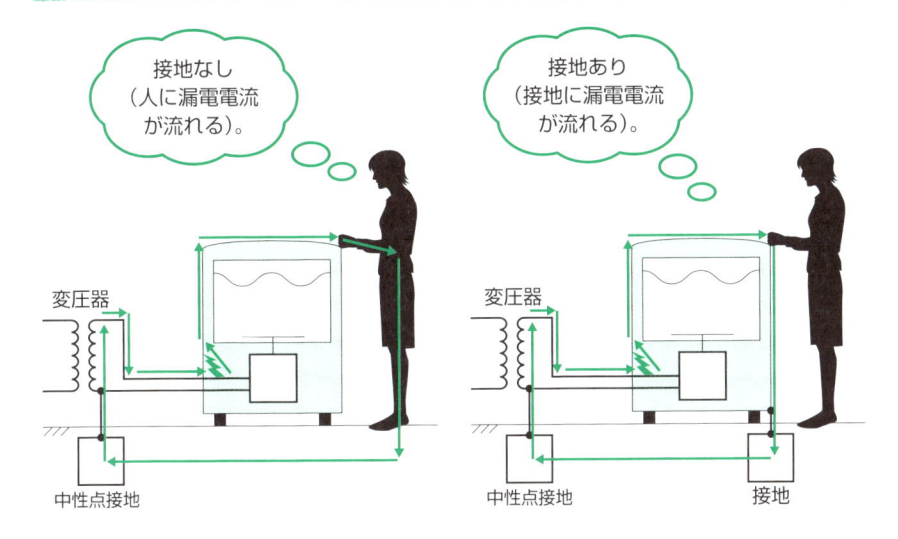

接地なし
（人に漏電電流が流れる）。

変圧器
中性点接地

接地あり
（接地に漏電電流が流れる）。

変圧器
中性点接地
接地

第7章 発電所からコンセントまで

7-17 電気設備を雷から守る…避雷器

避雷器は、電気回路に侵入した異常な高電圧から電気回路を守ります。

Point
- 避雷器は異常な高電圧を地面に流す。
- 避雷器には炭化ケイ素や酸化亜鉛などが使用される。

避雷器の役割

避雷器は、送電線や配電線などの電気回路と地面の間に設けられ、通常の電圧がかかっているときは高い抵抗値で電気回路の絶縁を保ち、落雷などにより電気回路に異常な高電圧がかかったとき、電気回路と地面を低い抵抗値で接続して高電圧を放電し、**電気回路を保護**するという役割があります。

避雷器の構造

従来、避雷器には炭化ケイ素の粉末を焼き固めた素子が利用されていました。炭化ケイ素素子は、電圧が高くなるにつれて急激に電流が流れやすくなる性質があります。このように、避雷器に必要な性質を持つ物質を**特性要素**といいます。

避雷器は平常時に電流が流れないことが理想ですが、炭化ケイ素は若干電流が流れてしまうため、炭化ケイ素素子と直列にギャップという隙間を設けた電極が設けられます。ギャップを持つ避雷器を**ギャップ付避雷器**といいます。

平常時はギャップが絶縁を保っていますが、落雷などの異常電圧がかかるとギャップの電極間で放電します。その後、異常電圧の値が下がってくると炭化ケイ素素子が電流を制限し、ギャップが放電電流を遮断します。ギャップ付避雷器は、放電時の電圧変動が大きく、ギャップ部分が汚損してくると放電電圧が低下するため、最近ではこれらの短所を解消した**ギャップレス避雷器**が使用されています。ギャップレス避雷器の特性要素には、酸化亜鉛粉末を焼き固めた素子が使用されます。酸化亜鉛素子は、平常時の電圧では、電流が流れにくいためギャップを設ける必要がありません。また、放電によって電圧が低下するとすぐに電流が流れなくなるため、異常電圧が繰り返しかかっても優れた動作性能を発揮します。

7-17 電気設備を雷から守る…避雷器

電気回路と避雷器の接続状態

送電線

避雷器

接地

電気回路と地面を低い抵抗値で接続することで高電圧を放電する。

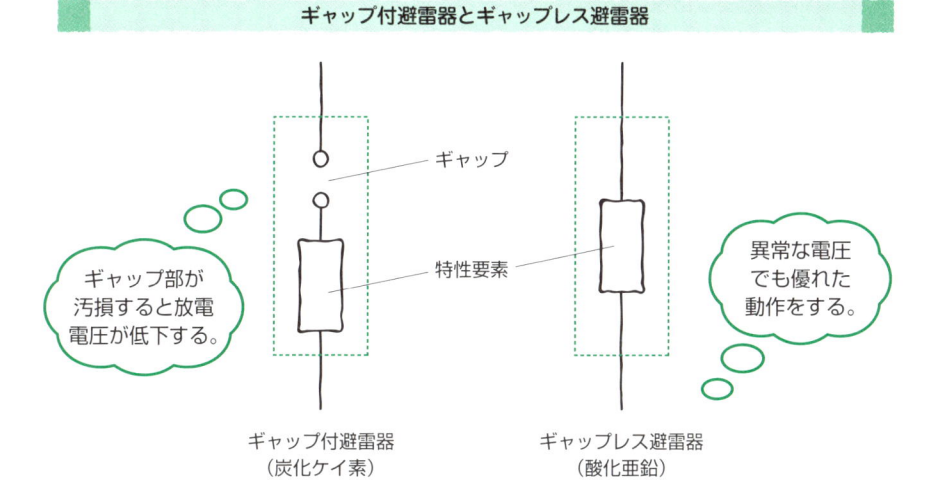

避雷器（右）

ギャップ付避雷器とギャップレス避雷器

ギャップ

特性要素

ギャップ部が汚損すると放電電圧が低下する。

異常な電圧でも優れた動作をする。

ギャップ付避雷器
（炭化ケイ素）

ギャップレス避雷器
（酸化亜鉛）

第7章 発電所からコンセントまで

Column

磁束密度の単位　テスラ

ニコラ・テスラ（1856年～1943年）

テスラはクロアチアの物理学者で、1856年クロアチアで生まれ、大学で数学と物理学を学びエジソン電灯会社に入社します。

当時、アメリカやヨーロッパでは、電力は直流と交流のどちらがよいか、激しい論争が繰り広げられていました。エジソンは既に直流送電に多額の資金を投入しており、多くの直流発電所を建設していたため、直流を強く推奨しました。

エジソンは交流が採用されないようにするため、いろいろな方法で交流の危険性をアピールします。アメリカの刑務所で電気死刑に交流を使用するように提案し、電気死刑が執行されるようになると交流は死刑に利用されるような危険なものであると主張しました。また、研究所に新聞記者を集め、交流発電機に接続したブリキ板に犬や猫を接触させて殺してみせることもしました。

一説によると、エジソンは数学が苦手で、難しい数学を多用する交流理論を理解することが難しかったため、容易な数学で理解できる直流を支持していたといわれています。

交流が発電や送電に有利であることを理解していたテスラは、エジソンと意見が合わず、エジソン電灯会社を辞め交流を支持するウェスティングハウスの会社に移ります。そして、交流の安全性をアピールするため、交流の高電圧放電の下に座って本を読むというパフォーマンスを行いました。その後、交流発電機を発明し、研究所を設立して独立します。

交流は、変圧器によって簡単に変圧でき、電力を高電圧小電流で送電すれば電力損失を少なくすることができます。また、発電機は容易に交流電圧を発電することができ、高電圧の発電も有利という長所があります。これらの理由から、交流が主流となり、直流・交流の論争は収束していきます。

第 8 章

電気の使い道

　電気は、照明で光エネルギーに変化させたり、モーターで運動エネルギーに変化させたりすることができます。照明もモーターも複数の方式があり、今後も性能の向上や長寿命化、さらに効率を向上し省エネ化が図られた新しい方式のものが登場してくる可能性があります。

　本章では、私たちの身近なところで活躍している照明やモーターの原理と、基本的な仕組みについて見ていきましょう。

8-1 白熱電球の構造と仕組み

白熱電球は、フィラメントが発熱することにより光る電球です。

> **Point**
> ● 白熱電球はフィラメントが発熱して光る。
> ● ハロゲン電球はフィラメントの寿命を延ばす工夫がされている。

白熱電球の構造

　白熱電球は、ガラスの球の中にフィラメントを収めた電球で、直流でも交流でも点灯させることが可能です。懐中電灯や照明など、様々なところで多用されています。

　白熱電球の光る部分を**フィラメント**といいます。フィラメントは、タングステンという金属を細く糸状にしスプリングのようにぐるぐる巻いてつくられています。タングステンは、金属の中でも比較的電気抵抗が大きいため、電流を流すことによってジュール熱が発生し、約2000～3000[℃]前後の高温になり、白く発光します。

　フィラメントは、空気中で高温になると蒸発してしまうため、ガラス球の中には蒸発を抑制する窒素やアルゴンなどの不活性ガスが満たされます。不活性ガスがフィラメントの熱を伝えることにより損失が発生するため、熱伝導しにくいクリプトンやキセノンを不活性ガスとして使用している電球もあり、**クリプトン電球**や**キセノン電球**といいます。フィラメントの蒸発を完全に防ぐことはできないため、フィラメントが徐々に蒸発して細くなり、1000時間程度点灯するとフィラメントが切れます。

ハロゲン電球

　不活性ガスにヨウ素・臭素・塩素などのハロゲン元素を混ぜたものを**ハロゲン電球**といいます。ハロゲン元素は、フィラメントから蒸発したタングステンと結合してハロゲン化タングステンとなり、不活性ガスの中を漂います。高温になっているフィラメント付近に来ると、ハロゲン元素とタングステンが分離しタングステンはフィラメントに戻るため、寿命が長くなります。

　また、フィラメントの寿命が長くなるため、高温で発光させることができるようになり、明るく光る電球をつくることができます。

8-1 白熱電球の構造と仕組み

電球はこうして光っている！

フィラメント
タングステンともいう。高温でも溶けない金属を使っている。

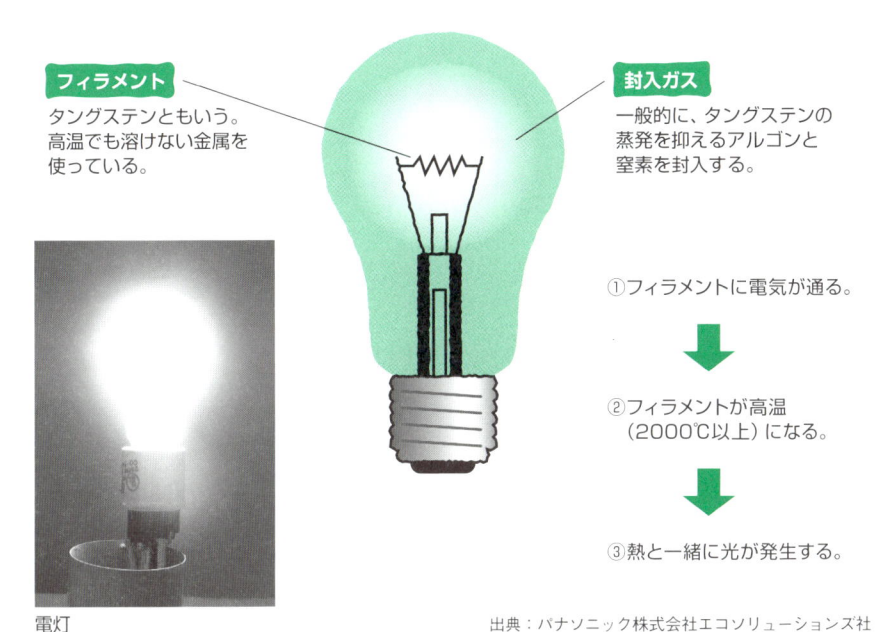

封入ガス
一般的に、タングステンの蒸発を抑えるアルゴンと窒素を封入する。

①フィラメントに電気が通る。

⬇

②フィラメントが高温（2000℃以上）になる。

⬇

③熱と一緒に光が発生する。

電灯

出典：パナソニック株式会社エコソリューションズ社

ハロゲンサイクル

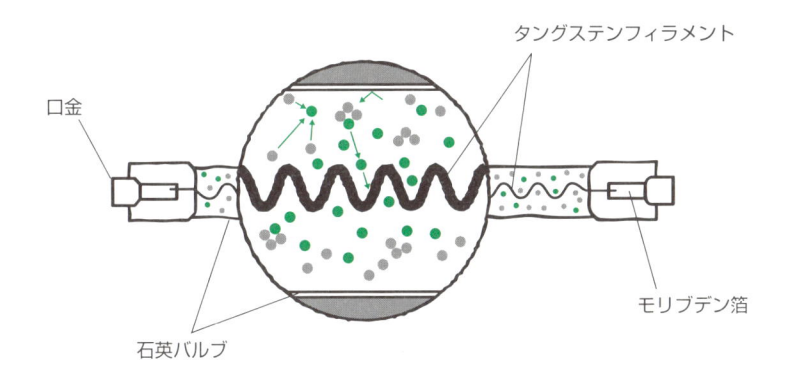

タングステンフィラメント

口金

モリブデン箔

石英バルブ

$W + nX \rightleftarrows WX_n$

W：タングステン原子
X：ハロゲン原子

● タングステン
● ハロゲン
● タングステンハライド

出典：パナソニック株式会社エコソリューションズ社

8章 電気の使い道

8-2 蛍光灯の構造と仕組み

蛍光灯は、白熱電球より発光効率が高く、長寿命な光源です。

> **Point**
> - 蛍光灯は紫外線で蛍光体を発光させている。
> - 蛍光灯は白熱電球より寿命が長い。

蛍光灯の構造

　蛍光灯は、ガラス管の内側に蛍光体を塗り、ガラス管内にごくわずかのアルゴンガスと水銀が封入されています。そして、ガラス管の両端には、電子を放出するエミッタが塗られたフィラメントがあり、フィラメントに電流が流れると、電子が放出される仕組みになっています。

　ガラス管内の水銀はフィラメントから放出された電子と衝突すると紫外線を放射し、その紫外線がガラス管の内側に塗られた蛍光体に当たると蛍光体が目に見える光である**可視光線**を発します。

　消灯状態の蛍光灯を点灯させるには、高電圧をかけて放電を開始させる必要があり、従来は点灯管を用いる**スターター方式**が主流でした。最近では、点灯管を用いない**ラピッドスタート方式**や**インバーター方式**が主流になってきています。

蛍光灯の特徴

　蛍光灯は、交流電流の瞬時値が0[A]になると放電が止まり光も消えてしまいます。周波数が50[Hz]の地域では、1秒間に100回交流電流の瞬時値が0[A]になるため、人の目にはちらつきとして感じられることがあります。インバーター方式では、放電電流の周波数を高めることにより、ちらつきを感じにくくすることができます。

　また、蛍光灯は、白熱電球のようにフィラメントを高温にする必要がないため、フィラメントが焼き切れることは少なく、エミッタが消耗し電子を放出することができなくなることにより寿命となるため、約6000時間と長寿命になります。

　また、蛍光灯は、白熱電球に比べると熱の放射が少ないため発光効率が高く、同じ電力であれば白熱電球の4～5倍の明るさになります。

8-2 蛍光灯の構造と仕組み

蛍光灯はこうして光っている！

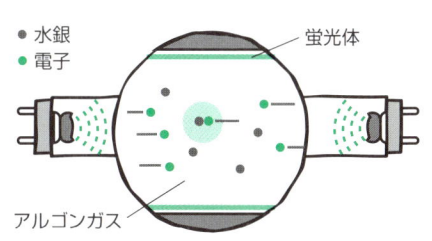

- 水銀
- 電子
- 蛍光体
- アルゴンガス

❶ 電極に電流を流すと、電子が放出される。

❷ 電子が水銀と衝突して、紫外線が発生する。

❸ 紫外線が、ガラス管の内側の蛍光体を照らし、目に見える光が発生する。

出典：パナソニック株式会社エコソリューションズ社

スターター方式

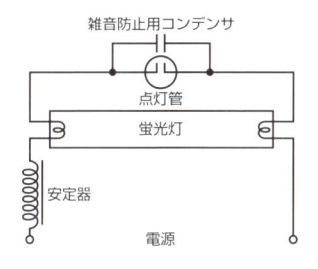

雑音防止用コンデンサ
点灯管
蛍光灯
安定器
電源

❶ スイッチを入れると点灯管内の電極で放電が起こる。

❷ 点灯管のバイメタル電極が発熱・湾曲し、電極同士が接触して放電が止まる。

❸ バイメタルが冷えて元の形に戻り、点灯管に流れていた電流が遮断される。

❹ 安定器のコイルで自己誘導作用が起こり高電圧を発生する。

❺ 蛍光灯に高電圧がかかり、放電を開始する。

ラピッドスタート方式

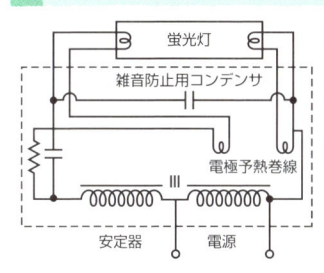

蛍光灯
雑音防止用コンデンサ
電極予熱巻線
安定器
電源

❶ スイッチを入れると、フィラメントに高電圧がかかりフィラメントを予熱する。

❷ フィラメントと、蛍光灯のガラス管に塗られた導電性皮膜の間で放電が起きる。

❸ フィラメント同士が放電する。

インバーター方式

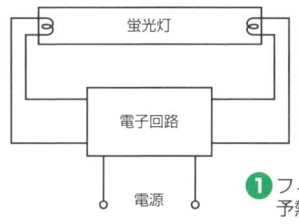

蛍光灯
電子回路
電源

❶ フィラメントに電流を流し予熱する。

❷ フィラメントに高電圧をかけて放電させる。

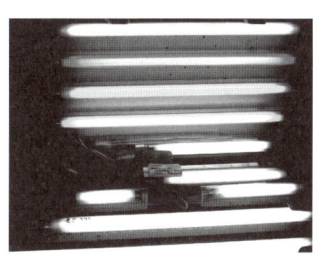

蛍光灯

8章 電気の使い道

8-3 放電灯の構造と仕組み

水銀灯や高圧ナトリウム灯の仕組みについて見てみましょう。

Point
- 放電灯は放電により発光する。
- 放電灯には水銀灯・ナトリウム灯・メタルハライドランプがある。

放電灯の構造

　放電による発光や、放電により発生した紫外線により蛍光体が発光する作用を利用した光源を**放電灯**といいます。放電灯には、**発光管**という発光部分に封入する物質によって、水銀灯・ナトリウム灯・メタルハライドランプなどがあります。

いろいろな放電灯の特徴

　水銀灯は、発光管の中に水銀が封入され、水銀蒸気中の放電により発光します。物を人工の光源で照らしたとき、色をどの程度正しく表現できるかを**演色性**といい、演色性が高いほど太陽光に照らされた状態に近い色を表現できます。水銀灯は青白い光色で演色性が低いため、道路や工場、体育館などに使用されています。

　ナトリウム灯は、発光管の中にナトリウムが封入され、ナトリウム蒸気中の放電により発光します。発光管内の圧力により高圧ナトリウム灯と低圧ナトリウム灯があります。低圧ナトリウム灯は、発光色がオレンジ色で演色性が低いですが、1[W]あたりの光の量である**発光効率**が高く、寿命が長いという長所があります。煙や霧は、オレンジ色の光を透過しやすいためトンネルや高速道路に設置されます。高圧ナトリウム灯は、低圧ナトリウム灯より演色性が高くなりますが発光効率が低下します。

　メタルハライドランプは、発光管中に水銀と、メタルハライドというスカンジウムやナトリウムなどの**ハロゲン化金属**が封入され、これらの蒸気中で放電することにより発光します。演色性や発光効率が高いため、水銀灯に置き換えて設置されることが多くなっています。

　消灯直後の放電灯は、発光管内の蒸気圧が高く、再度放電させるには高い電圧が必要になるため、冷えて蒸気圧が下がるまで再点灯することはできません。

8-3 放電灯の構造と仕組み

放電灯の構造

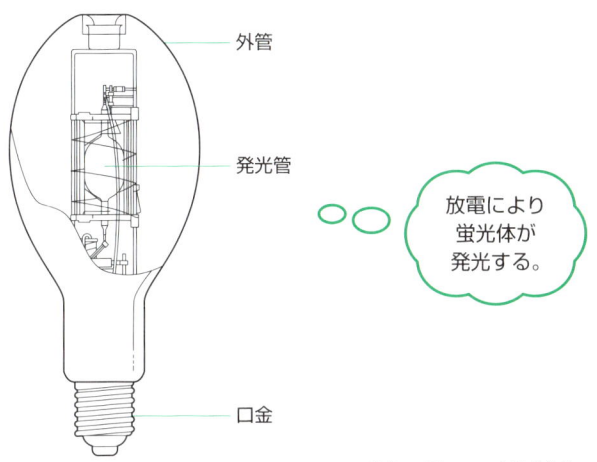

- 外管
- 発光管
- 口金

放電により蛍光体が発光する。

出典：パナソニック株式会社エコソリューション

補助電極を使用した始動方法

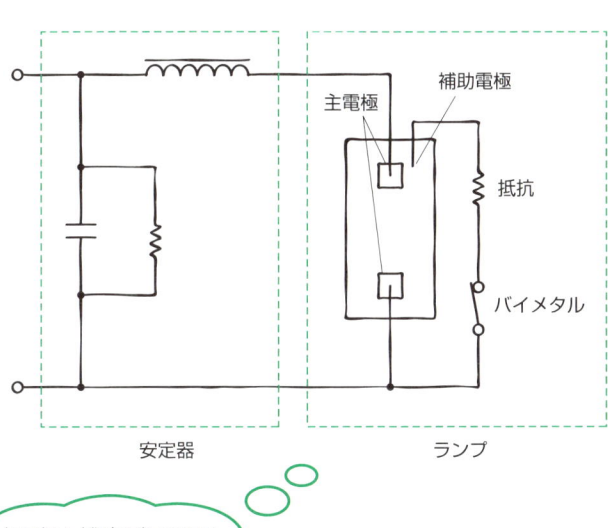

- 安定器
- ランプ
- 主電極
- 補助電極
- 抵抗
- バイメタル

主電極と補助電極の間の放電が、主電極間の放電に移行して点灯する。

出典：パナソニック株式会社エコソリューション

第8章　電気の使い道

8-4 直流モーターが回る仕組み

直流モーターの仕組みについて見てみましょう。

Point
- 直流モーターは整流子とブラシが必要。
- 整流子とブラシは故障しやすい欠点がある。

モーターの原理

　直流のモーターは、コイルと永久磁石が内蔵されています。コイルは回転する軸に取り付けられ、軸と一緒に回転します。これを**回転子**といいます。一方、永久磁石はモーターのケースに固定され、回転子の周りに磁界をつくります。これを**固定子**といいます。

　永久磁石がつくる磁界の中に置かれたコイルに電流が流れると、フレミング左手の法則によって導体に電磁力が働きます。この電磁力によりモーターは回転します。

　コイルに流れる直流電流を同じ方向に流し続けると、コイルの導体に働く電磁力が一定の方向を向いたままになり、モーターの回転が途中で止まってしまうため、**整流子**と**ブラシ**という部品が設けられます。コイルに設けた整流子と固定部に設けたブラシは摩擦した状態で電流が流れるようになっています。軸の回転に合わせてコイルに流れる電流の方向を切り替えることによって電磁力の方向を切り替え、回転が継続するようになっています。

　大型の直流モーターは、永久磁石を電磁石に置き換えて、電磁石に直流電流を流して磁界をつくるようにしたものが多くあります。このような電磁石を**界磁**といいます。

直流モーターの特徴

　直流モーターは、整流子がブラシと摩擦しながら回転するため、整流子とブラシの劣化や汚損が故障につながることがあります。この問題点を改善するため、回転子を永久磁石、固定子を電磁石に置き換え、固定子の電磁石による磁力の向きを半導体スイッチで切り替える**ブラシレスモーター**というモーターもあります。

8-4 直流モーターが回る仕組み

永久磁石がつくる磁界とコイルに流れる電流の作用でコイルに電磁力が働く

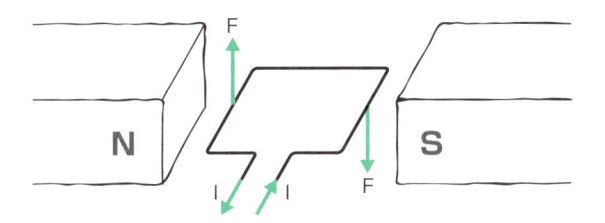

整流子とブラシ

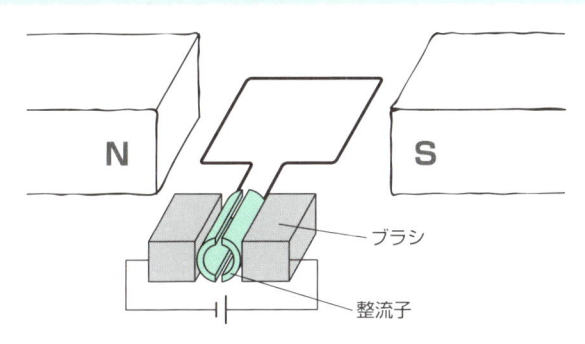

ブラシ付きDCモーターとブラシレスDCモーターの比較

ブラシ付きDCモーター

- 各整流子間は電気的に絶縁されている。
- ローター
- ブラシ
- ステーター
- ステーター
- ブラシと整流子はコイルに電流を流す。
- 整流子
- コイルと整流子は電気的に接続されている。
- ローターが回転することでコイルに流れる電流の方向が変化する。

ブラシレスモーター

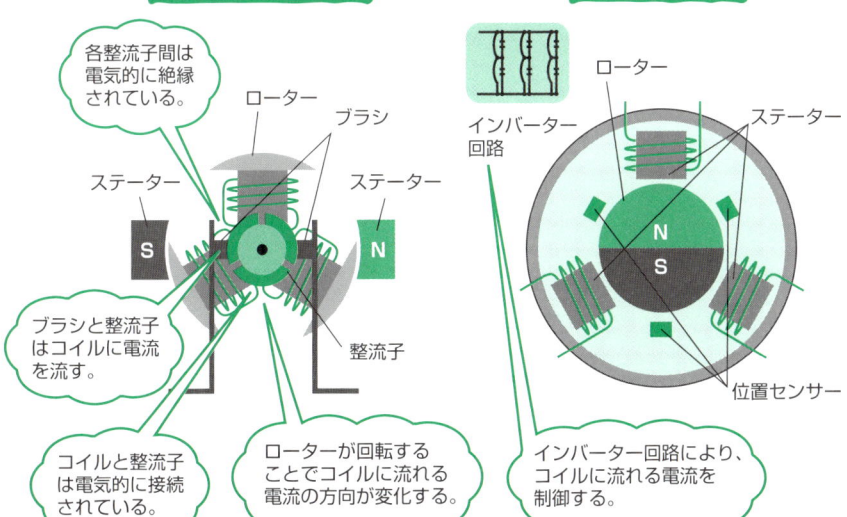

- ローター
- インバーター回路
- ステーター
- 位置センサー
- インバーター回路により、コイルに流れる電流を制御する。

出典：株式会社東芝セミコンダクター＆ストレージ社

8-5 交流モーターが回る仕組み

交流モーターの仕組みについて見てみましょう。

Point
- 交流モーターは同期電動機と誘導電動機がある。
- 誘導電動機はアラゴの円板の原理を利用している。

同期電動機が回転する仕組み

　交流モーターは、同期電動機と誘導電動機に分類できます。**同期電動機**は、回転子を永久磁石、固定子を電磁石としたものです。電磁石に交流電流を流すと電流の＋と－が入れ替わるたびに、電磁石のN極とS極も入れ替わります。直流モーターで磁界の方向を切り替えるには、整流子とブラシが必要ですが、交流は電流の流れる方向が入れ替わるため、電磁石に接続することで磁界の方向を切り替えられます。

　同期電動機は、固定子の電磁石と回転子の永久磁石が引き寄せあったり反発しあったりすることで回転します。回転子の永久磁石を電磁石に置き換えた同期電動機の場合、回転子に電流を流す必要があるため接触させることで電流を流すスリップリングを使用します。

誘導電動機が回転する仕組み

　誘導電動機は、**アラゴの円板**の原理を利用したものです。アラゴの円板は、導体の円板に磁石を近づけ、円板が磁力線を切るように磁石を回転させると円板に渦電流が流れ、磁石と渦電流がつくる磁力線が作用しあって、円板が回転するという原理です。円板は渦電流が流れることができる導体であればよく、磁石に引き寄せられないアルミニウムや銅でも回転することができます。

　アラゴの円板の円板を筒状の形状としたものが誘導電動機の回転子となります。三相交流用の誘導電動機は、回転子の周りに配置された複数のコイルに三相交流電流を流しますが、三相交流は位相差があるためコイルは順番にN極とS極が入れ替わり、**回転磁界**が発生します。回転子が回転磁界を切るため、回転子に渦電流が流れ、アラゴの円板同様に回転子が回転します。

8-5 交流モーターが回る仕組み

同期電動機の回転原理とスリップリング

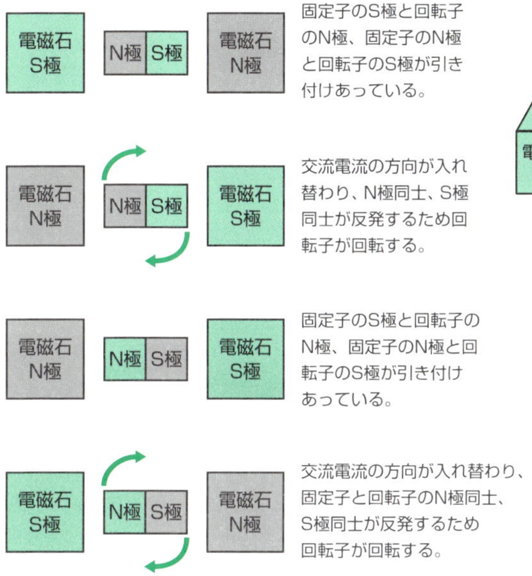

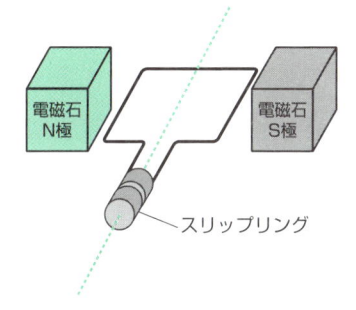

| 電磁石S極 | N極 S極 | 電磁石N極 | 固定子のS極と回転子のN極、固定子のN極と回転子のS極が引き付けあっている。 |

| 電磁石N極 | N極 S極 | 電磁石S極 | 交流電流の方向が入れ替わり、N極同士、S極同士が反発するため回転子が回転する。 |

| 電磁石N極 | N極 S極 | 電磁石S極 | 固定子のS極と回転子のN極、固定子のN極と回転子のS極が引き付けあっている。 |

| 電磁石S極 | N極 S極 | 電磁石N極 | 交流電流の方向が入れ替わり、固定子と回転子のN極同士、S極同士が反発するため回転子が回転する。 |

電磁石N極 — 電磁石S極
スリップリング

アラゴの円板

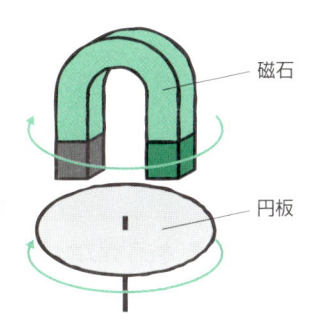

磁石をまわすと円板もまわる。

磁石
円板

誘導電動機の構造

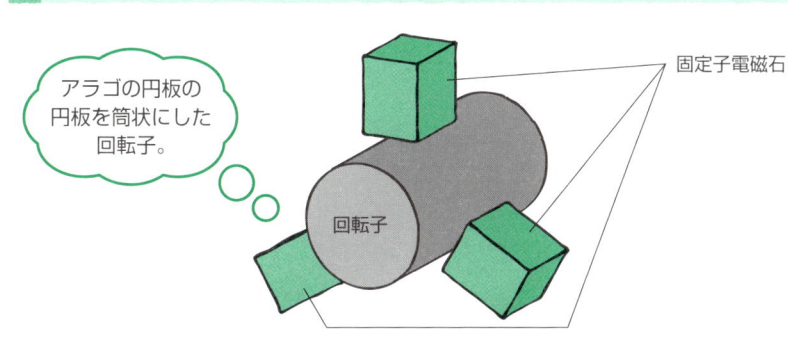

アラゴの円板の円板を筒状にした回転子。

固定子電磁石
回転子

8章 電気の使い道

8-6 電気をつくる発電機

回転運動を電気エネルギーに変換する発電機の仕組みを見てみましょう。

Point
- 発電機を回転させると発電することができる。
- 電動機を外力で回転させると発電機になる。

■ 直流発電機の構造と仕組み

　直流電動機は、直流電源に接続すると回転子が回転しますが、電源に接続しない状態で回転子の軸を外部からの力で回転させると電圧を発生させることができます。

　固定子の永久磁石がつくる磁力線の中で回転子が回転すると、コイルの導体が磁力線を切るため、フレミング右手の法則によって起電力が発生します。この起電力は、導体が永久磁石の近くを移動するときは大きくなり、離れたところを移動するときは小さくなるため、回転子のように円運動する導体に発生する起電力は一定にはなりません。また、起電力は＋と－の方向が入れ替わりますが、整流子とブラシによって一定方向に揃えられます。その結果、直流発電機が発生する電圧は**脈流**という波形を描き、回転子が１回転すると起電力は山が２つ並んだ波形を描きます。

　平坦な波形の直流電圧を得たいときは、直流発電機と並列にコンデンサを接続する方法がとられます。これは電圧が高くなったときに充電し、低くなったときに放電するコンデンサの性質を利用したもので、このようなコンデンサを**平滑コンデンサ**といいます。

■ 交流発電機の構造と仕組み

　直流電動機を外力によって回転させると電圧を発生するのと同じように、同期電動機を外部からの力で回転させると起電力を発生します。これは固定子の永久磁石がつくる磁力線の中で回転子が回転するとコイルに起電力が発生するという、直流発電機と同じ原理です。このような発電機を**同期発電機**といいます。直流発電機は整流子とブラシによって脈流の電圧が出力されますが、同期発電機はコイルの起電力をそのままスリップリングを通じて出力します。

8-6 電気をつくる発電機

脈流の波形と平滑された波形

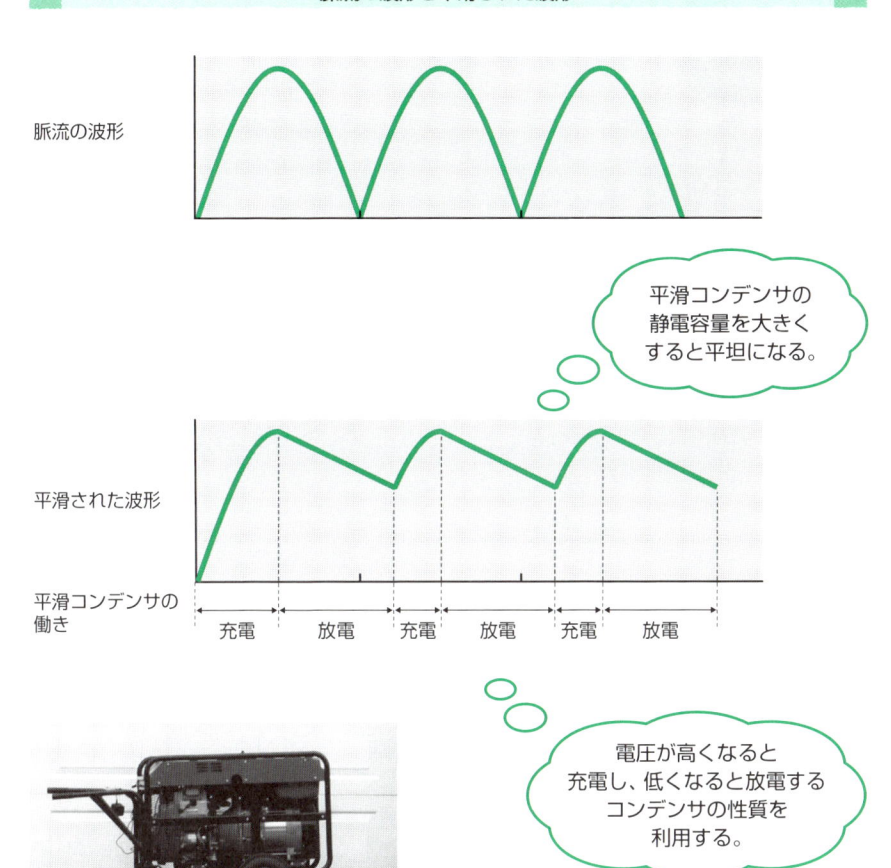

脈流の波形

平滑された波形

平滑コンデンサの働き： 充電　放電　充電　放電　充電　放電

平滑コンデンサの静電容量を大きくすると平坦になる。

電圧が高くなると充電し、低くなると放電するコンデンサの性質を利用する。

発電機

平滑コンデンサを接続した直流発電機

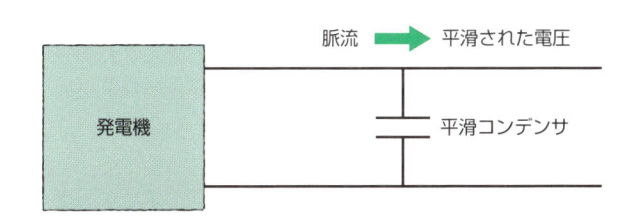

発電機 → 脈流 → 平滑された電圧　平滑コンデンサ

第8章　電気の使い道

8-7 直流から交流をつくる…インバーター

インバーターは、直流を交流に変換する装置です。

Point
- インバーターは直流電圧を任意の周波数・電圧の交流に変換する。
- インバーターは省エネに貢献する。

■ インバーターの原理

インバーターは、直流を交流に変換する装置です。半導体素子でつくられた一種のスイッチでオン・オフを繰り返し、直流から交流をつくり出します。スイッチが、オンの状態の時間とオフの状態の時間を調整して交流の正弦波に近づけ、任意の周波数や電圧になるように制御を行います。

■ コンバーターとは

交流を直流に変換することを**整流**といいます。**コンバーター**は、**ダイオード**という半導体素子が持つ、電流を一定方向にしか流さない性質を利用して整流をする装置です。コンバーターから出力される直流電圧は脈流となるため、コンバーターと並列にコンデンサを接続し、平滑にしています。

■ インバーターは省エネが図れる

交流モーターを使用したポンプで水をくみ上げる設備では、くみ上げ量を変化させるためには、ポンプのバルブを閉めて水の流れを妨げることによって調整することができます。これは、ポンプがした水を送り出すという仕事の一部を損失に変えて水の量を減らしているため、自転車に例えるとペダルを全力でこぎながら、軽くブレーキを握って速度を制御している状態で、無駄な電気を使用していることになります。

交流モーターは、周波数に応じて回転速度が変化するため、インバーターでポンプのモーターの回転速度を制御することにより、必要なくみ上げ量に調整すると無駄な電力を消費しなくなるので省エネを図ることができます。

8-7 直流から交流をつくる…インバーター

インバーターとコンバーターの原理

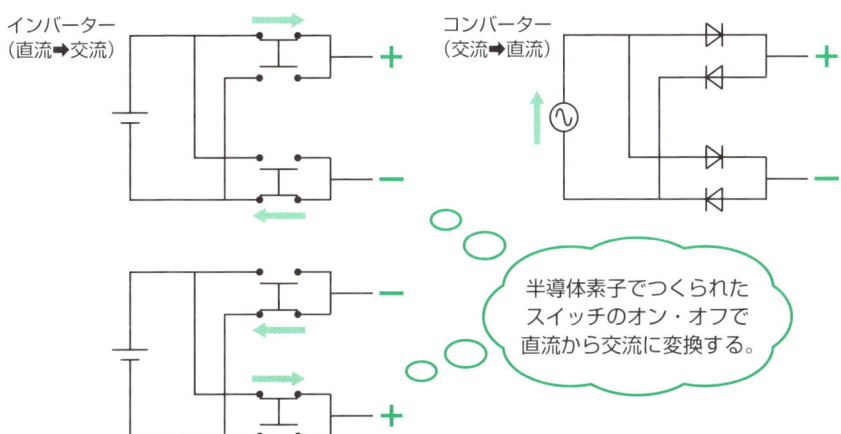

半導体素子でつくられたスイッチのオン・オフで直流から交流に変換する。

スイッチを入り切りして直流から交流に変化させる

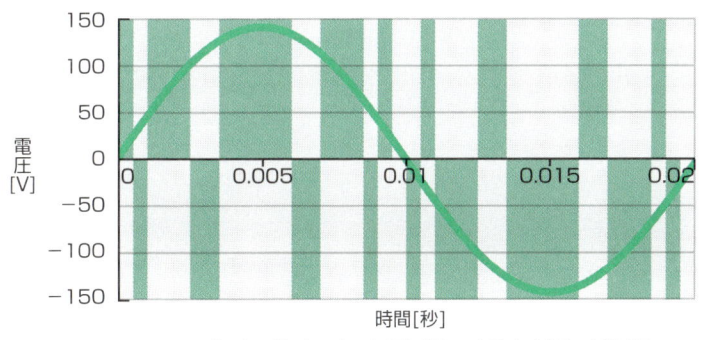

インバーターはオンオフを繰り返し、直流を交流に変換する

コンバーター・インバーターの構成

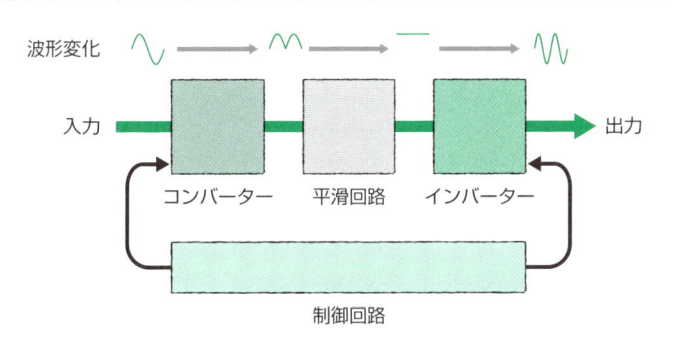

波形変化

入力 → コンバーター → 平滑回路 → インバーター → 出力

制御回路

第8章 電気の使い道

Column

熱量の単位　ジュール

ジェームズ・プレスコット・ジュール（1818年〜1889年）

　ジュールはイギリスの物理学者で、1818年裕福な醸造業者の家に生まれます。ジュールは病弱であったため、学校での教育を受けることができず、家庭教師による教育を受けます。その後、独学で勉強し自宅で個人的に実験を行うようになります。

　抵抗に電圧をかけると電流が流れ、抵抗からは熱が発生します。ジュールは実験を重ね、抵抗から発生する熱エネルギーは電流の2乗と抵抗値と時間の積で表されることを発見します。この法則を**ジュールの法則**といい、抵抗から発生した熱を**ジュール熱**といいます。

　ジュールは電気以外にも、細い管に水を押し流したときに発生する熱など様々な仕事により発生する熱量を測定する実験を行います。これらの実験は非常にわずかな水温の変化から、仕事により発生した熱量を計算するという高い精度が求められるものでした。ジュールは実験の結果の精度を高めるため、いろいろな外的要因による誤差を補正して実験を行ったと伝えられています。

　ジュールが醸造業者で学者ではないことから、ジュールが論文を発表してもすぐに周りから賛同を得られることはありませんでした。しかし、徐々にジュールが唱える学説に賛同する人が増えていきます。そして、王立学会で実験について発表するようになり、王立協会の会員となります。1870年に王立協会よりメダルを受賞しその後、英国科学振興協会の会長に選ばれ、学者として認められることになります。

　ジュールは裕福な家庭に生まれたため、財産を元手に生涯をかけていろいろな実験を行うことができましたが、やがて財産を使い果たしてしまい、王立協会から援助を受けつつ実験を行い、年金で生活するようになります。1887年には、再び英国科学振興協会の会長に選ばれますが、1889年にこの世を去ります。

第 9 章

電気の多彩な働き

　私たちの周りにある電化製品は、前章まで見てきた電気のいろいろな性質をうまく利用して、電気を光・動力・熱・音などに変換して利用しています。今日では、電気のいろいろな利用法が生み出され、さらに少ない電力でより多くの仕事ができる省エネルギーも重要視されてきています。

　この章では、いろいろな電化製品の原理に注目し、電気の多彩な働きを見てみましょう。

9-1 エアコンの仕組み

エアコンは、熱を運搬することで冷暖房をしています。

Point
- エアコンはフロンガスの蒸発熱を利用している。
- エアコンは熱を運搬して冷暖房する。

蒸発熱を利用

　打撲したときなどに使用するコールドスプレーは、プロパンガスなどのガスが使用されています。スプレー缶内は、圧力が高くガスは液体の状態ですが、噴射されると圧力が下がり蒸発し、蒸発するときにまわりから蒸発熱を奪うため患部を冷やすことができます。噴射するとプロパンガスが空気中に拡散されてしまいますが、気体となったガスを回収することができれば、再度圧縮することにより液化することが可能です。

　冷房運転しているエアコンは、室内機内の金属のパイプの中で液体のフロンガスを蒸発させてパイプを冷やし、パイプに風を当てて冷風を吹き出します。パイプは熱交換が効率よくできるように**フィン**という薄い金属の板が取り付けられています。

　蒸発したガスは圧縮機で圧縮され、高温高圧のガスとなります。この時点ではまだ気体ですが、室外機内のフィンが取り付けられたパイプに入り、室外ファンで冷却されると液体に戻ります。液体になったガスは、**キャピラリチューブ**という管を通過することで圧力が下げられ、蒸発しやすい状態になります。暖房運転の場合は、**四方弁**でガスの流れる順序を切り替え、室内機と室外機の役割を入れ替えています。

エアコンは熱のポンプ

　エアコンは冷房時は室内の熱を室外に運び出し、暖房時は室外の熱を室内に取り入れることで冷暖房しており、電気ヒーターのように電気が熱エネルギーに変換されているのではありません。電気ヒーターは、使用した電力が持つエネルギー以上の熱を発することはできませんが、エアコンは使用した電力が持つエネルギーよりも大きなエネルギーを運ぶことができます。

9-1 エアコンの仕組み

冷房と暖房ができるエアコンの仕組み

冷房

キャピラリチューブがガスの圧力を下げ、蒸発しやすい状態にする。

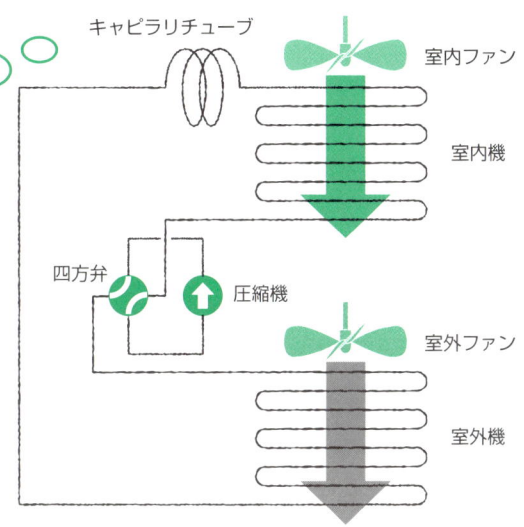

キャピラリチューブ / 室内ファン / 室内機 / 四方弁 / 圧縮機 / 室外ファン / 室外機

暖房

四方弁でガスの流れる順序を切り替え、室内機と室外機の役割を入れ替える。

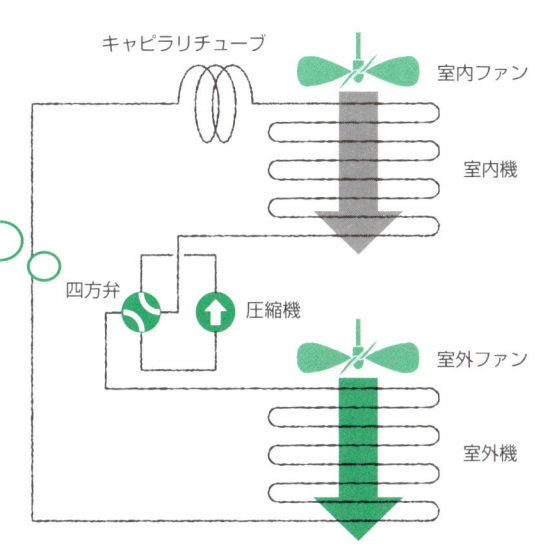

キャピラリチューブ / 室内ファン / 室内機 / 四方弁 / 圧縮機 / 室外ファン / 室外機

エアコン　By rockrivor

9章　電気の多彩な働き

9-2 電気加熱の仕組み

電気を利用した加熱には抵抗加熱・誘導加熱・誘電加熱があります。

Point
- 電気を利用した加熱には抵抗加熱・誘導加熱・誘電加熱などがある。
- 電気加熱はジュール熱や摩擦熱で加熱する。

電気加熱の種類

電気加熱には、抵抗加熱・誘導加熱・誘電加熱などがあります。**抵抗加熱**は、抵抗に電流を流したときに発生する**ジュール熱**で加熱するものです。

誘導加熱と誘電加熱の仕組み

誘導加熱は、IHクッキングヒーターやIH電気炊飯器などの加熱方式です。IHはInduction Heatingの略で、誘導加熱という意味です。誘導加熱は、導体を交流の磁界の中に置くと電磁誘導により導体に渦電流が流れ、導体が持つ抵抗に渦電流が流れることによりジュール熱が発生することを利用しています。IHクッキングヒーターは、磁界を発生させ鍋底に渦電流を流し、鍋底にジュール熱を発生させています。鍋の材質は、渦電流が流れることができてある程度抵抗を持っている必要があり、ステンレスや鉄の鍋が適します。土鍋など絶縁物でできた鍋は使用することができません。またアルミニウムや銅でできた鍋は抵抗が小さく、発熱が弱くなります。

誘電加熱は、電界を利用して加熱する方式です。電極に電圧をかけると電極の間に電界がつくられます。水の分子H_2Oは、水素Hが＋イオン、酸素Oが－イオンであるため、＋側の電極には－イオンの酸素が引き寄せられ＋イオンの水素は反発します。電極に交流電圧をかけると電界の方向が時間と共に変化するため、分子が電界の方向に合わせて振動することで、分子同士が摩擦により**摩擦熱**を発生します。

電子レンジは誘電加熱の原理で加熱しますが、電極で電界をつくるのではなく、加熱したい物質に**マイクロ波**という電波を照射し加熱します。マイクロ波は電界と磁界が高い周波数で変化するため、電極がつくる電界の変化と同じ作用を起こします。ターンテーブルで回転させるとまんべんなく加熱することができます。

9-2 電気加熱の仕組み

IHクッキングヒーターの仕組み

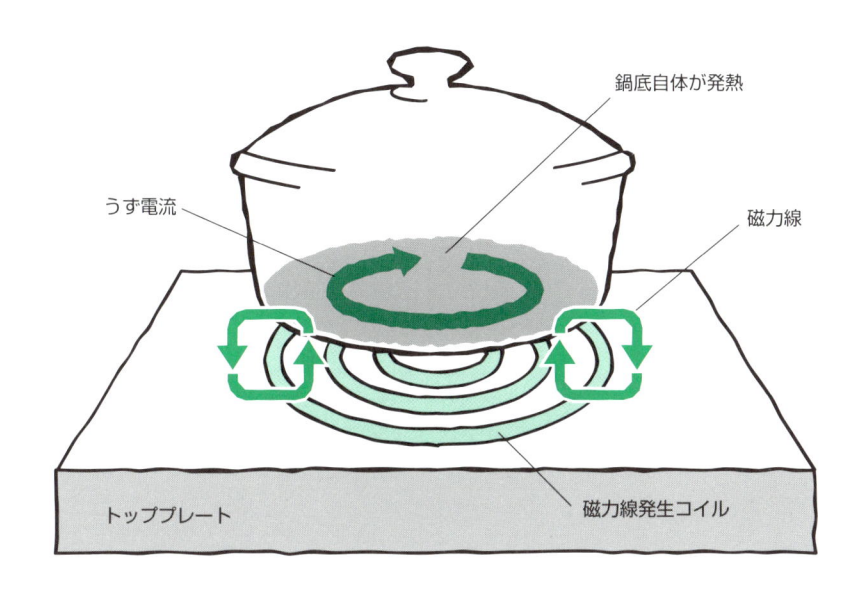

- 鍋底自体が発熱
- うず電流
- 磁力線
- トッププレート
- 磁力線発生コイル

電子レンジの仕組み

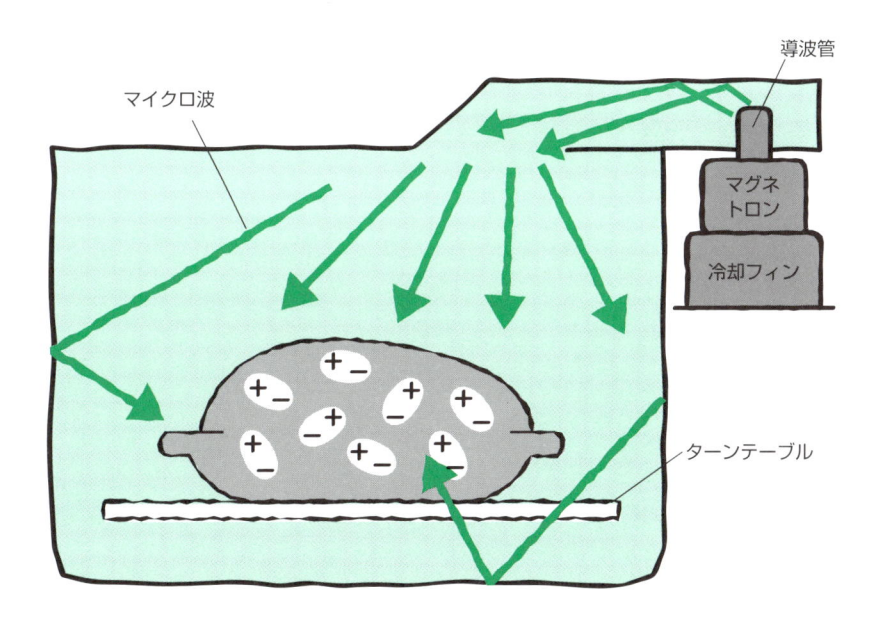

- マイクロ波
- 導波管
- マグネトロン
- 冷却フィン
- ターンテーブル

9章 電気の多彩な働き

9-3 燃料電池の仕組み

燃料電池は、化学エネルギーを電気エネルギーに変換する電池です。

Point
- 燃料電池は水素などの燃料を利用した電池。
- 燃料電池はクリーンな発電ができる。

燃料電池とは

　水を電気分解すると水素と酸素が発生します。逆に水素と酸素を反応させて電気を発生させるのが**燃料電池**です。

　燃料電池は、電解質を空気極というプラスの電極と、燃料極というマイナスの電極で挟んだ構造になっています。燃料極と空気極は、スポンジのような多孔質の材料が使用されているため、気体が通過できるようになっていて、燃料極には、都市ガスなどの燃料から取り出した水素が、空気極には空気中の酸素が供給されます。

　燃料極では、触媒の働きで水素が電子を放出し水素イオンとなります。放出された電子は、電極に接続された導体で外部に導かれ、負荷に電気を供給します。水素イオンは電解質の中を移動し、空気極の酸素と外部から戻ってきた電子と反応して水になります。水素と酸素を供給し続ければ、この反応が連続します。

燃料電池の特徴

　燃料電池は発電の過程で排出するのは水のみで、二酸化炭素などを排出しないため**クリーンな発電方式**です。また、燃料を燃やして火力発電で発電するよりも高効率で電力に変換することができます。また、燃料電池は、水素と酸素が反応して水になるときに熱を発生するため、排出される水の温度は高温になります。この熱を給湯や暖房に利用することでさらに効率を高めることができます。

　最近では、家庭用の燃料電池も普及してきています。これは、都市ガスを使用して燃料電池で発電した電力を照明やコンセントに供給し、排熱をお湯としてタンクに蓄えて暖房や給湯に利用するというもので、燃料電池とタンクを設置します。

9-3 燃料電池の仕組み

燃料電池の原理

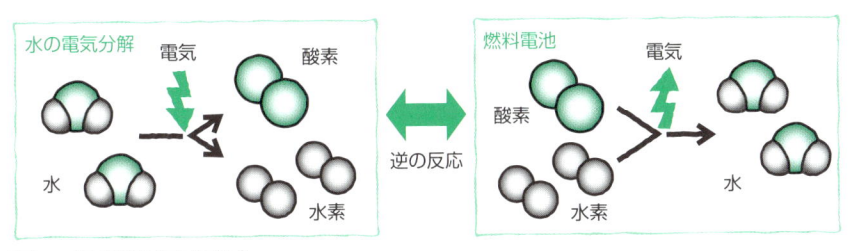

水の電気分解
水 → 電気 → 酸素 + 水素

逆の反応

燃料電池
酸素 + 水素 → 電気 → 水

出典：一般社団法人日本ガス協会

燃料電池の構造

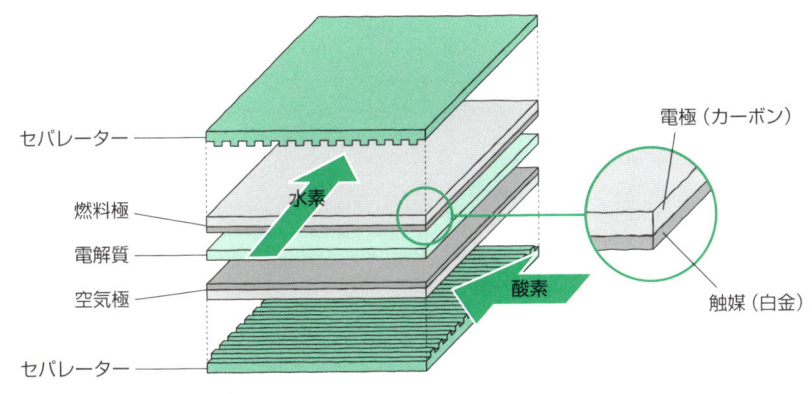

- セパレーター
- 燃料極
- 電解質
- 空気極
- セパレーター

水素、酸素

電極（カーボン）
触媒（白金）

出典：一般社団法人日本ガス協会

都市ガスを利用した燃料電池

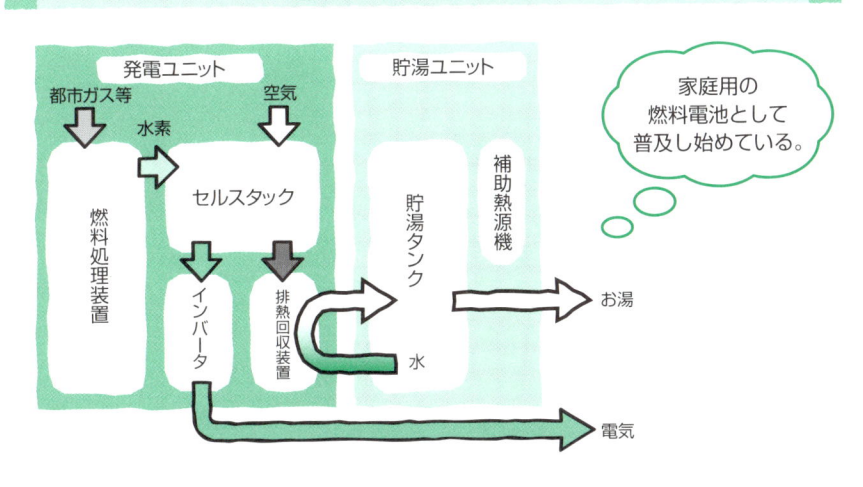

発電ユニット
- 都市ガス等 → 燃料処理装置 → 水素 → セルスタック → インバータ
- 空気 → セルスタック → 排熱回収装置

貯湯ユニット
- 貯湯タンク
- 補助熱源機
- 水 → お湯
- 電気

家庭用の燃料電池として普及し始めている。

9-4 リニアモーターの仕組み

リニアモーターは、普通のモーターと同じ原理で動きます。

> **Point**
> ●リニアモーターは直線状のモーター。
> ●リニアモーターカーは電磁石の磁力を利用して走行する。

リニアモーターとは

リニアモーターは直線状のモーターという意味です。通常のモーターは回転しますが、リニアモーターは直線状の運動をするモーターです。原理は回転するモーターと同じで、磁石の引き付けあう力や反発しあう力を利用して物体を動かすため、回転するモーターを切り開いたものと考えることができます。

リニアモーターの原理

リニアモーターカーは、軌道の路面に電磁石を並べて設置し、車体の底面にも電磁石を取り付けます。路面の電磁石のコイルには、N極とS極が交互に並ぶように電流を流します。車体の電磁石と路面の電磁石は、N極とS極は引き付けあい、N極同士、S極同士は反発しあうため、路面の電磁石のN極とS極を入れ替えると車体もつられて動くことになります。

浮上式のリニアモーターカーは、走行時の摩擦損失を少なくした方式です。軌道の側壁と車体の側面に浮上用の電磁石を設け、側壁の電磁石のコイルは垂直に2段並べて配置し、コイルは電源に接続せずに使用します。

車体が走行すると、車体の電磁石がつくる磁力線を側壁のコイルが切るため、電磁誘導によって側壁の電磁石のコイルに電流が流れます。車体の電磁石がN極の場合、側壁の電磁石の上段がS極、下段がN極となるように、側壁の電磁石のコイルを巻いておけば、車体は浮上することになります。側壁の電磁石のコイルに車体の浮上に必要な電流を流すためには、車体の電磁石が一定の速度以上で移動する必要があり、車体の速度が低速の場合は車体が浮上できません。そのため、低速時は車輪で走行し、速度の上昇とともに浮上するようになっています。

9-4　リニアモーターの仕組み

リニアモーターは普通のモーターを切り開いたものと考えられる

普通のモーター

リニアモーター

車両側
反発する力
引っ張る力
地上側

■ N極
■ S極

推進の原理

車両に搭載されている「超伝導磁石」には、N極とS極が交互に配置されている。

走行路であるガイドウェイの両側の壁には「推進コイル」が取り付けられている。電流を流すことで発生する磁界の間で引き合う力と反発する力が発生し、車両を前進させる。

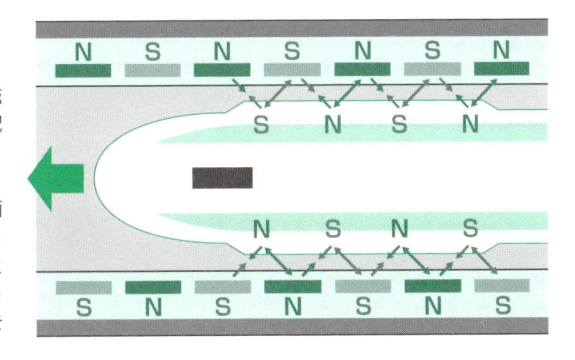

浮上の原理

「浮上案内コイル」は、ガイドウェイの推進コイルを覆うように設置されている。

車両の超電導磁石が梗塞で通過すると、両側の浮上案内コイルに電流が流れることで、押し上げる力と引き上げる力が発生し、車両を浮上させる。

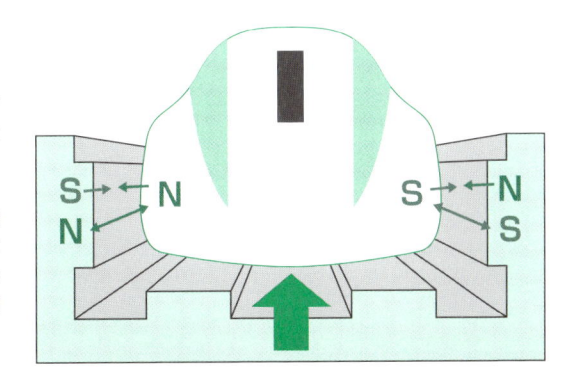

第9章　電気の多彩な働き

211

9-5 コンパクトディスク（CD）の仕組み

CDは、デジタル信号を記録します。

> **Point**
> - 情報を0と1で表すことをデジタルという。
> - CDはピットの有無で0と1を記録している。

デジタルとは

私たちが日常的に使用している数値である10進数は、0と1だけで表す2進数に変換することができます。例えば、2進数で1011は、

$2^0 \times 1 + 2^1 \times 1 + 2^2 \times 0 + 2^3 \times 1 = 1 + 2 + 0 + 8 = 11$

となり、2進数の桁を増やしていけば大きな10進数の数値を表すことが可能です。

2進数の長所は0と1だけで表すことができるというところにあります。0と1は「ある」と「ない」という2つの状態と考えることができるため、例えば、豆電球が光ったら1、消えたら0というように容易に他のものに置き換えることができます。また、指を折って数を数えると片手では5までしか数えられませんが、指を伸ばした状態が1、曲げた状態が0として考えれば5桁の2進数となるため片手で31まで数えることができます。

さらに、**10進数**の1はa、2はb、3はcというように数値に文字を割り当てておけば、文章を豆電球の点滅に変換することができるということになります。このように2進数に数値化された情報を**デジタル**といいます。

CDの仕組み

CDは、プラスチックでアルミニウムの膜を挟んだ構造でアルミニウムの膜には、中心から外周に向かって渦巻状に信号が記録されます。この渦巻を**トラック**といいます。

トラックには、肉眼では見ることができない小さな凹凸が並んでいてこの凹凸を**ピット**といいます。CDにレーザー光を当てるとピットがない部分は、レーザー光がそのまま反射され、ピットがある部分では反射光が弱まるため、これをセンサーで検出して**デジタル信号**に変換しています。

9-5 コンパクトディスク（CD）の仕組み

10進数と2進数

10進数	0	1	2	3	4	5	6	7	8	9
2進数	0	1	10	11	100	101	110	111	1000	1001
10進数	10	11	12	13	14	15	16	17	18	19
2進数	1010	1011	1100	1101	1110	1111	10000	10001	10010	10011
10進数	20	21	22	23	24	25	26	27	28	29
2進数	10100	10101	10110	10111	11000	11001	11010	11011	11100	11101
10進数	30	31	32	33	34	35	36	37	38	39
2進数	11110	11111	100000	100001	100010	100011	100100	100101	100110	100111

↑5本の指で31まで数えることができる

CDの構造

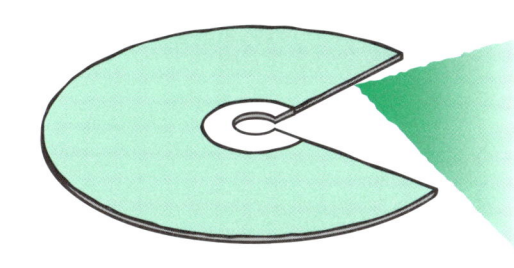

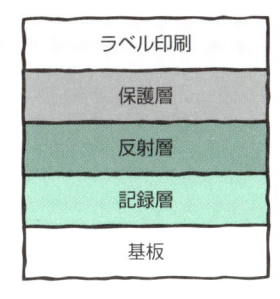

- ラベル印刷
- 保護層
- 反射層
- 記録層
- 基板

CDの信号を記録しているピット（溝）

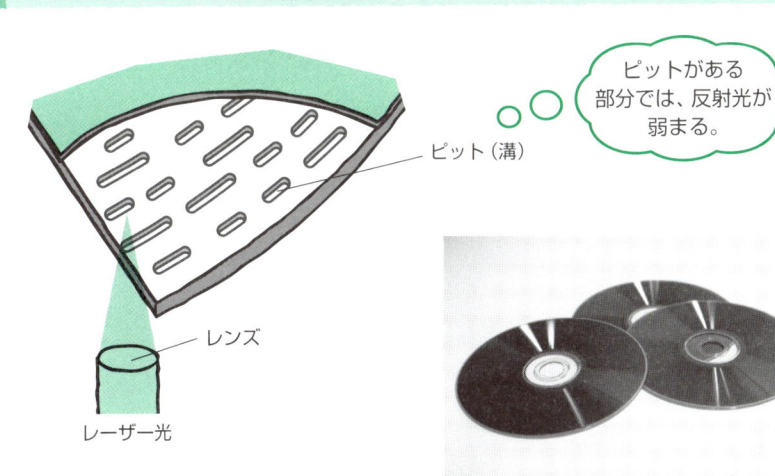

ピットがある部分では、反射光が弱まる。

ピット（溝）
レンズ
レーザー光

CD

9章 電気の多彩な働き

9-6 コピー機の仕組み

コピー機の仕組みを見てみましょう。

Point
- コピーの過程には帯電・露光・現像・転写がある。
- カラーコピー機は複数の色のトナーを重ねて印刷する。

コピー機の仕組み

コピー機の方式はいくつかありますが、現在は**ゼログラフィ**という方式のコピー機が普及しています。

暗いときは絶縁体になり、明るいときは導体になる物質を**感光体**といいます。円筒状のドラムの表面に感光体の膜をつくり、高電圧のコロナ放電を利用して−に帯電させます。この過程を**帯電**といいます。

次に、原稿に光を当て、原稿からの反射光をセンサーで読み取り、感光体に同じ画像の光を当てると、その部分が導体となって帯電がなくなります。この過程を**露光**といいます。このドラムに＋に帯電させたトナーという黒い粉末を近づけると、感光体の−に帯電している部分に付着し、原稿と同じトナーの画像ができます。この過程を**現像**といいます。

印刷する紙を−に帯電させ、感光体に現像されたトナーを紙に吸い寄せます。この過程を**転写**といいます。

転写の段階では、トナーが紙に付着している状態のため、加熱して圧力をかけることにより、トナーを溶かして紙に融着させます。この過程を**定着**といいます。コピーから出力された紙が温かいのはこのトナーを定着させるヒーターの熱が残っているためです。

カラーコピー機の仕組み

カラーコピー機は、黒色のトナー以外に色の三原色である赤、青、緑またはシアン（水色）、マゼンタ（赤紫）、イエロー（黄）のトナーを使います。原稿の色をトナーの色ごとに分解して読み取り、トナーを１色ごとに重ねて印刷することで色を表現します。

9-6 コピー機の仕組み

コピー機の仕組み

帯電

感光体
光を当てると電荷が発生する半導体の一種。ゼログラフィーはこの性質を利用してプリントを行う。

コロナ放電で感光体をマイナスに帯電させる。

露光

光を当てた場所にプラスの電荷が発生し、マイナスの電荷を相殺。

現像

マイナスに帯電したトナー

マイナスの電荷がないところにトナーが付着する。

転写

プラスの電荷を帯びた紙にマイナスの電荷を帯びたトナーが吸着

加熱して圧力をかけトナーを定着させる

定着

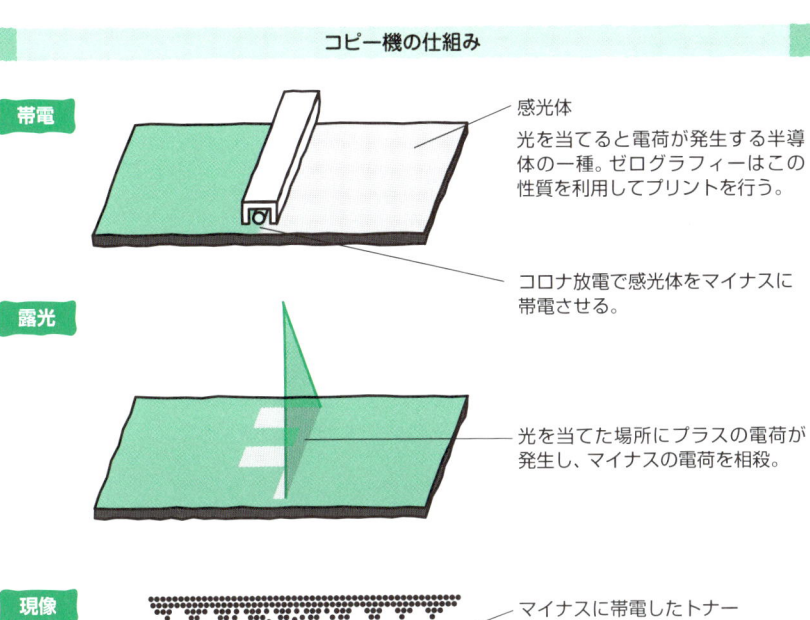

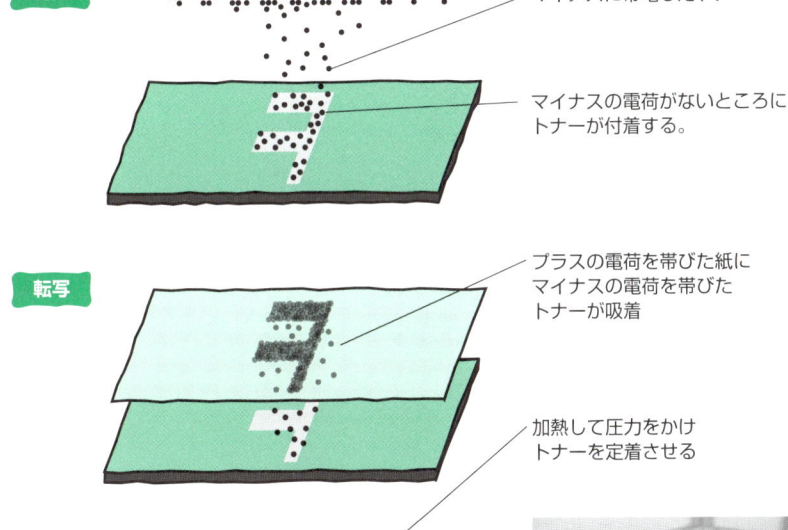

出典：富士ゼロックス株式会社

コピー機

第9章 電気の多彩な働き

9-7 デジタルカメラの仕組み

デジタルカメラが被写体を撮影する仕組みを見てみましょう。

> **Point**
> ● デジタルカメラはフォトダイオードという半導体を利用している。
> ● 画素数が大きくなるときれいな画像が記録できる。

デジタルカメラの構造

　デジタルカメラは、フィルムカメラのフィルムの代わりに光の明るさを電気の信号に変換することができる**フォトダイオード**という半導体を使用します。

　レンズから入ってきた光を紙に当てると被写体の画像が紙に浮かびあがります。この紙をたくさんのフォトダイオードをマス目状に並べたものに代えると、フォトダイオードは、それぞれの位置の明るさを検出して電気信号に変換するため、この信号を記録すれば画像を記録することができます。このマス目状に並べられたフォトダイオード1つひとつを**画素**といいます。

　単純にフォトダイオードが検出した光の明るさだけでは、色を表現することはできず、白黒写真のような画像になってしまいます。このため、フォトダイオードには、色の三原色である赤、青、緑またはシアン（水色）、マゼンタ（赤紫色）、イエロー（黄色）のうちどれか1色のカラーフィルターを付けています。どの色の光がどのくらいの明るさを検出することによって、カラーの画像を撮影しているわけです。

画素の細かさ

　デジタルカメラは、マス目状に並べられたフォトダイオードが検出した光の明るさを記録するため、撮影した画像はマス目状に並べられた非常に小さな点で記録されます。三原色である赤、青、緑のカラーフィルターを使用したデジタルカメラの場合、赤、青、緑の小さな点がそれぞれの明るさと共に記録されます。フォトダイオードを細かくたくさん並べた方が細かな画像を撮影することができるため、画素数が多いほどきれいな画像を撮影できることになります。しかし、画素数が大きくなると電気信号の量も大きくなり、大容量の記録媒体が必要になります。

9-7 デジタルカメラの仕組み

カラーで撮影できる仕組み

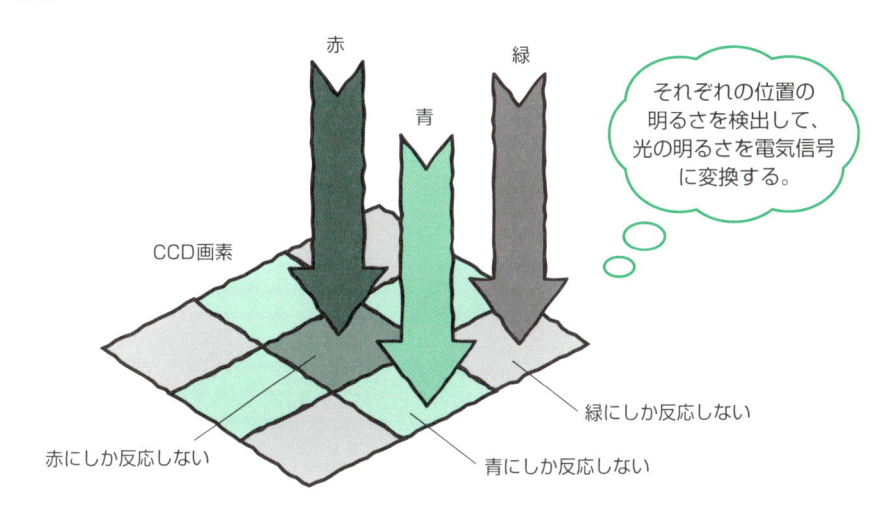

赤
青
緑

CCD画素

それぞれの位置の明るさを検出して、光の明るさを電気信号に変換する。

赤にしか反応しない
青にしか反応しない
緑にしか反応しない

デジタルカメラのCCD（単板式）の仕組み

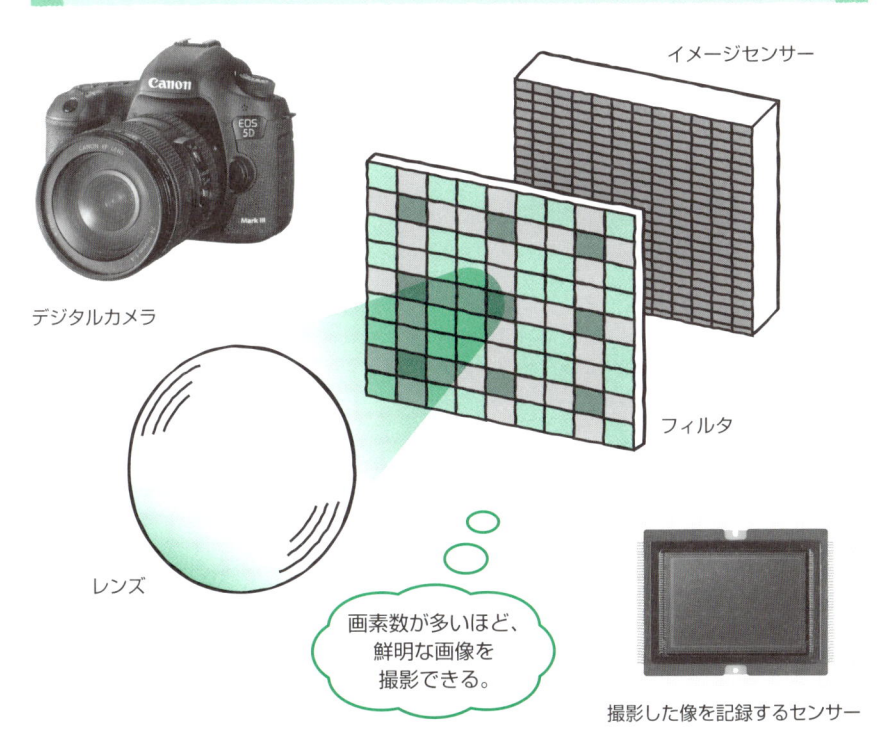

イメージセンサー

デジタルカメラ

フィルタ

レンズ

画素数が多いほど、鮮明な画像を撮影できる。

撮影した像を記録するセンサー

9章 電気の多彩な働き

9-8 マイクとスピーカーの仕組み

マイクとスピーカーは、音と電気信号を変換することができます。

Point
- マイクは音を振動に変換し電気信号として検出する。
- スピーカーは電気信号を振動に変換し音を出す。

マイクの仕組み

　糸電話の紙コップは、声の音を振動に変換しています。その振動が糸を伝って相手の紙コップを振動させ、振動から音に変換して声を聞き取ることができます。

　マイクは、糸電話の紙コップと同じように、**振動板**という軽量の板で音を振動に変換しさらに振動を電気信号に変換しています。この振動を検出する方式には、ダイナミック型とコンデンサ型があります。

　ダイナミック型は、振動板にコイルを、固定部に永久磁石を取り付けます。振動板とともにコイルが振動すると、永久磁石がつくる磁界の中でコイルが動くことになるため、電磁誘導作用によりコイルに誘導電流が流れます。

　コンデンサ型は、振動版と固定部に板状の電極が向い合せて取り付けられます。この2つの電極はコンデンサとなり、振動板が動くとコンデンサの静電容量が変化します。コンデンサに電圧をかけて充電した状態にすると、コンデンサの静電容量が変化する際に充放電し、振動を交流電流の変化に変換することができます。

スピーカーの仕組み

　スピーカーはマイクと同じような構造で、電気信号を振動に変換し、振動を音に変換するため、マイクと反対の働きをします。

　ダイナミック型のスピーカーは、固定部の永久磁石がつくる磁界の中で振動板に取り付けたコイルに電流を流し、電磁力によって振動板を振動させることにより音を出します。コンデンサ型のスピーカーは、板状の2つの電極に音の電気信号である交流電圧をかけ、一方の電極を振動させることで音を出します。

9-8 マイクとスピーカーの仕組み

マイクロホンの構造

ダイナミック型マイクロホン

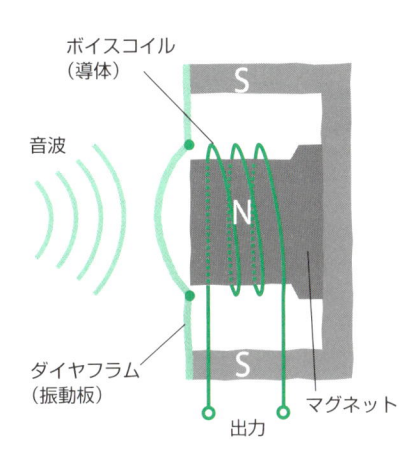

- ボイスコイル（導体）
- 音波
- ダイヤフラム（振動板）
- マグネット
- 出力

コンデンサ型マイクロホン

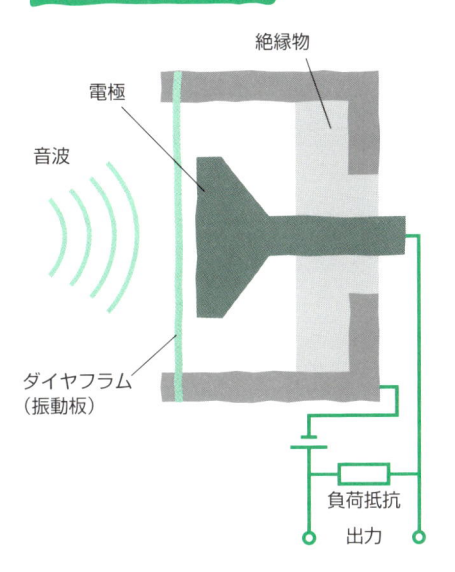

- 絶縁物
- 電極
- 音波
- ダイヤフラム（振動板）
- 負荷抵抗
- 出力

スピーカーの構造と仕組み

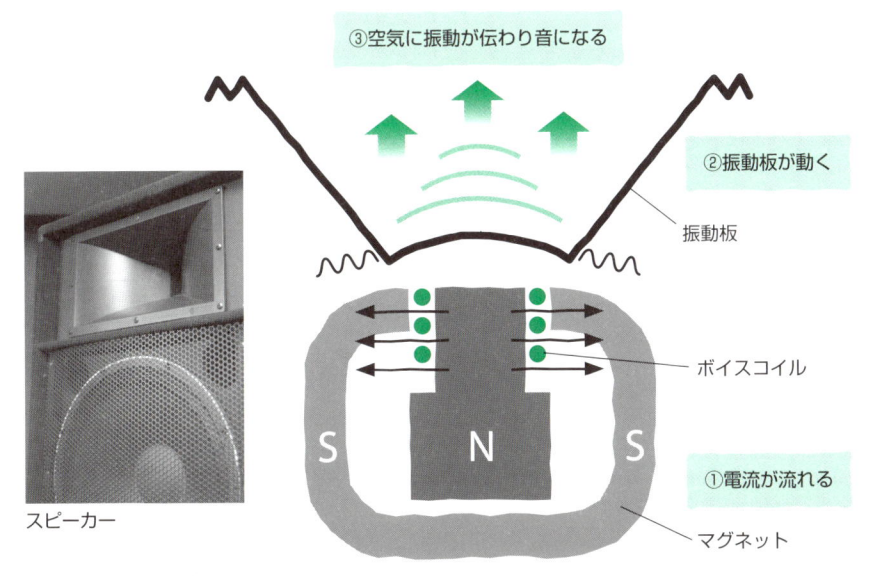

③空気に振動が伝わり音になる

②振動板が動く
- 振動板

- ボイスコイル
- マグネット

①電流が流れる

スピーカー

出典：パイオニア株式会社

第9章 電気の多彩な働き

9-9 カーナビゲーションシステムの仕組み

GPSとカーナビゲーションシステムとの仕組みを見てみましょう。

> **Point**
> ● カーナビゲーションシステムは人工衛星からの信号を受信して自動車の位置を特定する。

GPSとは

GPSはGlobal Positioning Systemの略で、和訳すると**全地球測位システム**となります。GPSを利用したカーナビゲーションシステムは、いまどこにいるかディスプレイ上の地図に表示することができますが、これには地球上を周回する人工衛星からの電波を受信して、位置を特定しています。

カーナビゲーションシステムの仕組み

GPSは、地球の上空にある約30個の人工衛星を利用します。この人工衛星は6つの軌道を約12時間かけて周回しているため、地球上のどの位置からも複数の人工衛星からの電波を受信することができます。

人工衛星からは、人工衛星の位置と時刻が電波で送信されています。地球上のカーナビゲーションシステムは、車体に設けられたアンテナでこの電波を受信し、人工衛星が電波を送信してからカーナビゲーションシステムが受信するまでにかかった時間と電波の速度から、人工衛星と車の間の距離を算出します。

人工衛星からの距離は、人工衛星を中心とした球体の半径となります。したがって、3つの人工衛星からの距離を計算して、3つの球体が交わる点を求めることにより車の位置がわかります。

ところが、カーナビゲーションシステムの時計が狂っていると人工衛星からの電波を受信した時間が不正確になり、人工衛星からの距離の計算結果に大きな誤差を生じてしまいます。そこで、カーナビゲーションシステムは、別の人工衛星から送信される現在時刻の情報を受信することで、カーナビゲーションシステムが持っている時計を常に校正しながら、正確な位置の特定をしています。

9-9 カーナビゲーションシステムの仕組み

地球上を周回する人工衛星

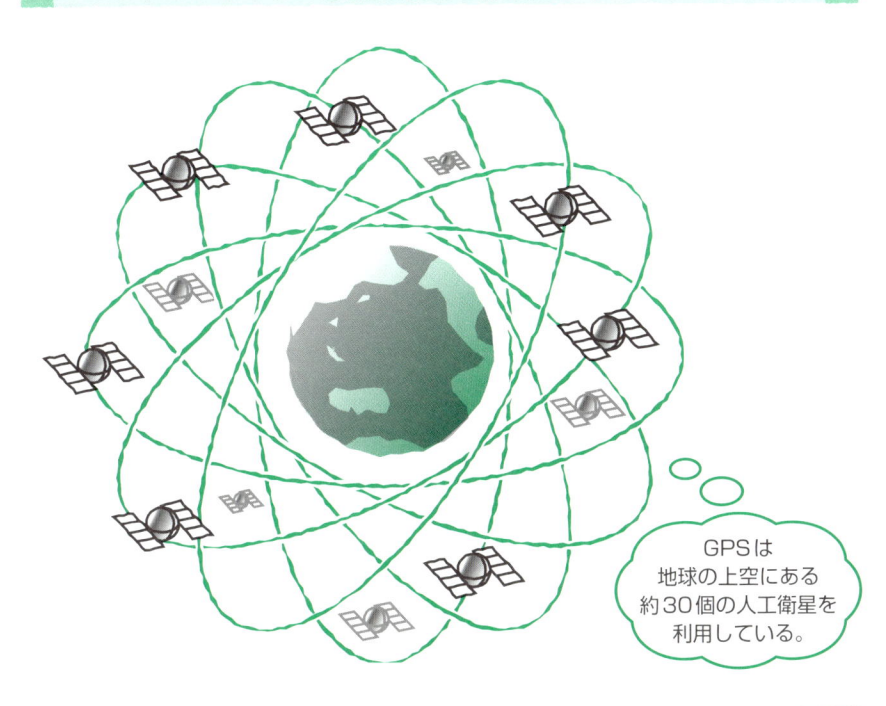

GPSは地球の上空にある約30個の人工衛星を利用している。

人工衛星からの電波を地上で受信する

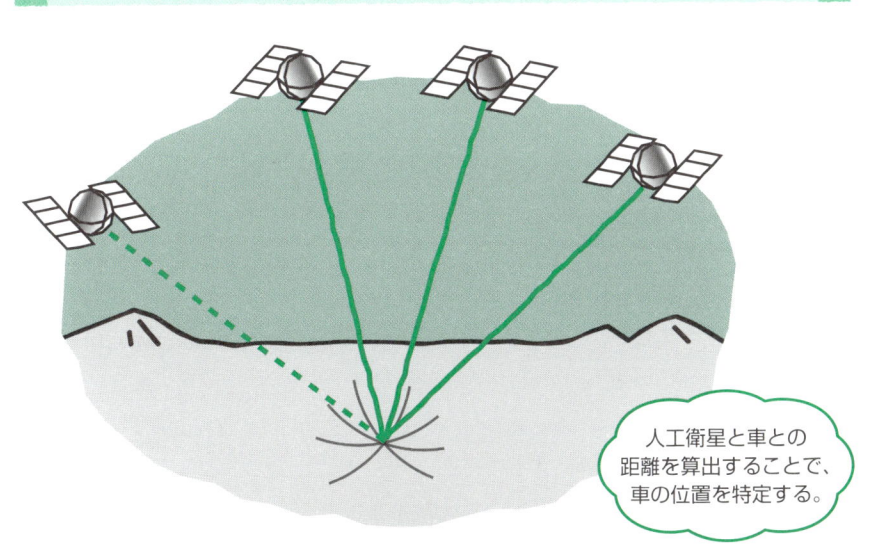

人工衛星と車との距離を算出することで、車の位置を特定する。

9章 電気の多彩な働き

9-10 LEDの仕組み

LEDの特徴と白色の光をつくる仕組みについて見てみましょう。

> **Point**
> ● LEDは長寿命で省電力な光源。
> ● 青色LEDが登場でいろいろな色のLEDが作れるようになった。

LEDとは

LEDとはlight emitting diodeの略で、和訳すると**発光ダイオード**となります。LEDは、電流を流すと発光する半導体を使用しています。

LEDは、P型半導体とN型半導体が接合されています。**P型半導体**は、電子が不足している半導体で、電子が不足している穴のような部分を**正孔**といいます。**N型半導体**は電子が余っている半導体です。LEDに直流電流を流すと、正孔と電子が互いに反対方向に移動し、正孔と電子がぶつかると結合して光を放出します。

LEDは、他の光源と比べると長寿命で省電力な光源で発光時に熱を発しないため、手術室に使用される無影灯にも適します。LEDは照明の小型化も可能です。

白色の光をつくるには

LEDは半導体の原料によって、光の色を変化させることができます。以前は赤色、緑色、黄色が主流でしたが、青色のLEDが開発され三原色が揃ったため、いろいろな色の光をつくることが可能になりました。照明に必要な白色の光をつくるにはいくつかの方式があります。

主流の白色LEDは、青色LEDの光を黄色に発光する蛍光体に通すことで白色の光を得る方式です。発光効率が高いのですが、他の方式に比べ演色性に劣ります。この演色性を改善したものが、青色LEDの光を赤色や緑色に発光する蛍光体に通して白色の光を得る方式です。演色性は向上しますが、発光効率は悪くなります。

三原色である赤色、緑色、青色のLEDを使用し、3色の光を混ぜることで白色の光を出すLEDもあります。このLEDは、赤色、緑色、青色の光の強さをコントロールすることで、いろいろな色の光を発することができます。

9-10　LEDの仕組み

LEDの発光原理

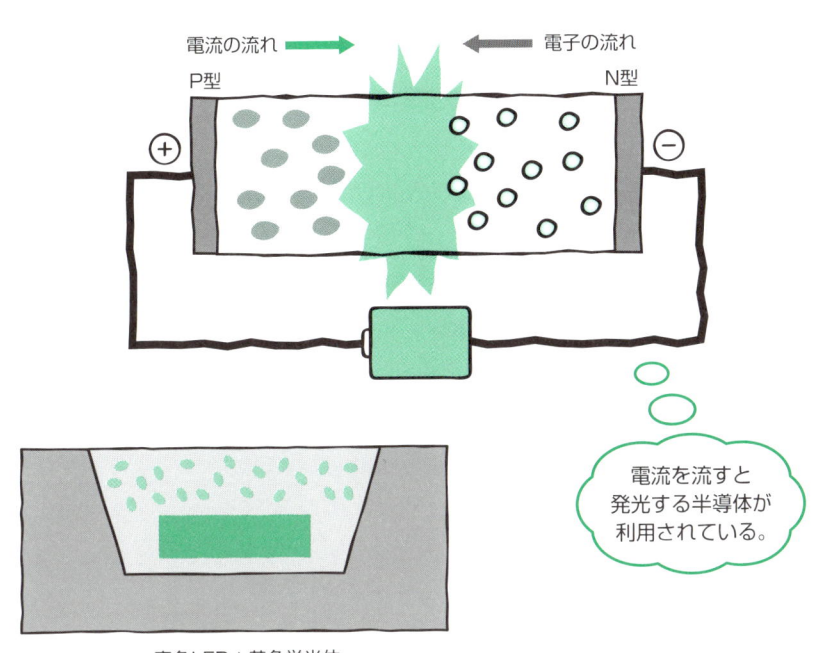

電流の流れ　　　　　　電子の流れ
P型　　　　　　　　　　　N型

電流を流すと発光する半導体が利用されている。

青色LED＋黄色蛍光体

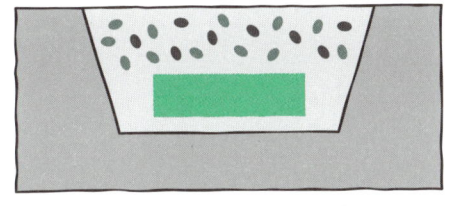

青色LED＋赤・緑色蛍光体

LED

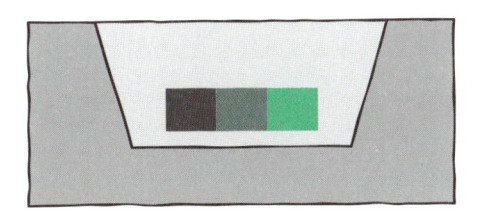

R、G、Bの3色LEDの混光

出典：パナソニック株式会社エコソリューションズ社

第9章　電気の多彩な働き

9-11 液晶ディスプレイとプラズマディスプレイの仕組み

テレビの液晶ディスプレイやプラズマディスプレイの違いを見てみましょう。

Point
- 液晶ディスプレイは電界によって液晶分子が整列することを利用。
- プラズマディスプレイは放電による発光を利用。

液晶ディスプレイの仕組み

液晶は固体と液体の中間のような性質を持っていて、液晶の分子は一定のルールで並んでいますが、流動性があります。この液晶を電界の中に置くと、液晶の分子はまっすぐに整列します。

液晶を**配向膜**という片面に洗濯板のような溝が切られた板で挟み、配向膜の溝の方向を直角にすると、液晶の分子は配向膜の溝にあわせてねじれて並びます。液晶を挟んだ配向膜を透明な電極で挟み、さらに特定の方向の光だけを通す偏光フィルターで挟みます。2枚の偏光フィルターが通す光の方向も直角になるようにします。

この状態で片面から光を当てると、電極に電圧をかけていないときは、液晶の分子がねじれて並ぶため、光もねじれて進み反対側へ通過することができますが、電圧をかけると液晶分子がまっすぐに整列するため、光はねじれずに進み、反対側の偏光フィルターで遮られてしまいます。

液晶ディスプレイは、液晶、配向膜、透明電極、偏光フィルターを挟んだものに赤色、緑色、青色のフィルターを取り付け小さな液晶素子とし、それをマス目状に並べて、背面から蛍光灯やLEDの光を照射して前面に映像を表示しています。

プラズマディスプレイの仕組み

プラズマとは、+イオンと電子に分かれている気体で、電圧をかけて放電させると紫外線を発するという性質があります。**プラズマディスプレイ**は、電極間でプラズマとなった気体に放電を発生させ、紫外線を放射して蛍光体を発光させます。赤色、緑色、青色に光る3種類の蛍光体を使用した小さな素子をマス目状に並べることで、映像を表示します。

9-11 液晶ディスプレイとプラズマディスプレイの仕組み

液晶分子の性質を利用した液晶パネルの仕組み

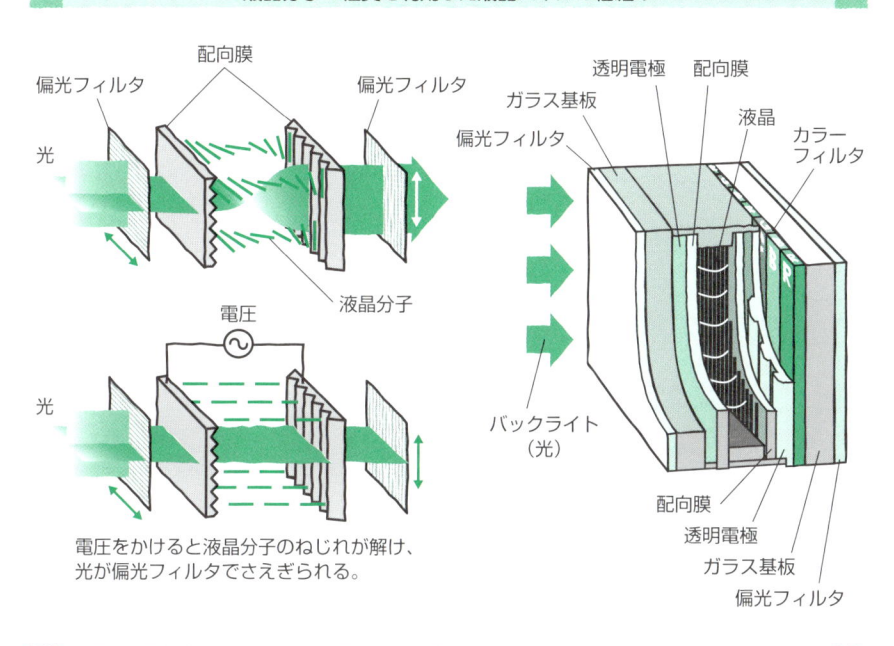

- 偏光フィルタ
- 配向膜
- 偏光フィルタ
- 光
- 液晶分子
- 透明電極
- 配向膜
- ガラス基板
- 偏光フィルタ
- 液晶
- カラーフィルタ
- バックライト（光）
- 配向膜
- 透明電極
- ガラス基板
- 偏光フィルタ

電圧

電圧をかけると液晶分子のねじれが解け、光が偏光フィルタでさえぎられる。

プラズマディスプレイの仕組み

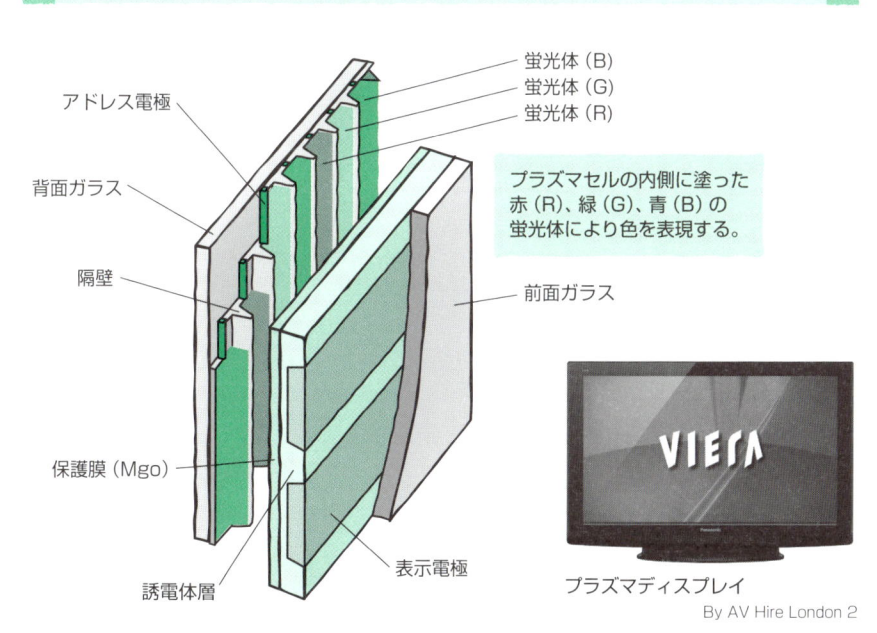

- 蛍光体（B）
- 蛍光体（G）
- 蛍光体（R）
- アドレス電極
- 背面ガラス
- 隔壁
- 保護膜（Mgo）
- 誘電体層
- 表示電極
- 前面ガラス

プラズマセルの内側に塗った赤（R）、緑（G）、青（B）の蛍光体により色を表現する。

プラズマディスプレイ
By AV Hire London 2

第9章 電気の多彩な働き

Column

電気抵抗の単位　オーム

ゲオルク・ジモン・オーム（1789年～1854年）

　オームはドイツの物理学者で、1789年に錠前商人の家に生まれます。父親は満足な教育を受けていませんでしたが、錠前商人をしながら独学で数学・物理学などを学んで、オームは父親から勉強を教わっていました。

　その後、大学に入学しますが学費が払えない状況になってしまいます。オームは大学を中退し、数学教師や家庭教師の仕事をしながら、独自に研究や実験を行い、2年後に大学への復学を果たします。

　そして、1826年に独自に続けてきた電気回路の研究結果をまとめ出版します。この著書には、「抵抗に流れる電流は、電圧に比例し、抵抗に反比例する」という、電圧・電流・抵抗の関係が記されていました。

　この法則は、現在では**オームの法則**という、電気理論の基本中の基本といえる法則ですが、当時はすぐに評価されることはありませんでした。オームが行った実験に基づく論理展開に抗議する者もいましたが、オームは強く論破し、多くの友人を失ったといわれています。

　ドイツ国内で評価されなかったオームの法則ですが、1841年イギリスの王立学会はオームの法則を認め、メダルを授与します。そして、オームは王立学会の会員になります。

　大学教授の職を得たオームは、どうすれば効率的な教育ができるのか検討します。黒板を使用した講義を1時間、学生に問題を与えて解かせる講義を1時間という計2時間の講義を行い、学生が講義内容をしっかり理解できるように工夫しました。この講義の方法はドイツの大学で有名になり、オームが教育者としても優れた才能があったことを示しています。

索 引
INDEX

■あ行

アーク放電 168
アークホーン 154
アース 182
油入遮断器 168
油入変圧器 178
アラゴの円板 196
アンペアブレーカー 166
アンペール周回積分の法則 38
アンペールの右ねじの法則 38,88,90
アンペール力 92
イオン 18
イオン化傾向 60
位相 116
位相角 116
位相差 116
位置エネルギー 32
一次電池 62
インバーター 110,200
インバーター方式 190
インピーダンス 122
ウラン 140
運動エネルギー 32
液晶 224
エネルギー 32
エネルギー保存の法則 32
演色性 192

オームの法則 42,226
屋外設置 164
屋内設置 164
遅れ無効電力 180

■か行

界磁 194
回転子 194
回転磁界 132,196
開閉器 174
架橋ポリエチレン絶縁ビニル外装ケーブル 158
架空地線 154
架空配電線 162
核燃料 140
核分裂 142
核分裂生成物 142
可視光線 190
ガス遮断器 168
画素 216
価電子 18
価電子数 18
過電流継電器 176
火力発電 138
カルマン渦 156
感光体 214
完全放電 60

感電	182
管路気中送電線	158
機器接地	182
キセノン電球	188
気中遮断器	168
起電力	28
逆起電力	94
ギャップ付避雷器	184
ギャップレス避雷器	184
キャパシタンス	76
キャピラリチューブ	204
ギャロッピング	156
キュービクル	164
強磁性体	86
虚数	118
虚数記号	118
許容電流	166
汽力発電	138
キルヒホッフの電圧則	58
キルヒホッフの電流則	58
キルヒホッフの法則	58
金属結合	20
金属の原子	20
空気遮断器	168
クーロンの静磁界の法則	84
クーロンの静電界の法則	70,78
クーロンの法則	78
クーロン力	70
クリーンな発電方式	208

クリプトン電球	188
軽水	142
軽水炉	142
系統接地	182
原子	14,16
原子核	16
原子力発電	140
元素	14
現像	214
減速材	142
コイル	88
高圧交流負荷開閉器	174
鋼心アルミより線	154
合成抵抗	48
高速中性子	142
交流	40,102
コージェネレーション	148
コップの王冠	64
固定子	194
コロナ放電	156
混触	182
コンデンサ	74
コンデンサ型	218
コンバーター	200
コンバインドサイクル発電	148

■ さ行

| サイクル | 104 |
| 最大需要電力 | 164 |

三角結線	130
三相3線式	130
三相4線式	130
三相モーター	132
時延動作	170
磁荷	80
磁化	86
磁界	82,96
磁界の強さ	84
磁気	80
磁気誘導	86
磁極	80
磁気力	84
磁区	80
自己インダクタンス	96
自己誘導作用	96,100,114
磁石	80
実効値	106
質量欠損	142
磁場	82
四方弁	204
遮断器	168
周期	104
充電	74
自由電子	20
周波数	104
周波数変換所	104
ジュール熱	202,206
ジュールの法則	202

受変電設備	164
瞬時式	108
瞬時値	108
瞬時動作	170
消弧	168
自流式	136
磁力	80,84
磁力線	82
磁力の源	90
真空開閉器	174
真空遮断器	168
振動板	218
水圧管路	136
吸出管	136
スーパーコンデンサ	76
進み無効電力	180
スター結線	130
スターター方式	190
スピン	90
スリートジャンプ	156
制御棒	144
正弦波	102
正弦波交流	102
正孔	222
静電気	66
静電誘導	72
静電容量	76
静電力	70
整流	200

整流子	194	地熱発電	146
絶縁被覆	14	着磁	86
接地	182	中性子	16
ゼログラフィ	214	中性線	128
線間電圧	130	中性線欠相	172
全地球測位システム	220	中性点接地	182
相互インダクタンス	98	調整池式	136
相互誘導作用	98	調相設備	180
送電	154	直流	40
相電圧	130	直列接続	46
送電線	154	貯水池式	136
束縛電子	20	地絡継電器	176
		抵抗	30

■た行

ダイオード	200	抵抗加熱	206
帯電	214	抵抗の直列接続	46
帯電列	66	抵抗の並列接続	46
ダイナミック型	218	抵抗率	30
太陽光発電	146	定着	214
単相2線式	102,128	デジタル	212
単相3線式	128	デジタル信号	212
単相3線中性線欠相保護付遮断器	172	デルタ結線	130
単相交流	102	電圧	28
単導体	156	電位	28
断路器	174	電位差	28
蓄電池	62	電荷	16
地中送電	154,158	電界	26,68,78
地中配電	162	電解液	60
地中配電線	162	電界の強さ	70
		電気回路図	36

電気回路を保護	184
電気室	164
電気二重層	76
電気分解	62
電気用図記号	36
電気力線	68
電子	14,16,18
電磁開閉器	174
電磁石	88
電子定員数	18
転写	214
電磁誘導作用	94
電磁誘導の法則	150
電磁力	92
電線	14
電池の直列接続	56
電池の並列接続	56
電場	68
電離	60
電流	20,24
電力	32,34
電力系統	152
電力量	34
等価回路	48
同期	132
同期電動機	196
同期発電機	198
透磁率	82
同相	116

導体	14
動電気	66
特性要素	184
トラック	212

な行

内燃力発電	138
二次電池	62
日本工業規格	36
熱中性子	142
熱電併給	148
熱動電磁型	170
燃料集合体	140
燃料電池	148,208
燃料棒	140
濃縮ウラン	140

は行

配向膜	224
配線用遮断器	166,170
配電	162
配電線	162
バイメタル	170
発光管	192
発光効率	192
発光ダイオード	222
バッテリー	62
ハロゲン化金属	192
ハロゲン電球	188

パワーコンディショナー	146
万有引力	78
皮相電力	124
ピット	212
比透磁率	82
ビニル外装ビニル絶縁ケーブル平型	166
微風振動	156
比誘電率	68
表皮効果	156
フィラメント	188
フィン	204
風力発電	146
フォトダイオード	216
復水器	138
複導体	156
不足電圧継電器	176
負電荷	16
不導体	14
ブラシ	194
ブラシレスモーター	194
プラズマ	224
プラズマディスプレイ	224
フラッシオーバ	154,160
フレミング左手の法則	92
フレミング右手の法則	94
分圧	52
分極	74
分子	14
分電盤	166
分流	54
閉回路	58
平滑コンデンサ	198
並列接続	46
ペレット	140
変圧器	178
変電所	160
変流器	172
放電	74
放電灯	192
保護継電器	176
ボルタの電堆	64

ま行

マイクロ波	206
摩擦熱	206
脈流	198
無効電力	124
無効率	126
モールド変圧器	178

や行

有効電力	124
誘電体	74
誘電率	68
誘導加熱	206
誘導起電力	94,96
誘導電動機	196
誘導電流	94

誘導リアクタンス	114
陽子	16
揚水式	136
容量リアクタンス	112

ら行

落雷	72
ラピッドスタート方式	190
力率	126
力率改善	180
力率割引	180
リニアモーター	210
リニアモーターカー	210
臨界	144
冷却材	142
レンツの法則	94
漏電	172
漏電遮断器	172
ローレンツ力	92
露光	214

わ行

| 和分の積 | 50 |

英数・記号

CVケーブル	158
GPS	220
GR	176
IH	206
JIS	36
N型半導体	222
N相	128
OCR	176
P型半導体	222
R相	128
T相	128
UVR	176
VVFケーブル	166
Y結線	130
1次巻線	178
2次巻線	178
2進数	212
10進数	212
＋イオン	18
－イオン	18

●著者紹介

有馬　良知（ありま　よしとも）

1977年東京生まれ。
技術士（電気電子部門）、第1種電気主任技術者（電験1種合格）、建築設備士、エネルギー管理士。電気設備学会正会員、日本技術士会正会員。
高層ビルなど大規模建築物における電気設備の工事計画や維持管理、省エネルギー対策などに従事。

●イラスト

まえだ　たつひこ

●編集協力

株式会社エディトリアルハウス

図解入門はじめての人のための
電気の基本がよ～くわかる本

発行日	2012年11月12日	第1版第1刷
	2024年 2月29日	第1版第12刷

著　者　有馬　良知

発行者　斉藤　和邦
発行所　株式会社　秀和システム
　　　　〒135-0016
　　　　東京都江東区東陽2-4-2 新宮ビル2F
　　　　Tel 03-6264-3105（販売）Fax 03-6264-3094
印刷所　三松堂印刷株式会社　　　Printed in Japan

ISBN978-4-7980-3566-6 C0054

定価はカバーに表示してあります。
乱丁本・落丁本はお取りかえいたします。
本書に関するご質問については、ご質問の内容と住所、氏名、電話番号を明記のうえ、当社編集部宛FAXまたは書面にてお送りください。お電話によるご質問は受け付けておりませんのであらかじめご了承ください。